新 视 界

始 于 未 知　　去 往 浩 瀚

国家出版基金项目
NATIONAL PUBLICATION FOUNDATION

财政政治学视界论丛

丛书主编
刘守刚　刘志广

"经世济民"

的伦理基础

曹希——著

近 **30** 年日本

经济伦理思想研究

上海远东出版社

图书在版编目（CIP）数据

"经世济民"的伦理基础：近30年日本经济伦理思
想研究 / 曹希著. —— 上海：上海远东出版社，2024.
（财政政治学视界论丛 / 刘守刚，刘志广主编）.
ISBN 978-7-5476-2080-9

Ⅰ. B82-053；F131.395

中国国家版本馆 CIP 数据核字第 2024L2Z003 号

出 品 人　曹　建
责任编辑　季苏云　杨婷婷
封面设计　徐羽情

本书为"十四五"国家重点出版物出版规划项目
本书获 2024 年度国家出版基金资助

财政政治学视界论丛

刘守刚　刘志广　主编

"经世济民"的伦理基础：近30年日本经济伦理思想研究

曹　希　著

出　　版　上海远东出版社
　　　　　（201101　上海市闵行区号景路 159 弄 C 座）
发　　行　上海人民出版社发行中心
印　　刷　上海信老印刷厂
开　　本　710×1000　　1/16
印　　张　16
插　　页　1
字　　数　262,000
版　　次　2025 年 1 月第 1 版
印　　次　2025 年 1 月第 1 次印刷
ISBN 978-7-5476-2080-9/B·36
定　　价　78.00 元

序　言

　　德川幕府统治时期的日本，除中国人与少数荷兰商人外，外国通商被严格禁止。这是一个近乎全面封闭的社会。明治维新真正结束了德川幕府近二百五十年之久的闭关锁国时期，也开启了日本近代史的新纪元。1871 年，日本废除了传统的"大名"制度，开始施行中央集权。通过"废藩置县"，以往同时具备领地与一级行政区功能的"藩"俱被废除，新设"县"以取而代之。1874 年，日本颁布新法律承认土地的私人所有权，废除原有的禁止土地买卖的法律，由此，土地可用于买卖和担保，私有产权受到法律保护，资本主义制度的财产基础得以建立。1889 年，日本首部现代宪法公布，规定日本的政体为二元制君主立宪制，天皇的政治地位高于三权分立的各国家机关，在日本具有至高无上的地位。次年，即 1890 年，明治天皇颁布了《关于教育之敕语》，即"教育敕语"。该敕语融合了儒家忠孝思想、神道的神国理念以及天皇神圣性观念，着重强调了忠君爱国的价值观，对后续数代日本人的思想产生了深远影响。与此同时，随着西欧先进文化的涌入，日本的政治、经济、社会、文化、科技乃至思想领域都发生了深刻的变化。"经济"一词也正是在这一时期作为 economy 的对译词被广泛使用的。明治初期，欧美经济学理论开始在日本传播。自由放任、功利主义、平等追求等西方经济伦理思想在学者们介绍欧美经济学理论的同时逐渐被人们理解和熟知，并在一定程度上受到了政府的关注。1873 年，森有礼发起创办启蒙学术团体"明六社"，成员包括福泽谕吉、西村茂树、西周、中村正直、加藤弘之、津田真道、箕作麟祥、神田孝平等。福泽谕吉是日本明治维新前后著名的启蒙思想家，是最早将经济学由英文世界引入日本的学者之一，曾在《劝学篇》中多次提及亚当·斯密的自由市场经济论。西村茂树是日本明治时期的儒学道德家，其主要作品有《日本道德论》《国家道德论》《自识录》《妇女鉴》《万国史略》等。西周于 1862 年奉幕府之命同津田真道等人一起留学荷兰，学习法学、康德哲学、经济学、国际法等。他在将 philosophy 一词翻译成日文时创造了"哲学"一词，还翻译出"艺术""理性""科学""技术"等诸多与哲学、科学相关的词汇。津田真道于 1866 年出版了日本首部介绍西方法学的著作《泰西国法论》。他还在《明六杂志》上发表了《论保护税之非》一文，反对重商主义的关税政策。大正时代（1912—1926），日本的政治权力从旧的寡头政治集团门阀转移到帝国议会和民主党派，所推行的政策较之前更多地反映了民意和现代民主政治的特征，因此，这个时代被认为是日本"大正民主"的自由主义运动的时代。1914 年，第一次世界大战爆发，战争带来的物资需求使得日本经济空前繁荣，各种产业飞速发展；战后，欧洲各传统霸权国家元气大伤，日本的资本主义发展速度显著提升。此时，原赴欧留学或考察的日本人纷纷归国，将欧洲的思想和技术带回日本，在促进日本资本主义发展的过程中一展身手。涩泽荣一就是一个典型代表。

涩泽荣一原是日本幕末至大正初期活跃的武士（幕臣），曾于 1867—1868 年间参观巴黎世界博览会并访问欧洲各国。1871 年，涩泽任大藏大丞。1872 年，他协助制定了新的纸币——明治通宝（又称德国纸币）。1873 年 5 月涩泽辞官后，指导设立了第一国立银行并担任银行总监。1879 年，他作为东京海上保险会社（现在的"东京海上日动火灾保险"公司）的创立发起人，成为保险业创业的支持者。此后，涩泽先后领导或参与了日本电灯、日本水泥、日本啤酒、日本汽车制造、京阪电气铁道和东京证券交易所的创建。他还积极兴办教育和社会福利机构，1900 年与大仓喜八郎一同创立大仓商业学校（现在的东京经济大学），1924 年担任东京女学馆的馆长，1931 年担任日本女子大学校长。1874 年，涩泽为了救济生活困难民众而开始运营养育院（现在的"东京都健康长寿医疗中心"），后来亲自担任事务长和院长。涩泽荣一在 1916 年撰写了《论语和算盘》一书，提出了道德、经济合一的思想。他认为，人们在幼年时期学习的《论语》（代表伦理道德）和经商使用的算盘（代表经济），这两种事物之间并非存在矛盾关系，因为追求经济发展并非为了个人独占利益，而是为了国家整体的发展，从社会整体得到的利益，应该重新还给社会。他最重要的思想就是合本主义，主要指在资本主义发展过程中，一定要以公益事业为追求和使命，同时募集最合适的人才和资本推进事业发展。在涩泽看来，资本的集中和发展并不是为了个人的一己私利，而是为了整体社会的发展和进步，因此必须将资本和人才进行融合，这种思想被称为合本主义。

从以上日本近代明治维新后迅速西化的历史可知，日本的资本主义发展虽然主要遵循欧洲资本主义的模式，但也相应保留了本国的传统之根。"经济伦理是人们在生产、交换、分配和消费等经济生活中产生的道德观念、道德规范以及对社会经济行为的价值判断和道德评价。"① 由此可知，这一概念不仅涉及个体在经济活动中的行为准则，也体现了社会整体对经济行为的期待与要求。经济伦理关注的核心是在追求经济利益的同时，如何维护社会公正，促进社会经济可持续发展。在对这一核心进行判断和评价方面，日本的经济伦理思想显然与欧美等发达国家的经济伦理思想并非完全一致。这正是本书的研究意义之一。

作为中国的近邻，日本经济伦理发展的历史对我们来说有着很强的借鉴意义。"他山之石，可以攻玉。"中日两国的经济发展面貌具有一定的相似性：从地理位置来看，两国同属东亚文化圈；从经济发展历程来看，两国都经历了抑商、轻商到重商的阶段；从现代经济发展模式来看，两国均属于后发型现代化国家；从现代化指导思想来看，中国洋务运动的"中体西用"与日本明治维新的"和魂洋才"极其相似。至现代，两国分别以高新科技和低劳动力成本推动本国产品大量出口，实现了国际收支的大额顺差，促进了经济的高速发展。日本在经济高速增长时期也曾面临公害（环境恶化）、区域发展不平衡、社会格差（如收入差距、受教育机会差距）等问题。那么，日本经济学界如何看待这些问题？他们对公平与正义有何主张？这些主张如何影响政府政策？这些问题的答案，能从本书中窥探一二。这也是本书研究的又一意义。

本书回顾了近代以来日本经济伦理思想的发展历程，深入考察了近30年日本经济伦理思想产生的历史背景、思想渊源和理论基础，通过系统梳理，明确了日本自由至上主义、平等主义和马克思主义经济伦理思想的发展与现状，并重点介绍和探讨了以下代表人物的经济伦理思想：日本自由至上主义的森村进、桥本祐子，平等主义的竹内章郎、立岩真也，以及马克思主义代表松井晓、吉原直毅等。

在此基础上，本书通过学派间的纵向比较以及与欧美国家的横向对比，为日本经济伦理思想研究提供了多方位、多角度的研究视野。首先，总结了近30

① 乔洪武：《正谊谋利：近代西方经济伦理思想研究》，商务印书馆 2000 年版，第 1 页。

年来日本经济伦理思想关注的"自我所有"的正义、交换的正义和分配的正义三大焦点问题。随后，分别对比了日本自由至上主义与欧美自由至上主义、日本平等主义与欧美新自由主义、日本马克思主义与当代欧美马克思主义的异同。最终，整理出近30年日本经济伦理思想的积极价值与局限性，并从经济现状、传统习惯及文化根源三个方面剖析了局限性的成因。

本书作者曹希曾是我指导的博士研究生，该书是其在博士论文的基础上修改完善而成的，并获得了2024年度国家出版基金的资助。书中部分内容是由我主持撰写的《西方经济伦理思想研究》（三卷本）中有关章节的增扩补充和修改完善，该著荣获我国经济学界最高奖项——第十八届"孙冶方经济科学奖"之著作奖。

马克思主义的创立，得益于其吸收了几千年来人类思想和文化发展中的一切优秀成果；中国共产党之所以强大，中国特色社会主义制度之所以具有优势，"中国模式"之所以具有生命力，一个重要原因也在于其能够"吸收人类文明有益成果"[①]。无论是在理论层面关注经济伦理思想发展动态的读者，还是从现实层面关注中国经济伦理问题的读者，都能从本书的阅读中获得启示与收获。

乔洪武

2024 年 10 月于武汉大学珞珈山

---

① 习近平：《习近平谈治国理政（第三卷）》，外文出版社 2020 年版，第 213 页。

目　录

导　论

"经济"一词在日本权威词典《广辞苑》中的释义是"构成人类共同生活基础的财富和服务的生产、分配、消费的行为、过程，以及以上活动所构成的人与人的社会关系的总体"，这是该词在现代被普遍使用的意思。不过，"经济"这个概念最初的意义可以追溯到中国儒学的"经国济民"思想，其中就包含"治理国家和救民于疾苦"的伦理观念。泰萨·莫里斯-铃木（Tessa Morris-Suzuki，1951—　）指出，"这种经济观直到20世纪一直影响着日本的思想家"①。

一　近30年日本经济伦理思想研究缘起

经济学作为一门学科，自古以来就与伦理有着紧密的联系。在欧美，现在被普遍使用的"经济"（economy）一词最早来源于希腊语的 οικονομία，其中，οίκος 的意思是家庭或家园，νόμος 的意思是法或习惯，因此 economy 的原意为家庭管理，即研究家庭成员关系和财务的学问。直到18世纪，经济学都只是作为道德哲学的一部分在大学里讲授。在我国，"经济"一词在公元4世纪初的东晋时代已被正式使用，其含义为"经邦""经国"和"济世""济民"等词的综合和简化，含有"治国平天下"之意。在日本，"经济"一词最初亦为此意，明治维新时期，"经济"才作为 economy 的对译词被普遍使用并传入中国。现代日语对"经济"的释义中，"人与人的社会关系的总体"的含义范围实际上也已经超过了前半部分"财富和服务的生产、分配、消费的行为、过程"所谓的狭义的"经济"，具有伦理的成分。可见，世界各国对于经济中存在伦理成分的共识由来已久。

---

① ［英］泰萨·莫里斯-铃木：《日本经济思想史》，厉江译，商务印书馆2000年版，第5页。

那么"财政"与"经济"又有怎样的关系呢？财政是国家治理的基础和重要支柱。"财政"一词起源于拉丁文 finis，原指结算、支付款项。16 世纪的德国文献中采用 Finanz 一词，意为对欺诈等行为的裁定与罚款。到 18 世纪，该词曾狭义地指代国家收入。后来西欧各国使用英文 finance 一词，因其原意泛指一切财务，为了加以区别，在指称国家的货币收支时惯用 public finance。日本于 1868 年明治维新后从西欧引入 public finance 这一表述，并借用汉语的"财""政"二字，将其译作"财政"。据称，该词最早见于福泽谕吉（1835—1901）在 1869 年撰写的《财政论》，不过福泽谕吉的"财政"指的是现在我们所说的"经济"现象。① "财"指政府收支，"政"则含治理之意，故"财政"意为"政府收支及其治理"，与中国古代"经济"的"经世济民""经国济世"之意异曲同工，财政与国家治理的关系由此可窥见一斑。而且，国家治理不仅需要财政工具，更需要伦理的基础。有关运用财政工具治理国家的伦理问题，在学科上一般归入经济伦理范畴。

随着工业革命的兴起和经济的发展，经济学逐渐从道德哲学和伦理学中分化出来，19 世纪 70 年代的边际革命，更使经济学彻底脱离了伦理学，并且与之渐行渐远。1948 年保罗·萨缪尔森（Paul A. Samuelson，1915—2009）的《经济学》一书问世，标志着经济学彻底剥离其伦理因素，成为一门所谓的"科学"。但是，随着经济的高速发展，追求利益最大化的经济行为与其赖以存在的社会之间产生了巨大矛盾。20 世纪初，马克斯·韦伯（Max Weber，1864—1920）在其著作《新教伦理与资本主义精神》（1920）中首次提出"经济伦理"的概念，并对经济伦理问题进行了深入分析。直至 20 世纪 70 年代，随着罗尔斯（John Rawls，1921—2002）《正义论》的出版，经济学与伦理学之间的互补关系再次得到了人们的重视，经济伦理学作为一门新的研究学科在美国诞生。一直致力于缩小经济学与伦理学之间距离的印度经济学家阿马蒂亚·森（Amartya K. Sen，1933—　）曾在论著《伦理学与经济学》（1987）中指出，我们应该利用经济学和哲学的研究方法，将伦理因素重新纳入经济问题的研究中。正是基于这一点，阿马蒂亚·森在福利经济学和社会选择理论研究上取得了突出成果，获得了1998 年诺贝尔经济学奖。

---

① ［日］神野直彦：《财政学：财政现象的实体化分析》，彭曦、顾长江、韩秋燕等译，南京大学出版社 2012 年版，第 4 页。

本书之所以将"近 30 年日本经济伦理思想"作为研究内容，主要基于以下四点考虑。

第一，经济伦理思想研究是经济思想史研究的一部分。从起源和历史来看，经济与伦理本就是两个不可分割的概念，经济学在诞生之初就属于道德哲学。无论是荀况的"平政爱民"（《荀子·王制》），还是色诺芬（Xenophon，约公元前 430—前 355 或 354）探讨如何增加雅典国家收入时对"公民是不是可以借助于他们的本国资源来维持生活，因为这样维持生活才是最公正的"[①] 的思考；无论是亚当·斯密（Adam Smith，1723—1790）在论述经济行为"利己主义"的同时，也强调的社会行为"利他主义"的倾向，还是约翰·穆勒（John S. Mill，1806—1873）在提出利己的"经济人"模型同时，也强调的"公益合成"的公平观；无论是凯恩斯提出的利用国家政策来解决失业和危机问题的观点，还是我国对分配要兼顾效率和公平的要求，都说明经济与伦理是两个不可分割的概念。在经济思想史的漫漫长河中，经济学家们（包括研究财政、经济领域问题的哲学家、思想家和社会学家）对社会经济现象、经济行为应有的价值规范和伦理评价标准的看法，以及他们所主张的经济政策、经济体制和经济制度的伦理取向与价值导向构成了经济伦理思想的主要内容。因此，毋庸置疑，经济伦理思想是经济思想史研究的一个不可或缺的组成部分。

第二，财政伦理思想是经济伦理思想研究的一部分。现代国家治理体系包括政治、经济、社会、文化、生态等各个领域，其中，财政政策作为一国调整经济的重要手段，是国家治理的重要措施之一。因此，尽管财政活动以国家为主体，但在多元化的国家治理框架下，财政的主体也呈现出多层化的性质。具体而言，财政在国家治理中，具备规范公平市场机制和资源配置、促进社会公平分配、强化主体责任并协调部门间治理的作用。因此，几乎所有的经济政策和经济思想都与当时的财政问题相关。恩格斯（Friedrich Engels，1820—1895）曾指出，亚当·斯密"在 1776 年发表了自己关于国民财富的本质和成因的著作，从而创立了财政学"[②]。实际上，财政也可以理解为"公共经济（public economy）"或者"国民经济（Staatswirtschaft）"，许多财政学教材也将财政定义为"国家经济"

---

① ［古希腊］色诺芬：《经济论·雅典的收入》，张伯健、陆大年译，商务印书馆 1981 年版，第 66 页。

② 陈共：《财政学》（第九版），中国人民大学出版社 2017 年版，第 7 页。

或"政府经济"。因此，财政伦理思想可以被看作经济伦理思想的重要组成部分。所以，本书将运用"经济伦理"这个名称，来讨论日本学者对运用财政工具治理国家的伦理思想，也会偶尔使用"财政伦理"一词以进行补充说明。

第三，日本经济伦理思想是西方经济伦理思想研究的一个重要分支。国别研究是社会科学研究的重要领域之一。在 19 世纪和 20 世纪的大部分时间里，经济和军事实力使西方思想在国际社会中一直占据主导地位，以政治学、经济学和社会学为代表学科的西方理论甚至被视为可以广泛适用于现代社会的理论，在这样的背景下很难创造出脱离西方理论体系的新理论。故而当我们提到外国经济思想的时候，往往会把注意力集中在美、英、法、德等国家。日本作为一个后发国家，其历史轨迹独特：明治维新以前深受中国儒家思想的影响，明治之后又大量吸收了西方经济思想，通观战后日本经济学相关研究，随处可见欧美经济学的影子。泰萨·莫里斯-铃木曾明确指出，"日本明治（及其以后）的经济学研究许多也是西方学术成果的翻译和仿效"[1]。但这些研究又不完全是对西方学术成果的简单复制，其独特性体现在用西方理论分析日本实际问题。因此，日本经济伦理思想可以看作是西方经济伦理思想在日本的本土化成果。

第四，当代日本经济伦理思想是日本经济思想研究的一部分。中日两国学者在研究日本经济伦理思想时很少将目光投放到当代，关注的焦点大多是江户时期、明治初期以及战后初期等经济繁荣期的经济伦理。山崎益吉就曾指出，只有在明治维新以前的儒家学者的著作中可以看到真正意义上的日本经济学。[2] 日本经济思想史研究的经典代表作——泰萨·莫里斯-铃木的《日本经济思想史》也只是写到 20 世纪 80 年代；2022 年出版的由川口浩等人合著的英文著作 A History of Economic Thought in Japan：1600—1945 也将研究年代限制在1600 至 1945 年间，对当代尤其是近 30 年日本经济伦理思想进行的全面且系统的研究尚属空白。本书为当代日本经济伦理思想研究提供了一个新的历史视角。开展近 30 年日本经济伦理思想的研究不仅有助于我们加深对当代日本自由至上主义、平等主义以及马克思主义经济伦理思想的理解，也有助于当代经济思想史、伦理思想史和当代日本思想史在研究内容与体系上的丰富与发展。

---

[1] ［英］泰萨·莫里斯-铃木：《日本经济思想史》，厉江译，商务印书馆 2000 年版，第49 页。

[2] 山崎益吉：『日本経済思想史』，高文堂 1981 年，190 页。

二 研究对象的取舍与思路梳理

一、研究对象的选择

当代日本学界对于经济伦理问题的研究虽然起步较晚于欧美，但是发展迅速，尤其是近 30 年来日本经济的衰退以及欧美平等主义思潮的冲击，使得越来越多的学者开始思考平等与正义的问题，从而形成了观点不同、主张各异的经济伦理理论发展态势，涌现出一批颇有影响力的专家学者。由于学派林立、人物众多，在学派和人物的取舍上就需要确立科学合理的标准。

完整性。当代日本经济伦理的主张在很大程度上借鉴了欧美平等主义思潮的各种理论与观点。与之相对应，关于经济正义的主张也可以划分为新自由主义和马克思主义两大阵营，其中，新自由主义由于内部观点有明显不同，又可分为自由至上主义和平等主义自由主义两个流派。自由至上主义、平等主义自由主义与马克思主义便是本书所主要关注的三大学派，它们基本上涵盖了日本右、中、左三条路线的理论主张和最新的理论发展成果。

创新性。当代日本经济伦理思想直接吸收和借鉴了当代欧美经济伦理的相关成果，如果仅研究日本学者对欧美经济伦理理论的复述，那么学术价值将会大打折扣。因此，日本学者在欧美经济伦理理论基础上提出的创新性观点便显得更加重要。本书所选取的三个学派的六位代表人物，都是在欧美相关思潮的基础之上提出了自己的观点与看法且影响力较大的专家学者，这对于我们理解和认识当今日本经济伦理理论发展的最新动向有着巨大的意义与价值。

代表性。日本作为一个传统意义上的东方国家和现代意义上的西方国家，其经济伦理思想有其与众不同的特点。一方面，无论在经济社会体制还是意识形态方面，日本都积极地寻求"脱亚入欧"。从经济伦理角度来看，日本经济学家积极追求"平等"，尤其是通过对"自我所有"原则的论述与探讨来寻求法律和道德意义上的人与人之间的平等。另一方面，日本难以完全割舍其深厚的传统东方文化的思想底蕴，对权威的崇拜仍然牢牢扎根在心灵深处。从日本经济学家所关注的经济伦理的主要理论来看，他们对"福利国家"的兴趣远远大于对"契约主义"的兴趣，当所追求的平等受损时，他们似乎并不准备寻找反抗国家权威的道路，反而积极寻找一条依靠国家来实现平等的道路。

二、研究思路

本书回顾了明治维新以来日本经济伦理思想的发展历程，考察了近30年日本经济伦理思想产生的历史背景、思想渊源和理论基础，梳理了日本自由至上主义、平等主义和马克思主义经济伦理思想的发展和现状，重点介绍和探讨了日本自由至上主义代表森村进（1955—　）、桥本祐子（1973—　），平等主义代表竹内章郎（1954—　）、立岩真也（1960—2023）和马克思主义代表松井晓（1960—　）、吉原直毅（1967—　）的经济伦理思想，为进一步考察当代日本经济伦理思想的特点及其成因提供充足的材料。

仅介绍各学派的经济伦理思想，显然无法充分体现日本各学派经济伦理思想的特点。本书力求通过日本各学派间的纵向比较和与欧美国家各学派的横向比较，赋予日本经济伦理思想研究多方位、多角度的研究视野，进一步总结当代日本经济伦理思想关注的"自我所有"的正义、交换的正义和分配的正义三个焦点问题，得出日本经济伦理在论证方法、思想内容以及观点上的特殊之处，并从经济现状、传统习惯和文化根源三个方面分析其特点的形成原因。

三　本书的贡献、不足之处及展望

一、本书的贡献

（一）本书的研究更加全面和系统

纵观国内外，对近30年日本经济伦理思想的研究比较零散，大多只是针对某一个人、某一方面或者某一问题的经济伦理研究，至今尚无较全面的思想史类专著。然而，还是有个别研究为这一领域提供了宝贵见解，如山崎益吉的《横井小楠与道德哲学》（弘文堂，1997）一书通过分析横井小楠的《时务论》和亚当·斯密的《富国论》，归纳出二者在时代背景与思想主张方面的共同点，进一步总结小楠"道德哲学"的现代意义，强调伦理和道德对经济活动的重要性。本书旨在从思想史的视角系统梳理近 30 年日本经济伦理思想的发展脉络，在对已有研究进行整合的基础上，通过对近 30 年日本自由至上主义、平等主义、马克思主义三个学派经济伦理思想的纵向比较及其与欧美对应学派的横向比较，提出一些新的观点，推动对这一问题的研究由过去的点线式分析向现在的平面立体式分析转变。

（二）发现日本与西方经济伦理思想的不同之处

在不同国家的不同历史阶段，会产生不同形式的经济思想，因而经济思想具有明显的地域性和时代性。即使近代以来西方经济学在国际社会中处于主导地位，日本学者还是结合本国的实际情况，形成了一些新的观点。例如，自由至上主义学派代表人物森村进在继承洛克（John Locke，1632—1704）和诺齐克（Robert Nozick，1938—2002）"自我所有"观点的基础上，从道义的角度提出国家应该保障最低限度的社会福利，这是与欧美自由至上主义者不同的。再如，日本平等主义对自由至上主义的批判更多借鉴了马克思主义的批判语言，立岩真也所理解的"自由"不再是欧美自由主义基于"权利"所理解的自由，而是更接近于马克思主义的"异化"。此外，在欧美，对自由至上主义展开批判的是以 G. A. 柯亨（Gerald A. Cohen，1941—2009）为代表的马克思主义学派，而在日本，批判自由至上主义的主力军是平等主义、发展自由主义等自由主义内部学派。

二、不足之处及展望

本书在撰写过程中尝试结合时代背景（经济环境、政治环境及文化环境等）来考察当代日本经济伦理思想如何发挥作用以解决现代社会出现的各种问题。然而，本书所选择的代表性经济学家或学者，如泰萨·莫里斯-铃木所指出的，属于高等教育和大众传播媒介广泛发展的背景下，在日本形成的一个数量庞大、生计相对独立于国家的专家阶层。[1] 这些学者虽然在理论上对经济伦理有深刻见解，并针对社会问题提出了独到观点与解决办法，但遗憾的是，其思想大多停留于理论层面，鲜有确凿证据表明它们已转化为实际的政治或经济政策。

事实上，日本在战后形成了以经济企划厅学派为主，也包括通产省[2]、

---

① ［英］泰萨·莫里斯-铃木：《日本经济思想史》，厉江译，商务印书馆 2000 年版，第 4 页。

② 通产省，全称通商产业省，2001 年（平成 13 年）1 月 6 日日本中央省厅改革之后，更名为经济产业省。

大藏省①、国土厅②等经济官厅和日本银行的经济学者在内的"官厅学派"。现在"官厅学派"主要指在日本内阁府担任经济分析工作的公务员，他们的主要工作任务就是制订经济计划、调整综合政策、开展经济调查分析以及编写白皮书等。此外，还有一些曾在政府部门或重要经济团体任职，甚至担任过首相私人经济顾问的经济学家，他们的经济思想对政府决策有重大影响。研究这类学者的经济伦理思想会更具有实践价值，这将是笔者今后研究的方向。

最后，还有如下四点需要进行简要说明。

第一，本书的撰写源于笔者的博士学位论文《近 20 年日本经济伦理思想研究》（2014），部分内容收录于笔者的博士研究生导师乔洪武教授主持的教育部哲学社会科学研究重大课题攻关项目《西方经济伦理思想研究》（10JZD0021）的最终研究成果——《西方经济伦理思想研究（第三卷）》（商务印书馆，2016）中，感兴趣的读者可以参考阅读。同时，本书也是笔者主持的国家社会科学基金青年项目《战后日本经济伦理思想研究（1945—1989）》（19CZX057）的中期成果。

第二，日本虽然在地理位置上属于东方，但从国家的经济体制来看，属于西方资本主义阵营，故笔者的博士论文也收录在《西方经济伦理思想研究》中。然而，本书中所保留的"西方"一词，盖指"西欧和北美诸国"。

第三，本书中日本学者的姓名，按照日本人通常的习惯，姓在前，名在后。当同一学者的名字重复出现时，德川时代的学者用名代称，明治时代及以后的学者用姓代称。

第四，当代日本经济学家的数量远超于本书所选取的研究对象，个别学者在本书中并未提及。本书旨在对在经济伦理方面有较多论述和研究的标志性学者的观点进行梳理和总结，故而无法面面俱到。且笔者才疏学浅，对复杂多变的日本经济形势以及内容庞杂的经济伦理思想史了解有限，书中难免存在讹误和疏漏之处，承蒙同行和各界读者批评指正。

---

① 大藏省，日本自明治维新后直到 2000 年期间存在的中央政府财政机关，日本中央省厅改革后，改制为财务省和金融厅。

② 国土厅在日本中央省厅改革后，与运输省、建设省、北海道开发厅等机关合并，称为国土交通省。

第　一　章

近 30 年日本经济伦理思想产生的
历史背景及理论基础

任何一种思想的产生都不可避免地受到历史背景和先行知识传统的影响，新理论的出现也一定是建立在已有理论的基础之上的。各流派之间在横向上存在对立冲突与融合借鉴的关系，在纵向上则呈现出继承发展或扬弃创新的关系，并且以各自特定的形式反映着社会变迁和历史发展的轨迹。因此，本章将对近现代日本经济伦理思想的发展历程进行梳理，进一步探究日本经济伦理思想产生的历史背景、思想渊源与理论基础。

第一节　近代日本经济伦理思想的回溯

近代日本经济伦理思想的发展轨迹复杂多变，经历了多个阶段的显著变迁。在明治初期，随着西方文明的涌入，自由主义经济伦理思想如昙花一现般短暂兴起，但很快便在各种因素的影响之下逐渐消退。随后，国家主义经济伦理逐渐盛行，强调国家在经济活动中的主导地位。第一次世界大战（以下简称"一战"）期间，马克思主义经济伦理开始崭露头角，为日本社会带来了新的思想冲击。然而，在两次世界大战之间的这段时期，军国主义经济伦理占据统治地位，深刻影响了日本的经济政策和社会结构。在第二次世界大战（以下简称"二战"）期间，随着战局的恶化和社会秩序的动荡，经济伦理陷入了前所未有的混乱状态，使战后日本经济的重建与伦理体系的重塑面临巨大的挑战。

一、明治维新至一战前的日本经济伦理思想

在德川幕府统治下，除中国人和少数荷兰商人外，外国人被禁止和日本通

商，日本步入了一个近乎彻底封闭的时代。然而，正是这段时期，见证了日本传统思想文化的成熟和繁盛。明治维新真正结束了德川幕府近二百五十年之久的闭关锁国状态，也掀开了日本近代史的新篇章。随着西欧先进文化的涌入，日本的政治、经济、社会、文化、科技甚至思想都发生了深刻的变化。"经济"一词正是在这个时候才作为economy的对译词被人们广泛使用，"经世济民"的传统经济伦理思想也是在这个时候开始有了新的转变。岛崎隆夫曾指出："从经济思想史的角度来看，近代日本的建立过程，也是'经济学'作为一门近代科学基于历史的必然性被从西欧引进，取代之前存在的'经世济民论'的经济思想，并最终被确立为'经济学'的过程。"[1]

（一）明治初期：自由主义经济伦理思想昙花一现

明治初期，欧美经济学理论开始在日本传播。东京大学、庆应义塾等教育机构设立了经济学课程，讲授的教师中有美国人和欧洲人，讲授内容涵盖罗雪尔（Wilhelm G. F. Roscher，1817—1894）、李斯特（Friedrich List，1789—1846）、约翰·穆勒、杰文斯（William S. Jevons，1835—1882）等经济学家的学说。自由放任、功利主义、平等追求等经济伦理思想在学者们介绍欧美经济学理论的过程中被人们理解和熟知，在一定程度上也受到了政府的关注。除了外国教师，曾留学欧洲的日本学者们是更加重要的欧美经济思想的传播者。其中，最著名的是由福泽谕吉、森有礼（1847—1889）、加藤弘之（1836—1916）、西村茂树（1828—1902）、西周（1829—1897）、津田真道（1829—1903）和神田孝平（1830—1898）等人组成的"明六社"。该社于1873年即明治六年结成，故而得名，并创办了机关杂志——《明六杂志》。虽然由于政府对言论、出版自由等自由主义原则的芥蒂，1875年11月《明六杂志》被迫停刊，明六社也宣告解散，但他们关于自由主义的争论在当时产生了巨大的社会影响。

福泽谕吉是日本明治维新前后著名的启蒙思想家，有"日本的伏尔泰"之誉，其独特的启蒙教育思想和经济主张为日本的现代化运动做出了巨大贡献。

福泽在幕末到明治初年期间（1853—1873）主要将翻译欧洲的经济学著作作

---

[1] 岛崎隆夫：「書評　塚谷晃弘著『近代日本経済思想史研究』」，『社会経済史学』1961年1号，87頁。

为学习和传播现代经济学①的手段。1866 年，福泽翻译出版了张伯伦（Basil H. Chamberlain，1850—1935）《政治经济学》一书的前半部分，并在"私有制的实质"一章中加入了他自己写的"勤劳与其他工作的异同"等三小节内容。② 对他影响最大的另一部书是美国经济学家威兰德（Francis Wayland，1796—1865）的《政治经济学原理》，该书后来成为庆应义塾的教科书。可以说这两部古典经济学著作为福泽奠定了近代经济学的理论基础。③ 在此期间，他还三次渡航海外，翻译出版了《西洋事情》，内容涉及欧美国家的历史、政治、经济、社会等诸多方面。

福泽经济思想形成较完整体系的标志是其著作《劝学篇》和《文明论概略》的问世，这两部书也是他整个文明观的标志，确立了他作为著名的自由主义启蒙思想家的历史地位。④ 后来，福泽又陆续发表了《民间经济录》《通货论》《贫富论》《地租论》和《实业论》等多篇重要的经济论文，形成了比较完整的经济思想。福泽的经济伦理思想表现在他对经济学主旨的定义、对"经济人"利己心的理解、对政府经济功能的认识及其消费观四个方面。

第一，福泽积极推崇晚期重商主义思想。他早在 1871 年（明治四年）所著的《启蒙手习》中就将经济学定义为"人类衣食住的需求之论"，还进一步解释认为"经济学有一个'自然的法则'，那就是'顺之者富，违之者贫'的'天然的自由'法则"。⑤ 福泽在《西洋事情（外编）》（尚古堂，1867）的《经济总

① 这里的现代经济学（Modern Economics）对应日本特有的称谓「近代经济学」，是 19 世纪 70 年代"边际革命"后非马克思主义经济学体系的总称，涵盖宏观与微观经济学，广义上包含奥地利派、洛桑学派、剑桥学派、北欧学派及凯恩斯学派等，即我国所说的马歇尔以后的西方经济学；狭义上则指新古典派经济学和新凯恩斯学派。值得注意的是，在日本也有「现代经济学」的说法，同样对应 Modern Economics，有说法认为二者的划分依据是经济学研究的方法和理论框架的不同。不过，大部分学者在使用时不会刻意区分。此外，日本评论社在 1926 至 1933 年间出版的 30 卷本《现代经济学全集》中，还收录了马克思经济学，见高畠素之：『マルクス経済学』，『現代経済学全集（第 4 巻）』，日本評論社 1929 年。本书统一使用"现代经济学"指代"边际革命"后的非马克思主义经济学。

② 杉山忠平：「福沢諭吉における経済的自由：とくにその初期について」，『思想』1979 年第 8 号，76 頁。

③ 塚谷晃弘：『近代日本経済思想研究』，雄山閣 1980 年，47 頁。

④ ［日］近代日本思想史研究会：《近代日本思想史（第一卷）》，马采译，商务印书馆 1983 年版，第 44 页。

⑤ 杉山忠平：「福沢諭吉における経済的自由：とくにその初期について」，『思想』1979 年第 8 号，88 頁。

论》一文中指出："经济学的主旨所在，就是应人类衣食住的需求而供给财富，从而增加其财富，达到享受欢乐之目的。……经济之目的，不是将人的工作加以束缚，而是要顺应其天赋，自由地发挥力量。"① 这一经济主旨揭示了福泽最著名的"民富国强"思想的自由主义本质。② 福泽认为，当时的中国和朝鲜受困于儒家思想而闭关锁国，日本只有脱离亚洲，学习西方文明才能够真正强大起来。这一思想在日本于近代取得迅速发展之时转变为"富国强兵"政策，主张通过贸易手段实现"富国"，通过加强军事力量实现"强兵"。到明治 20 年代，福泽再次强调："在文明世界的诸多要素中，国民的富裕是至关重要的。对于今天正在开国的日本来说，使国家富强起来的办法就是走商业、工业、拓殖产业的道路。"③ 而"富国强兵""殖产兴业"和"文明开化"也成为明治政府的三大政策。

第二，福泽对于"自由放任"所表现出的利己主义基本上是肯定的。他在《文明论概略》中告诫日本人："争利，固然为古人所讳言，但是要知道争利就是争理。"④ 在福泽看来，"利"和"理"在本质上是一致的，即金钱与道德并非截然对立、水火不容，日本人应该培养近代资本主义观念中的功利主义，"不可不养成国民重视金钱的风气。……苟欲国家富强，不可不使国民念念不忘求富之心"⑤。这里所说的"求富之心"正是功利主义追求财富之精神，亦即对"经济人"利己心的赞同。

第三，福泽主张有限的自由竞争论。他认为竞争"已是商界的根本道理了"⑥，政府只需要把握政治方向，让实业家在工商业界发挥自己的才干。他在"官民分工论"中再三强调，在私人实业中要实行自由竞争的原则，政府的干涉对私人企业是一种压力，"在这种压力下，个人的行动是绝不能放开手脚的"，本来"竞争就是为市价的平衡而产生的。……政府若不顾所得的损益，只顾推进事业的话，就会失去同行业间必要的竞争，其害波及必广"。⑦ 不过，"官民分

---

① 福沢諭吉：『福沢諭吉全集（第一卷）』，岩波书店 1958 年, 456 页。
② 潘昌龙：《福泽谕吉经济思想述评》，《内蒙古财经学院学报》1994 年第 2 期，第 93 页。
③ 福沢諭吉：『福沢諭吉全集（第九卷）』，岩波书店 1960 年, 40 页。
④ ［日］福泽谕吉：《文明论概略》，北京编译社译，商务印书馆 1959 年版，第 71 页。
⑤ 石河幹明：『福沢諭吉』，岩波书店 1949 年, 435 页。
⑥ 福沢諭吉：『間経済録二編. 福沢諭吉選集（第八卷）』，岩波书店 1981 年, 96 页。
⑦ 福沢諭吉：『実業論. 福沢諭吉選集（第八卷）』，岩波书店 1981 年, 273-274 页。

工论"也反映出福泽自由主义经济学的局限性。因为福泽并不是经济学家，所以他会依据时代和环境的变化来取舍近代经济学原理，如他在 1877 年以后，一方面提倡开展自由贸易，另一方面又主张对外国货物实行保护主义关税政策。其政治立场决定了他必须站在资产阶级的角度思考问题。

第四，福泽持有"积极消费"观。他认为"生产就是为了消费，消费又是为生产提供条件"①，财富的生成是积累和消费两方面共同活动的结果，而"富国的根本问题就在于不断扩大积累和消费"②，所以"在经济上重要的，绝不是禁止消费，而只是要看消费之后，所得的东西多寡，以判断其消费是否得当"③。正确的消费伦理观是将"活泼果敢"和"节俭克制"有机结合，有计划地消费并扩大积累。

除福泽谕吉外，"明六社"的其他成员中的大多数也是自由主义的支持者。如曾被幕府派去荷兰学习的西周和津田真道，二人师从拉顿大学经济学教授西蒙·维瑟林（Simon Vissering，1818—1888）。维瑟林是弗雷德里克·巴斯蒂阿特（Claude-Frédéric Bastiat，1801—1850）和约翰·穆勒的忠实拥护者，他对自由主义的推崇深刻影响了西周和津田。津田在《论保护税之非》④ 一文中，阐述了其反对征收保护税的理由：其一，日本和其他国家的贸易合同上已经规定了税则，日本政府不应随意征收保护税。其二，日本的钢铁等行业的技术与欧美相比有很大差距，只有在自由竞争中才能得到发展和进步，征收保护税表面上是对这些产业的保护，实际上却压缩了技术的进步空间。其三，日本现在盛行西化风潮，即便征收保护税，受市场需求影响，国内也会出现同类工厂。其四，一面打开国门，一面征收重税，无异于左右手互搏。其五，要想提高国民整体的知识水平，最好的办法就是通过进出口贸易直观感受差异。最后，津田强调，进出口的差异就像四季轮回，在自由竞争中自会找到天然的平衡。

田口卯吉（1855—1905）作为保护主义的激烈批判者，在《明六杂志》停刊后的第 4 年创办了《东京经济杂志》（1879—1923），使得关于自由贸易的争论得以继续进行。田口自由主义的主张即"自由贸易之理"，主要体现在两个方面：

① ［日］福泽谕吉：《文明论概略》，北京编译社译，商务印书馆 1959 年版，第 158 页。
② ［日］福泽谕吉：《文明论概略》，北京编译社译，商务印书馆 1959 年版，第 159 页。
③ ［日］福泽谕吉：《文明论概略》，北京编译社译，商务印书馆 1959 年版，第 158 页。
④ 津田真道：「保護税を非とする説」，『明六雑誌』第 5 号。

一是通过阐述保护主义的危害，将经济从政治中解放出来。第一，"保护税虽然能促进受保护行业的繁荣，但不能增加一个国家的利润"。第二，"保护税将某些商品在国内市场的垄断权交给本国人，而这些商品中劳动资本的聚集比例决定了对国家的危害程度"。第三，"政府无权将一个人的利益转移给另一个人"。二是主张经济社会的健康发展自然会孕育出良好的秩序。像保护税这样的"强制分配"适用于德川时代割据统治的封建社会，却已经不再适用于明治维新后的统一国家。①

此外，田口还反对穆勒和德国历史学派主张经济政策应按国家发展水平而变化的思想，认为古典经济学的长处就在于其建立在一个不受时空制约的普遍原理的基础之上。他曾在早期的著作中写道："古代圣人以无为作为治道的根本，他们使用的语汇也许看起来简单，但实际上包含着明智的经济学的真正原理。"② 中国古代圣人的思想与欧洲的自由放任主义之间存在着某种思想联系，这种联系是田口将自己的经济自由主义与明治以前传统的伦理结合起来的手段。③

"明六社"成员中，"神田孝平以其思想对日本的经济社会发展发生着长远而深刻的影响"④。神田曾为明治政府提出了两套税制改革方案，一是"田租改革建议"（1870），一是"田税新法"（1872），两套改革方案都是为摒除德川租税制度的低效率和不公平而提出的。神田主张课税额不应由土地面积和收获量决定，而应当依据农业用地的市场价格制定，由此引发的农民贫富差距扩大的结果是合理的。关于政府是否应当干预经济，神田认为在民间资本发展不充分的状况下，政府有责任对铁矿业给予支援。这一观点与以穆勒为代表的英国功利主义者类似，即"在某一时期或某一国家的特殊情况下"，"因为民众太穷了，拿不出所需要的钱，或知识水平太低，看不出这样做的好处，或联合行动的经验不足，无法共同办这样的事情"⑤ 时，政府就有必要承担起这一责任。

---

① 馬場啓之助：「田口卯吉論」，『一橋論叢』第 57 卷第 4 号，425-427 頁。

② 转引自杉原四郎：『日本経済思想史論集』，未来社 1980 年，147 頁。

③ ［英］泰萨·莫里斯-铃木：《日本经济思想史》，厉江译，商务印书馆 2000 年版，第 62 页。

④ ［英］泰萨·莫里斯-铃木：《日本经济思想史》，厉江译，商务印书馆 2000 年版，第 62 页。

⑤ ［英］约翰·穆勒：《政治经济学原理（下卷）》，胡企林、朱泱译，商务印书馆 1991 年版，第 570 页。

（二）明治后期：国家主义经济伦理思想的兴起

"19 世纪 70 年代的自由主义者随着进入暮年，许多人也渐渐转向国家主义和保守主义的思想立场。"[1] 1879 年，日本政府内部发生了一场德育论争，一方是保守派的代表——天皇侍讲元田永孚（1818—1891），另一方是伊藤博文（1841—1909）。元田主张"道德之学"应宣明仁义忠孝之道，而伊藤则撰写《教育议》上奏天皇，进行辩解。然而，鉴于其天皇近臣的身份，伊藤无法直接反对忠孝之道，最终只得作罢。随后，"忠君爱国"的国家主义教育风行起来。1882 年明治天皇颁布《赐予陆海军军人之敕谕》，通称"军人敕谕"，将忠节、礼仪、武勇、信义和质朴作为军人必须遵循的道德，尤其强调盲目服从的"忠节"。同年，前"明六社"成员加藤弘之发表《人权新说》，摒弃了"天赋人权"的传统观念，转而鼓吹国家主义。

1889 年，明治宪法的颁布标志着明治维新的终结以及近代天皇制国家的正式确立。明治政权保留了天皇神权专制的权威，由最初的革新政权转变为保守政权，确立了官方国家主义的意识形态"国体论"[2] 的支配地位。1890 年，明治天皇又下达了《关于教育之敕语》，即"教育敕语"。该敕语巧妙融合了儒家忠孝思想、神道的神国理念以及天皇神圣性观念，着重强调了忠君爱国的价值观，对后续数代日本人的思想产生了深远影响。

"军人敕谕"与"教育敕语"实际上是明治政府向国民提出的国家主义道德规范，这种思想也渗透到了经济领域。如在明治后期和大正时期十分活跃的"日本企业之父"涩泽荣一（1840—1931）的经济伦理思想中，也存在着些许国家主义的影子。

涩泽荣一被誉为日本"儒家资本主义的代表"，其著作《论语和算盘》（1916）是对中国儒学经典《论语》的重新解读，以求改变传统儒学重义轻利的思想，提倡"义利合一"。涩泽认为，致富的根源是"以仁义道德为本、公平正义为理，只有这样才能实现长富久安"[3]。值得注意的是，涩泽是以"公益"即

① ［英］泰萨·莫里斯-铃木：《日本经济思想史》，厉江译，商务印书馆 2000 年版，第 66 页。

② 国体论的核心观点在于，天皇乃神之后裔，万世一系，天皇及其统治大权神圣不可侵犯，倡导君民一体、臣民忠孝合一，绝对忠于天皇。

③ ［日］涩泽荣一：《论语和算盘》，李政译，江西美术出版社 2010 年版，第 2 页。

国家和社会的利益为重，主张把"义"和"利"统一起来。"如果工商业没有增加全体社会物质财富的功能，那它的存在也没有什么社会价值了，因为它不能够带来公共利益，为社会谋福利。"① 即完善的商业道德是以"爱国家"作为行为准则的，这是一种国家主义的经济观念。

1896年，日本社会政策学会正式成立，在1900年发表的《社会政策学会宗旨书》中明确阐述了其保守的经济伦理观："我们反对放任主义，因为极端的利己行为和不加限制的自由竞争将导致贫富差距悬殊。我们也反对社会主义，原因是破坏现存的经济结构和消灭资本家将有害于国运的进步昌盛。我们的原则是维持现有的私有制经济组织，防止阶级摩擦，并在此组织范围内通过个人活动和国家权力实现社会和谐。学会的宗旨就是根据这一原则，结合国内外的实例和科学原理来研究社会问题。特此草拟意宗旨书，以告江湖诸君子。"②

这一时期，该学会最具代表性的人物是金井延（1865—1933），他曾于1886至1889年间留学德国，在海德尔堡大学和哈雷大学学习。金井回国时正值日本工场工人数量急剧增加，工作环境和条件却极其恶劣的时期，1910年，工场改革更上升成为主要的政治问题。明治政府试图引入工场法来规定劳动时间和劳动条件，但遭到工场经营者和自由放任主义经济学者的批判。金井对于工场法的引入表示赞同，他"将国家看作是一个吞没了个人利益的有机体，这个有机体的协调成长是最高的目标"③。而"社会政策的最高目标是将近世以来相互对立愈益加剧的各个社会阶层重新联合起来。……这样，各社会阶层都将有真正的幸福并可以期待相互合作，从而……创造出富国强兵的基础，为国家社会全体带来安

① ［日］涩泽荣一：《论语和算盘》，李政译，江西美术出版社2010年版，第64页。

② 原文为："余輩は放任主義に反対す。何となれば極端なる利己心の発動と制限なき自由競争とは貧富の懸隔を甚しくすればなり。余輩は又社会主義に反対す。何となれば現在の経済組織を破壊し、資本家の絶滅を図るは、国運の進歩に害あればなり。余輩の主義とする所は、現在の私有的経済組織を維持し、其範囲内に於て簡人の活動と国家の権力とに由って階級の軋轢を防ぎ、社会の調和を期するにあり。此主義に本き、内外の事例に徴し、学理に照らし、社会問題を講究するは実に是本会の目的なり。此に趣意書を草して江湖の諸君子に告ぐ。"最初刊登在『国家学会雑誌』1899年第13卷第150号，转引自社会政策学会官网，http://jasps.org/history-6.html（2024年3月13日访问）。

③ ［英］泰萨·莫里斯-铃木：《日本经济思想史》，厉江译，商务印书馆2000年版，第76页。

宁幸福和进步发展"①。可见，金井延也有根深蒂固的国家主义情结，并且这种倾向日益增强。到明治末期，他甚至支持日本帝国主义对外扩张，并认为殖民地是解决日本国内贫困和人口过剩等社会问题的唯一办法。②

整体来说，明治初期的日本经济伦理思想经历了从"自由主义"向"官房学派"的发展过程。早期的福泽谕吉展现出明显的自然法和功利主义倾向，反映出明治初期的日本积极向西方学习、急切追求富国强兵的心理。随着学习的深入，结合自身国情对理论进行筛选与变革也是日本学者的必然选择，具体原因如下。第一，作为刚刚走向资本主义的落后东方国家，日本不可能选择自由主义经济政策，形成与德国类似的"官房学派"是日本经济的现实选择。第二，大部分日本学者的相关见解和主张具有明显的折中倾向。这是由于启蒙思想家们都具备深厚的儒学教养，他们大多倾向于将儒学伦理与欧美经济伦理思想相结合，因此存在局限性，使得自由主义和功利主义的经济伦理思想对日本的影响远不如英国。第三，日本经济伦理思想具有深厚的儒家传统，这是其与欧美国家经济伦理思想的不同之处。日本学者更倾向于将"爱国""忠君"作为儒家传统道德的最高标准，因而面对欧美古典自由主义经济理论，自然会选择将其改造为"经世济民"的学问、追求"富国强兵"的理论，从而使日本学界的经济主张具有很强的晚期"重商主义"的特征，这也是日本在 19 世纪殖民扩张时代的必然选择，是日本走向国家主义的思想基础。而在这一思想指导之下取得一定发展的日本经济，反过来又助长了这一思想的影响力，并为日本的扩张欲望披上了道德的外衣，也为后来军国主义的发展提供了道德的温床。

二、两次世界大战期间的日本经济伦理思想

战争体制下的经济伦理思想与日本独特的时代背景密切相关，带有深刻的时代烙印。自 1894 年中日甲午战争爆发之后，日本自上而下掀起了扩张狂热，军国主义和国家主义思潮泛滥，"富国强兵"的政策逐渐演变为"强兵富国"。从一战期间的经济增长，到二战结束时的统制经济，无不表现出日本对战争经济的依赖。马克思主义的传入使得运用马克思的生产方式理论分析本土经济结

---

① 塚谷晃弘：『近代日本経済思想史研究』，雄山閣 1980 年，209 頁。
② 塚谷晃弘：『近代日本経済思想史研究』，雄山閣 1980 年，207-209 頁。

构成为日本经济学研究的焦点，并引发了马克思主义经济学者与非马克思主义经济学者之间，以及马克思主义经济学者内部的激烈争论。因此，两次世界大战期间日本的经济伦理思想呈现出错综复杂的态势。

（一）一战期间马克思主义经济伦理崭露头角

一战期间，军需出口的增加进一步促进了日本经济的膨胀，导致日本社会出现了许多暴发户。然而，投资和投机的热潮、无限制的出口、城市对生活物资的需求等不断推高物价，使得普通民众的生活更加艰难。在这一背景下，马克思主义经济思想成为多数日本学者寻求经济出路的选择。

在日本，为世人所知的早期马克思主义经济学家中，河上肇（1879—1946）是一位杰出代表，他也是最早探索经济与伦理关系的日本学者。1916 年，河上以其连载论文《贫乏物语》而声名远播。在这一系列论文中，河上对 19 世纪末以来欧美主要资本主义国家出现的贫富分化加剧的现象进行了分析。他认为，无论是马尔萨斯（Thomas R. Malthus, 1766—1834）式的人口决定论还是其他财富分配不均论，都不是这一问题的真正答案。他采用马克思（Karl Marx, 1818—1883）的社会经济结构视域，糅合日本的儒家道德思想，提出了自己的经济伦理主张。一方面，贫富分化之所以加剧，是资本追逐利润的本性所致。在价格导向下，社会生产集中在奢侈品的生产领域，因为这一领域商品价格稳定，资本家可以获得更多稳定的利润；而生活必需品领域则相反，超出人们需要的生活必需品不会迎来更多的消费者，因此其价格将会降低，利润将会缩减，只有将生活必需品的供给量定在低于市场需求量的程度，才能维持其足够的利润，因此穷人的需求总是无法得到完全满足。另一方面，河上认为这一问题的解决要借助日本的传统儒家思想。首先，通过"均贫富"式的财富转移减少富人的收入，增加穷人的收入，将奢侈品需求转化为必需品需求，从而实现社会的稳定。其次，河上肇认为马克思的经济基础决定上层建筑的观点与儒家传统的"仓廪实而知礼节，衣食足而知荣辱"的观点是一致的，因此在"均贫富"的基础上推动社会整体道德的进步是可以实现的。

可见，进入 20 世纪之后，日本资本主义经济的确立与发展在给日本带来经济增长的同时，其负面影响也日益显现，对资本主义进行反思与批判成为当时学者的必然选择。从本质上来看，河上肇的经济伦理思想是包裹着儒家内核的马克思主义观点，他用马克思的理论支持他的传统儒家主张，相较于同时代的学者而言，这一主张具有一定的进步性，但并不会给日本带来实质性的变革，这些问题我们将在后面章节中进一步讨论。

这一时期日本马克思主义经济学派的另一代表是福田德三（1874—1930），他被誉为"日本近代经济学之父"，亦是日本经济史研究的创始人，对欧美经济学的涉猎范围极广，几乎涉足了经济理论、经济史、经济学史、经济政策、社会政策以及福利经济等经济学的所有领域，为日本社会科学理论的思考和制度的形成奠定了基础。赤松要（1896—1974）曾评价道："如果说亚当·斯密是世界经济思想史上的高峰，是（经济思想的）起源，那么可以说在一桥①，在日本就是起源于福田德三。"② 福田的经济伦理思想主要体现在他提出的"新商人之道"即商业伦理精神和福利经济学之中。

所谓"新商人之道"即"文明的国民在文明社会，通过日常和平的职业，使国家富有、社会富有的根本精神"③，又称"产业之道"或者"经济之道"，是"今日文明的根本要求"④，福田德三称之为"商魂"。而"新商人"指营利的经济生活，尤其是资本主义经济生活中的商人。福田认为必须抛弃以往轻视商业、视金钱为万恶之源的看法。因为"当今产业商业所获得的利益，是为一举千得、一举万得。何出此言呢？因这一利益并非对他人所有物之掠夺，亦非对他人多余之物的占有"⑤。换言之，福田强调商人的伦理义务，要求商人的目的和手段都符合道德的要求，在这一前提下获得的利益，是商人通过自己的创造活动所获得的报酬，是社会价值增加的一部分。因此，以获得利润为目的的商人活动，从增加社会财富的角度来看，是符合道德要求的。福田还进一步指出，随着时代的不断发展，商人的任务应该逐渐从增加财富转变为增进幸福，并最终实现"没有商业的社会"之目标。

福田还强调，经济学必须同时具备普遍的科学性和伦理性，其福利经济学具体研究了所得分配，尤其是劳动应得份额的公正问题，他认为，劳动运动和劳动争议是实现劳动所得公正分配、保障社会正当劳动时间的最重要的制

---

① 这里的"一桥"指一桥大学。
② 赤松要：「一橋の伝統における経済政策思想」，『一橋論叢』，1960 年第 1 号，89 页。
③ 福田德三：『現代の商業及商人』，大鐙閣 1920 年，791 页。
④ 福田德三：『現代の商業及商人』，大鐙閣 1920 年，807 页。
⑤ 福田德三：『現代の商業及商人』，大鐙閣 1920 年，812 页。

度之一。① 福田还强调，个人经济水平的提高和人格的提高是密不可分的，"福利斗争"并非简单的"价格斗争"，而是"人格斗争"，是社会运动和劳动运动的基础。西泽保评价福田的福利经济是从"物的经济"向"人的经济"的转变，是超越了马歇尔（Alfred Marshall，1842—1924）和庇古（Arthur C. Pigou，1877—1959）的"价格经济学"的政策问题，是承认生存权的社会政策，即福利国家论。他超越了剑桥学派的局限，在约翰·霍布森（John A. Hobson，1858—1940）、乔治·道格拉斯·科尔（George D. H. Cole，1889—1959）等牛津历史学派，以及埃德温·坎南（Edwin Cannan，1861—1935）、威廉·贝弗里奇（William Beveridge，1879—1963）等社会政策学派的传统和推进英国福利国家建设的政策中，找到了与自己立场的共同之处。②

在研究的开始阶段，福田在《社会政策与阶级斗争》（改造社，1922）一书中指出："社会政策不能以马克思的唯物史观为基础。我们必须摒弃这样的观点——的确，马克思主义者会支持我们所支持的社会政策，这在我看来是不可思议也是不可理解的，同时我们必须用正确的学说即社会政策来揭露社会主义所固有的唯物史观的谬误。从这一立场可以清楚看出社会主义与社会政策关于国家和社会的见解具有根本的差异性。"③ 但是，福田对于"各尽其能，按需分配"的共产主义分配正义原则却是肯定的。他认为这一原则"通过剩余的生产、交换和分配，如一丝红线，嵌入了现代资本主义社会，……通过阶级斗争、劳动契约、最低生活工资、劳动保险和失业保险，通过资本主义的国家和公共团

---

① 福田德三的厚生经济，是在霍布森、庇古、坎南等人的影响下构想出来的以收入论为中心的经济学。考虑到具体的收入分配，特别是按劳分配的份额是否公正的问题的重要性，福田认为工人运动和劳动争议，本来就是保障劳动收入的正当分配和社会正当劳动时间的最重要的制度之一。福田在批判庇古的同时，对获得真正能够充实生活的劳动收入、进行福利斗争的必要性进行了如下论述："在今天的经济生活中，防止违反劳动者的愿望和利益而强制、压迫劳动的作用，对抗危害国家收入分配和增加其可变性的作用的，主要是只有作为福利斗争、作为福利运动的劳动争议。今天的社会政策，实行社会自治而真正起其作用的，是其背后有力的工人运动，而刺激它的，则是作为福利斗争的劳动争议。"（福田德三：『经济学全集（第五集）』，同文馆 1926 年，392 页。）

② 西沢保：「福田德三の経済思想：厚生経済・社会政策を中心に」，『一橋論叢』，2004 年第 4 号，375 页。

③ 福田德三：『社会政策と階級闘争』，改造社 1922 年，6 页。

体的租税和捐税，以及各种公有企业，逐渐开展剩余价值斗争"①。

可见，一战期间，随着马克思主义在日本的广泛传播，日本学者们积极探寻传统儒家经济伦理、欧美经济伦理与马克思主义伦理之间的共通之处。此举旨在增强他们主张的说服力，并为日后马克思主义在经济学界成为主流学派奠定了坚实基础。

（二）两次世界大战之间军国主义经济伦理占据统治地位

一战结束后，日本经济因失去国外市场需求而陷入困境。1920 年 3 月，日本早于欧美国家率先爆发了战后经济危机。随后，1923 年 9 月 1 日发生的关东大地震更是加剧了日本经济的困境。此次危机凸显了日本经济的多重弱点：经济结构失衡，表现为贸易繁荣与农业滞后、重工业薄弱的鲜明对比；贫富差距急剧扩大；经济高度依赖国际市场；以及企业过度依赖政府的经济庇护与银行信贷。

在这一背景下，19 世纪后半期，日本学者普遍援引欧美经济理论为经济政策辩护的态势发生了根本性转变，他们开始深刻反思并深入分析日本自身的经济结构问题。

20 世纪 20 到 30 年代，日本的一些大学开始设立经济学部，使得日本和欧洲经济学的时滞大大缩短，庇古、熊彼特（Joseph A. Schumpeter，1883—1950）等人的著作在欧洲一出版，日本的经济学者便开始讨论其思想，年轻学者们对一般均衡理论、不完全竞争理论和增长周期理论都有所掌握。这一时期对经济伦理有所研究的代表学者是东京大学教授河合荣治郎（1891—1944），他在《社会政策原理》（日本评论社，1931）一书中阐述了人格主义理想主义的社会政策构想。河合认为："19 世纪以后的功利主义将快乐等同于善，其最大化即理想的社会。而正如英国理想主义者托马斯·希尔·格林（Thomas H. Green，1836—1882）所言，个人为'人格的完善'所做的努力才是善，而具备使这种善成为可能的制度条件的社会才是理想社会。"② 河合的这种人格主义理想主义更接近于费边社会主义（Fabian Socialism），即主张国家进行所得再分配的社会政策。

与此同时，世界经济危机的爆发也使明治末期开始显露的军国主义和扩张

---

① 福田德三：『厚生経済研究』，刀江書院 1930 年，178-179 页。
② 山脇直司：『経済の倫理学』，丸善株式会社 2002 年，49 页。

主义倾向更加严重，并对经济伦理思想产生了很大的影响。经济理论与国家主义意识形态之间的关系受到前所未有的关注。高桥龟吉和北一辉是特别具有代表性的两位理论家。高桥龟吉（1891—1977）是左翼政治研究会的创立者，却在20世纪20年代后半期逐渐与社会主义学者的观点渐行渐远乃至发生冲突，开始拥护日本对海外的军事侵略，而拥护的原因是不断增长的人口对国内有限资源的压力。因为世界市场受欧美列强的支配，日本不能公平参与世界市场，除扩张之外找不到和平解决人口问题的办法。[①] 北一辉（1883—1937）也由早期的左翼分子转变为国家社会主义者，其政治目标是要建立"纯正的社会主义"社会。他在《日本改造法案大纲》（1923）中描绘的理想社会是推翻资本主义制度，将大企业、财阀和地主的财产和土地国有化，用来改善一般国民的福利和劳动条件，并实现人人同工同酬。[②] 尽管这种理想社会的构想与其他社会主义者的构想基本一致，但是他特别强调国家永远是整个生产活动的主导，有权对劳动者的利益进行分配。在北一辉看来，正义是个人利益之间划定的界限，当这一界限划分得不公正时就会产生斗争，这种斗争就是正义之战，不仅适用于国家内部的阶级斗争，也适用于国际战争。他指出，由于国际财富划分给日本的只有零散的小岛，因此日本有权利向资源丰富的国家宣战，讨回正义。

1937年，北一辉因"二·二六"军事政变失败被处决后，其思想中的理想主义元素被忽视，其扩张主义及国家对经济强力干预的理念反而被视为合理主张，并深得军部高层与右翼政治势力的青睐。这一现象为二战时期统制经济的推行奠定了理论基础。

（三）二战期间伦理思想陷入混乱状态

1937年，日本掀起了大规模的侵华战争。次年，日本政府制定了《国家总动员法》。1940年，日本成立大政翼赞会与大日本产业报国会，确立了战时统制经济体制——即"1940年体制"。这一时期日本的经济伦理问题可从消费与生活伦理、流通伦理、经营伦理以及劳动与职业伦理四大维度进行梳理。

首先，消费与生活伦理深受国家消费政策影响。随着军需扩张，政府对奢

---

① 高橋亀吉：『左翼運動の理論的崩壊：右翼運動の理論の根拠』，白揚社1927年，28-31頁。

② 北一輝：『日本改造法案大綱』，http://www.aozora.gr.jp/cards/000089/files/52931_49104.html（2022年1月19日訪問）。

侈品等非必需品的消费加以限制。1938 年日本政府开展国民总动员后，限制范围扩及日常饮食、饮酒等方面，并倡导勤劳、节俭、储蓄、守时等生活方式。此举旨在通过规制消费生活，促进国家资源的有效利用。

其次，流通伦理聚焦于商品生产与流通中的工商业者行为。战争期间，黑市交易、囤积居奇等不正当行为激增，成为显著的经济伦理问题。为此，日本政府于 1940 年修正了《暴利取缔令》，并在"新经济体制"中强调公益优先与灭私奉公的原则，旨在重塑商业道德与秩序。

再次，经营伦理与流通伦理紧密相连。因战争体制下国家对经济的管控力度增强，企业的利润追求受限。此时经营伦理的核心在于规制营利欲，促进生产力发展。大河内一男（1905—1984）指出，经济伦理与生产力相结合，方能推动经济发展，经济理论亦应转向生产问题，体现"营利第一主义"被摒弃后"新经济秩序"的要求。1943 年《军需会社法》的颁布，进一步强化了企业的国家主义经营理念。

最后，劳动与职业伦理受到产业报国运动的深刻影响。1940 年成立的大日本产业报国会，倡导"全产业一体报国"与"职分奉公"，将劳动视为国民报国的具体实践，由此使得劳动的国家性、人格性和生产性达成一致。[①] 此外，日本家族企业的传统，使得"家·家族"制度与企业雇佣关系相互交织，劳动者在家族主义的氛围中，被要求以国家利益为重，坚守"职分"，服从规则，勤勉工作。

这一时期将劳动伦理从家族主义的角度体系化并提升为"日本的勤劳观"的是土方成美（1890—1975）和难波田春夫（1906—1991）。土方成美曾任东京帝国大学经济学部教授，在《通往日本经济学之路》（日本评论社，1938）一书中，他否定了欧美的自由主义经济学，提出应当探究适合日本"民族使命、国民性、风土"的"日本经济学"。土方的观点在当时受到较为广泛的支持，究其原因，其一，这种伦理观是日本国民性与日本人以天皇皇室为中心的情感的表现；其二，这是日本家族制度下具有特殊血统观念的共同体性质的体现，这种性质使得个人作为家族一员的属性没有受到欧美个人主义的影响，在农业、中小企业以及财阀掌控的大企业中具有更为浓厚的色彩；其三，这种"日本精神"

---

① 柳澤治：「戦時期日本における経済倫理の問題(上)」，『思想』2002 年 934 号，83 頁。

与当时产业报国运动的精神一致。

难波田春夫在1942年出版的《日本的勤劳观》一书，收录于大日本产业报国会《产报理论丛书》第一辑。可以说，难波田春夫是"离战争时期日本国家经济伦理政策化最近的"[1] 学者，他在书中批判了自由主义、马克思主义，甚至包括纳粹主义的劳动观，最后提出了"日本的勤劳观"——作为依附于国体而存在的国民应当具备的"仕奉"精神。他特别强调这种勤劳观"不是我国现今刚出现的新的经济观，而是自古就有的，并且最适合我国现状的，所谓最'日本的'经济理念的复归"[2]。他在《国家与经济》（日本评论社，1942）中更详细分析了日本的"民族构造"——家（家族）、乡土、国体（天皇制）的三重构造，认为劳动者是"皇国"国民的同时也是家族的一员，劳动由家族全体承担，由于家族与乡土之间难以割舍的关系，劳动者与出生地之间的关系才得以维持。生产力的扩充则是人这一主体在"家、乡土、国体的基本共同关系"中的强化。[3]

除将经济伦理单纯视为经济活动规范的观点外，另有学者，如国民精神文化研究所的山本胜市（1896—1986），虽然是河上肇的学生，但在推崇传统国体主义经济伦理的同时，亦不排斥营利，是自由主义的拥护者。其代表作包括《计划经济的根本问题》（理想社出版部，1939）与《笠信太郎氏〈日本经济的重组〉批判》（原理日本社，1941）。山本对经济体制改革及国民经济国家统制的批判，主要基于米塞斯（Ludwig H. E. von Mises，1881—1973）的计划经济批判理论。他驳斥了笠信太郎（1900—1967）提出的摒弃经济利润追求、倡导生产本位经济、依赖国家计划统制国民经济的改革主张，强调经济体制改革的核心在于市场机能的复苏。然而，山本所倡导的市场机能，实则聚焦于军需品的调配优化、非军需生产的缩减，以及国民节俭消费的严格执行。这要求国民须有心理准备面对可能的贫困生活，秉持忠诚奉献的精神，并将其转化为实际的节俭与储蓄行为。他强调："我们虽从米塞斯强调市场作用的立场出发，但更重视'伦理''世界观'及'精神运动'。在拥护营利原则的同时，我们摒弃个人主义与自由

---

① 柳澤治：「戦時期日本における経済倫理の問題(上)」，『思想』2002年934号，89页。
② 難波田春夫：『日本的勤労観』，大日本産業報国会1942年，4-5页。
③ 難波田春夫：『国家と経済（第五巻）』，日本評論社1943年，335页。

24 "经世济民"的伦理基础：近30年日本经济伦理思想研究

主义，根植于传统主义与天皇主义，倡导国民忠于职守、践行臣道。"① 由此可见，山本本质上仍是皇国思想的坚定支持者。

更多的社会科学学者，大塚久雄（1907—1996）、大河内一男、藤林敬三（1900—1962）、户田武雄（1905—1993）等学者则对这种以精神主义和家族主义为借口、回避改善企业劳动条件的日本主义勤劳伦理持批判态度。

大塚久雄是日本著名的历史学家，他将马克思主义经济学与马克斯·韦伯的社会学相糅合，形成其独特的"大塚史学"。二战期间，大塚曾以"经济伦理"为题发表了 6 篇文章②，并在文章中多次强调，经济伦理的现实问题是与"提高生产力"和"生产责任"等战争经济局势下的课题以及"新经济伦理"的需求紧密相关的。这种"新经济伦理"即对于国家生产力扩充的要求，要求个人必须扬弃营利这一媒介，直接形成明确的"生产责任"意识。③ 上野正治认为大塚的这一主张从本质上指出了"战争协助者"的错误，由此可以看出大塚对引导人们进行战争协助的"（全体）国家"的"抵抗姿态"。④ 柳泽治则认为虽然大塚对于全面战争时期的统治思想——皇国思想是抱持反抗态度的，但还没有到从本质上对"战争协助者"进行批判的程度。因为全面战争时期，知识分子的任何公开发言，包括学术论文的发表，都会以某种形式成为对全面战争的"协助"，大塚也不例外。重要的是在"协助"的外衣之下，对日本的"现状"进行了怎样的批判，还需要考虑包括被批判的时代统治思想在内的各种思想的整体状况，才能对其进行定位。⑤

大塚还批判传统主义阻碍了生产伦理形成的自发性，进而阻碍了近代生产

---

① 山本勝市：「国民経済の伝統的性格」，『新文化』1938 年第 6 号。

② 这 6 篇文章分别为：「マックス・ウェーバーにおける資本主義の『精神』：近代社会に於ける経済倫理と生産力序説」，『経済学論集』(1943—1946)；「経済倫理の実践的構造：マックス・ウェーバーの問題提起に関連して」，『統制経済』1942 年第 5 巻 1 号；「経済倫理と生産力」，『経済往来』1943 年 19 号；「生産力と経済倫理」，『統制経済』1944 年第 8 巻 1 号；「経済倫理の問題の視点：工業力拡充の要請にふれて」，『帝国大学新聞』1944 年 5 月 1 日；「最高度『自発性』の発揚」，『大学新聞』1944 年 7 月 11 日。这些文章都收录在《大塚久雄著作集（第八卷）》，岩波书店 1969 年版。

③ 大塚久雄：「最高度『自発性』の発揚」，『大学新聞』1944 年 7 月 11 日。

④ 上野正治：「経済史学」，長幸男、住谷一彦編『近代日本経済思想史 II』，有斐閣 1971 年，212 頁。

⑤ 柳澤治：「戦時期日本における経済倫理の問題(上)」，『思想』2002 年 934 号，96 頁，注(3)。

力的发展。他强调，生产力发展的真正推动力是"资本主义精神"——这种精神产生于清教的"反营利"的禁欲主义职业伦理，在西欧资本主义和自由主义"利己心"的影响下，这种禁欲伦理经历了"价值的倒错"，最终形成了"营利是最高善的伦理"① 观念。

而大河内一男的研究则将"经济伦理"与"经济理论"相结合。1943 年发行出版的《斯密与李斯特：经济伦理与经济理论》（日本评论社）是关于亚当·斯密的"伦理与经济"与"经济人"（"理性经济人"）理论以及李斯特的"生产力"与"世界经济"认识的重要学说史研究。大河内一男在书中如此描述二战时期日本的经济伦理状况："没有一个时代比今日更需要新的经济伦理的出现，也没有比今日更为混沌的经济伦理。没有一个时代比今日更期盼经济伦理的建设，也没有一个时代比今日的经济理论更迷失了其主旨。……在新的经济建设取得日新月异进展的同时，经济伦理却并未成为推动经济发展的主导力量，而经济理论也似乎没有考虑新的经济秩序的形成。因此，经济伦理与经济理论被视为两条永不相交的平行线，经济伦理成为与经济理论主旨完全无关的一种道德，称之为经济道义。"②

但是，大河内的观点存在显著矛盾。他一方面致力于探讨源自日常经济生活深处的经济伦理，另一方面却强调"总力战"作为通往否定营利原则的"理想统制经济"的必经之路的重要性。在此框架下，利润统制、企业统制、经营者机能统制等战时政策被视为一种"革新"，是对"重组日本经济"并探索"新经济伦理"的尝试。然而，他亦坦言："我们不得不承认，当前所能依托的依旧是旧有的经济精神与传统经济伦理。"③ 因此，大河内的"新经济伦理与理论"更多地停留于构想层面。

不过，在国体主义、日本主义盛行的浪潮中，能够逆势对西欧近代生产力给予积极评价，勇于批判国体与皇国思想，是以大塚久雄和大河内一男为代表的学者们在二战期间更重要的正面贡献。

当然，我们还必须考虑到在战争持续白热化的背景下，以"总力战"之名

---

① 大塚久雄：「マックス・ウェーバーにおける資本主義の『精神』」，『大塚久雄著作集』第八巻，岩波書店 1985 年，65 頁。

② 大河内一男：『スミスとリスト』，日本評論社 1943 年，序言。

③ 大河内一男：『スミスとリスト』，日本評論社 1943 年，524 頁。

对学术界与思想界施加的镇压，对知识分子构成了显著的威胁。例如东京大学的马克思主义经济学者大内兵卫（1888—1980）、有泽广巳（1896—1988）都曾遭到逮捕，虽然后来被释放，但两位学者也因此离开了大学。同样地，自由主义经济学家河合荣治郎也被剥夺了教授职位。虽然当时也出现了像土方成美和难波田春夫那样鼓吹法西斯国家中心思想的经济学家，但大多数经济学家对军国主义的态度是复杂且矛盾的。一方面，他们中的一些人选择通过翻译他人著作，或进入政府、银行等的附属研究机构，在有限的范围内发表自己的见解，吸收并融合马克思主义与自由主义的某些思想，不断推敲和丰富自己的理论；另一方面，战时计划经济的经验为战后日本经济发展理论提供了教训，也让当时的经济学家对军国主义背景下的经济伦理思想抱有审慎的反思态度。

战争迅速壮大了日本的工业实力，却导致农业经济日益萎缩，随之而来的是贫富差距的扩大。进入 20 世纪 20 年代之后，经济危机造成了经济的整体萧条，这就促使日本学者开始对西方经济理论进行深入的反思。与 19 世纪引入西方经济理论和运用这些理论为日本经济政策进行辩护的传统不同，两次世界大战期间的日本学者已经开始构建日本自身的经济理论，并在吸收西方经济伦理思想的基础上形成具有日本特色的经济伦理思想。他们将功利主义的理性"经济人"模型与日本的儒家伦理、天皇情感、乡土观念和家族制度相结合，为日本战后经济伦理思想的发展奠定了基础。

另一方面，经济的危机与萧条也让马克思主义在日本有了广阔的生存空间，"以河上肇为代表的日本经济学者为马克思主义强烈的道德感情所吸引"[①]，开始用马克思主义的方法对西方经济伦理思想进行批判，在劳动观、财产和土地的国有化等方面，两次世界大战期间日本学者的主张也带有"日本化马克思主义"的性质。

随着 1945 年 8 月 15 日昭和天皇《终战诏书》的发布，二战期间被军国主义和皇国主义支配的经济伦理思想落下帷幕。战时一度被歪曲的日本经济伦理思想，在大塚久雄、大河内一男等学者的坚持下得到了重新审视，为战后日本经济伦理思想的复兴打下了一定的基础，对以后日本经济学的发展产生了深远的影响。

---

① 泰萨·莫里斯-铃木：《日本经济思想史》，厉江译，商务印书馆 2000 年版，第 83 页。

第二节　战后日本经济伦理思想的发展

日本当代哲学家山胁直司（1949—　）曾在著作中写道："从二战后到冷战体制的很长一段时间，几乎没有人考虑过'经济伦理'这一问题。"他认为，在美苏支配的冷战体制下，人们争论的焦点是在资本主义、修正资本主义、社会主义和共产主义中，到底哪种体制能给人类带来更多的福利，并且最后都将问题归结于科学或体制认识的问题，而并非伦理问题。"经济学的发展很好地反映了这一情况，所谓近代经济学和马克思主义经济学这两大阵营，都将伦理不在的科学主义范例作为思想核心。而这正是剥夺了现代危机环境下人们从伦理学的视角研究经济问题的能力的重要原因之一。"[1] 纵观战后日本经济，在经历了 20 世纪 50 年代战后初期的复兴、60 年代的高速增长、70 年代的石油危机、80 年代的经济大国化和泡沫经济之后，自 20 世纪 90 年代起，日本进入经济衰退期（亦称低速增长阶段）。与此同时，日本经济伦理思想的发展也深刻地反映了时代的变迁，留下了鲜明的时代烙印。

一、20 世纪 50 至 60 年代：伦理衰落期

在二战后的日本，面对废墟与重建的迫切需求，经济增长迅速成为政府和民众的核心诉求。此时，效率被置于前所未有的高度，而诸如公平、正义等伦理议题被大多数人忽略掉了，直到 20 世纪 60 年代中期，"经济优先"都是整个日本的普遍共识。然而，值得注意的是，尽管经济伦理在公众视野中淡化，学术界却并未完全将其遗忘，仍有相关论文发表和著作出版。依据公众忽视经济伦理的不同原因，又可将这一衰落期分为前期和后期两个阶段。

（一）前期：20 世纪 50 年代

为了尽快摆脱战后的经济困境，人们无暇顾及伦理问题。日本作为二战的战败国，其经济也在战争中遭受重创。有 220 万户居民失去了家园，道路等公共设施损毁严重，物资极端匮乏，国民经济陷入严重的通货膨胀，1946 年日本实际国民生产总值降至战前水平（1934—1936 年的平均值）的 62%。加之受到生

---

① 　山胁直司：『経済の倫理学』，丸善株式会社 2002 年，2–3 頁。

产设备荒废和停止进口措施的影响，原材料短缺，同年矿工业生产总量只有战前的31%。战后日本的经济陷入严重的危机。

在美国占领当局的扶植下，日本政府利用朝鲜战争的特殊环境，推行了"道奇计划"（Dodge Line），使日本经济迅速得到了恢复和发展。有学者批评战后日本的经济奇迹建立在朝鲜半岛战争悲剧之上，是非伦理甚至是反伦理的。① 同时，日本学术界受美国影响的倾向也日渐显现。

在二战期间将提高国民生产力作为"经济正义"，并被曲解为"灭私奉公"的大河内一男，在战后依然坚持自己的观点。不过，其战时经济伦理著作《斯密与李斯特：经济伦理与经济理论》于1954年再版时却删去了副标题，尽管他在全订版的书中强调："现在对于我们而言最为必要的是寻找一种新的经济伦理，它不是产生于经济秩序外部，也不能阻碍生产力的发展，而是一种在经济内部产生的、以推动生产力发展为最高价值的经济生活的新态度和新精神。"② 大塚久雄是这一时期少有的在坚持宗教信仰的同时也不回避马克思主义社会科学道路的经济学家，在大塚看来，马克思主义在成为理论问题之前，首先是政治的、伦理的、宗教的立场选择的问题，"两个真理（指'神'与马克思——笔者注）看起来虽然是对立的，如果神是真理的话，那么两者一定会成为一体"③。

尽管在实际的经济发展过程中伦理问题不受重视，学者们对经济伦理思想研究的热情并没有被完全浇灭，战后初期仍有少数学者坚持了战前或战时开始的经济伦理研究，除大河内一男外，东晋太郎（1893—1971）从1941年起便致力于探讨日本德川时代到明治维新前后日本儒家的经济伦理思想，包括山鹿素行（1622—1685）、熊泽蕃山（1619—1691）、贝原益轩（1630—1714）、荻生徂徕（1666—1728）、太宰春台（1680—1747）等人的观点，并最终将这些研究成果整理成博士论文《近世日本经济伦理思想史》（庆应出版社，1944）并出版。

此外，受马克斯·韦伯的影响，日本学者的经济伦理研究对象也以宗教经济伦理为主。如柳父德太郎（1910—1960）的《国际关系与经济伦理：经济发展

---

① 山脇直司：『経済の倫理学』，丸善株式会社2002年，4頁。

② 大河内一男：『スミスとリスト』（全訂版），弘文堂1954年，3頁。

③ 大塚久雄：「資本主義の精神」，『大塚久雄著作集（第八巻）』，岩波書店1969年，40頁。

的宗教社会学》（东洋经济新报社，1960）一书就探讨了伦理在国际关系与经济发展中的作用。涩泽清渊纪念财团龙门社①也是这一时期研究涩泽荣一的儒学商人经济伦理和经济道德的主要团体。

（二）后期：20世纪60年代

20世纪60年代以后，日本经济的飞速发展掩盖了其中的伦理问题，人们沉浸于经济发展所带来的富足的物质生活中，坚信"增长即正义"，而忽略了对于公平、公正的追问与探求。1960年12月，池田勇人（1899—1965）内阁提出"国民收入倍增计划"，这项无条件以经济增长为目的的计划，不仅获得了执政的自民党的支持，甚至获得了一向与之意见相左的在野党社会党的认同。时任社会党书记江田三郎（1907—1977）在竞选时提出了"结构改革"的路线，将美国的生活水平、苏联的社会福利、英国的议会民主主义和日本的"和平宪法"定为"人类进步"的四大指标，自此，赶超欧美成为日本举国上下的统一目标。

以新古典派和凯恩斯经济学为代表的现代经济学在日本学术界和政府赢得了权威地位并扩大了影响，成为与马克思主义经济学并行的主要经济学流派。现代经济学在日本的兴盛，一方面是因为经济的发展提高了人们对资本主义有能力创造经济繁荣的信心；另一方面，新的世界格局以及美国对日本的占领使美国的经济思想对日本新一代经济学者产生了很大的影响。

20世纪60年代，日本现代经济学者不那么关心经济学应有的在哲学和伦理层面的内容，他们大多满足于将理论应用于阐明日本经济高速增长的原因等实际问题。他们推崇保罗·萨缪尔森的"新古典综合理论"（Neoclassical Synthesis），一方面用凯恩斯理论为高失业率辩护，一方面用新古典派理论解释充分就业条件下的经济运行。马克思主义经济学者也倾向于纯理论的研究，并产生了宇野派、数理马克思派等分支学派。这一时期马克思主义经济学者与非马克思主义经济学者之间争论的最主要问题是"如何认识现实的经济现象和体制理论，并预测未来"，具有很强的理论科学性，而经济伦理被认为是一种观念论或者资本主义意识形态。社会政策理论作为科学的生产力理论，为经济赶超

---

① "龙门社"最早是以涩泽荣一（号清渊）为中心成立的财团，取自中国"鲤鱼跳龙门"的寓意。1946年，财团法人涩泽清渊翁纪念会和龙门社合并为"涩泽清渊纪念财团龙门社"。2003年11月，该财团更名为"财团法人 涩泽荣一纪念财团"。2010年9月，财团再次更名为"公益财团法人 涩泽荣一纪念财团"，该名沿用至今。

政策提供了理论依据。

不过，这里不得不提到一位学者——松山武司，他的《经济学与伦理学的背离与接近》（《经济学论丛》1964 年第 6 期）是战后比较早地指出当时日本经济学忽略了伦理，并强调伦理的重要性的一篇论文。松山在文中提到："尽管今日科学的进步与普及使得生产力得到了提高，而关于如何利用社会科学给全体社会带来最大幸福的社会的、人类的方法理论研究却不足。"① 在他看来，伦理学是目的，经济学是手段，"因为手段必须从属于目的，所以经济学应该从属于伦理学，而并非完全自主的学问。……现代经济学是研究如何有效获得并利用物质生活资料的学问，甚至可以说是研究维持经济生活的个人最大限度地满足自己欲望的方法的学问"②。由于人类具有社会性，所以人不能只通过物质生活资料的获得和利用而得到满足，这就使得人们无法与道德撇清关系，经济生活不能缺少道德和伦理的社会规范，故而经济学的伦理研究是十分必要的。

总之，20 世纪 50 至 60 年代，日本经济学界普遍展现出对经济增长的信心，致力于用数学模型模拟经济的运行，只注重"事实"而不重视道德追求。数理经济学的兴起让经济学的研究变得越来越抽象，抽象的经济人、抽象的模型令经济学伦理取向日益简单化。在这一背景下，"增长即正义"成为数理经济学的主要道德标尺，其伦理视野显得颇为单一。受此影响，日本的经济伦理思想在步入 20 世纪 70 年代后，陷入了一段迷茫与徘徊的时期。

二、20 世纪 70 年代：伦理徘徊期

1973 年，石油危机的爆发结束了日本经济的高速增长，在汽车、电子工业的引领下，日本经济进入稳定增长期。20 世纪 70 年代后期，日本跻身世界前列，一时间"日本经济奇迹"受到世界瞩目，众多学者纷纷著书立说探讨这一现象，其中，美国社会学家傅高义（Ezra F. Vogel，1930—2020）的《日本第一：对美国的启示》（1979）最为著名。③ 学界整体呈现出重"效率"轻"正义"的

① 松山武司：「経済学と倫理学との乖離と接近」，『経済学論叢』1964 年第 6 号，582 頁。
② 松山武司：「経済学と倫理学との乖離と接近」，『経済学論叢』1964 年第 6 号，594-596 頁。
③ 其他英文书籍如 Price, W.(1971). *The Japanese Miracle and Peril.* John Day Co.; Chalmers, A. J.(1982). *MITI and the Japanese Miracle*，Stanford University Press.

氛围。

不过，古人云"仓廪实而知礼节，衣食足而知荣辱"，人民生活大幅改善后，伴随经济增长而来的各种社会问题也日渐显现，涌现出不少指责"经济优先"的声音。如大型企业与中小企业之间的收入差距被认为是日本经济的二重结构所致，环境污染引发的水俣病、痛痛病等公害病的频发使日本国民对政府增长政策的支持率下降，媒体开始发出"GNP，见鬼去吧！"的呼声。针对上述问题，日本的经济学家们开始从经济伦理的角度进行理论分析。

一方面，人们对新古典综合派的信赖慢慢下降；与此同时，以小宫隆太郎（1928—2022）为代表的新古典经济学派的影响力则日益增长，成为主流学派。小宫利用新古典派理论对具有指标性质的经济计划提出了批评，指责各项经济政策经常失调且相互矛盾。如针对"幼稚产业"的保护政策在实施过程中往往变成对业已成熟却效率较低的工业部门的保护，但是政府又很少给予工业部门激励和援助。此外，小宫还认为政府政策对特定的大企业的优惠忽视了消费者的利益。这些因素导致了经济公平被削弱，工业结构不均衡，并引发了严重的环境问题。

另一方面，马克思主义经济学也因难以将马克思主义理论和现代日本社会相联系而逐渐失去了以往在日本学术界的地位。不过，在经济伦理方面，日本的马克思主义经济学者还是表现出了较高的敏锐性。最早研究公害问题的学者是马克思主义经济学家宫本宪一（1930— ）。他在《可怕的公害》（岩波书店，1964）一书的前言中指出："虽然已有一些关于公害问题的个别研究，但是我和京都大学卫生工学专家庄司光教授于 1964 年共同执笔完成的《可怕的公害》应该算是最早的跨学科的研究成果。"① 针对公害问题产生的原因，宫本认为：首先，日本政府过度追求 GNP，这种评价体系单纯将经济指标作为衡量社会发展水平的尺度，忽视了其他社会因素，存在严重隐患；其次，资本主义市场制度本身存在缺陷，资本主义价值规律要求国家不能过度干预市场，这也是产业界有恃无恐的根源所在；最后，剩余价值规律的负作用促使人们为了追求利润而想方设法不断降低成本，以至于连最基本的环保建设都省掉了。②

随着马克思主义经济学影响力的减弱，日本马克思主义经济学家在分析经

---

① 庄司光、宫本宪一：『恐るべき公害』,岩波书店 1964 年,序文。
② 庄司光、宫本宪一：『日本の公害』,岩波书店 1975 年,9-14 页。

济增长带来的社会问题时，开始借鉴现代经济学的理论，最具代表性的学者有都留重人（1912—2006）和宫崎义一（1919—1998）。

都留重人是日本经济高速增长的主要批判者之一，曾留学哈佛，师从约瑟夫·熊彼特，其思想更接近马克思主义经济学，同时又不乏现代经济学的考量。他分析了日益加深的国际环境危机的经济根源，指出以实物衡量的人类福利水平与 GNP 统计所反映的价值标准之间存在日益扩大的偏差。对此，他创新性地提出了一种将"社会财富"的存量从"所得"的流量中分离出来的分析方法，因为资本、社会基础结构、自然资源等方面的积累才是真正决定人类幸福的因素。① 他的这一理论为后人的研究奠定了基础。

宫崎义一也是将马克思主义经济学和现代经济学兼收并蓄的代表，村上泰亮（1931—1993）曾这样评价："宫崎的基本观点可以认为是马克思主义对资本主义的批判，但是其独特之处在于他正视、吸收了现代经济学得出的论断，并在其框架内构建自己的批判体系。"② 泰萨·莫里斯-铃木则认为宫崎是"1973（昭和 48）年石油危机以后在日本已日渐增强其影响力的激进派凯恩斯经济学的先驱者"③。宫崎批判战后日本现代经济学家在分析经济增长原因时没有考虑日本战后工业高速发展的结构因素，他认为，日本独特的"企业集团"是日本经济增长的关键，一方面促进了不同企业集团之间的竞争，另一方面又垄断了该领域的资源，使得资源分配有失公平。

此外，数理经济学家村上泰亮分析了工业化资本主义危机的构成：第一，在大量消费时代价值观的变化；第二，地球有限的自然资源对经济的制约；第三，发达国家与发展中国家摩擦的加剧。④ 他认为当时经济危机的根源首先在于上述第一个问题，因为大量消费时代的到来和大众教育的兴起使得个人主义单纯追求私欲的满足，而不再主张通过勤劳节俭提高个人的福利和地位。村上指出，日本近代化之所以能够取得显著成果，得益于家族集团的凝聚力，但同时他也看到了日本集体主义的弱点，认为日本也有可能表现出与欧美类似的"产业社

---

① 都留重人：『公害の政治経済学』，岩波書店 1972 年，108-118 页。
② 佐伯尚美、柴垣和夫：『日本経済研究入門』，東京大学出版会 1972 年，69-70 页。
③ ［英］泰萨·莫里斯-铃木：《日本经济思想史》，厉江译，商务印书馆 2000 年版，第186 页。
④ 村上泰亮：『産業社会の病理』，中央公論社 1975 年，3-32 页。

会的病理"特征。从某种意义上说，村上的理论是对传统的韦伯方法的有益改良。①

就这样，20 世纪 70 年代的经济滞胀令经济学的发展进入了反思阶段。虽然大部分经济学家依然醉心于数学模型，但日趋停滞的经济使得少数经济学家开始反思经济学伦理维度的缺失所带来的严重后果，社会经济发展中的公平、正义、环保等方面的问题开始重新进入经济学家的视野，经济中的诸多伦理问题被少部分经济学家所重视并讨论，从而拉开了 20 世纪 80 年代经济伦理复兴的序幕。

三、20 世纪 80 年代：伦理复兴期

20 世纪 80 年代，日本掀起拜金主义热潮，尤其是在 80 年代后半期，经济泡沫愈演愈烈，人们热衷于金融、地产等投机经济，日本经济学者争论的焦点是财政赤字、汇率、贸易顺差等问题。佐和隆光（1942—　）认为这一时代的日本酷似 20 世纪 20 年代的美国，尤其是 80 年代后期，可谓"伦理的空白期"，古典的正义观念和伦理观都被人们忘却，"似乎'对私利私欲的追求'才是'资本主义精神'的真髓，俭约的美德也无迹可寻，取而代之的是大量消费、大量废弃的贪欲的满足"②。时任首相中曾根康弘（1918—2019）实施了国有铁路民营化政策，为之后小泉纯一郎（1942—　）政权的新自由主义改革打下了基础，而前面提到的村上泰亮曾为中曾根的幕僚。在政府主导下，人们高唱市场万能主义，用"数学方法"论证金融政策的无效甚至反效果的论文充斥各种学术杂志，货币主义、供给经济学等反凯恩斯主义的新自由主义成为经济学界的主流。

在这一背景下，于 20 世纪 70 年代有所抬头的经济伦理研究显得不合潮流，但还是有越来越多的学者意识到了经济伦理的重要性。一方面，这一时期贫富差距扩大、公害污染等各种社会问题日益加剧，人们迫切希望能够找到问题的根源以及解决方法；另一方面，70 年代在欧美国家兴起的社会公平正义大讨论的影响波及日本。这一时期日本经济伦理的发展呈现出如下特点。

---

① ［英］泰萨·莫里斯-铃木：《日本经济思想史》，厉江译，商务印书馆 2000 年版，第226 页。

② 佐和隆光：『成熟化社会の経済倫理』，岩波書店 1993 年，45 頁。

首先，更多数理经济学家的伦理意识开始觉醒。70年代非常活跃的数理经济学家森岛通夫（1923—2004）在《日本为什么成功》（TBS-BRITANNICA，1984）中指出，促进日本经济增长的文化因素不仅是日本所特有的，而且已经导致了不良的社会后果，比如缺乏国际眼光和对权威的尊重①。泰萨·莫里斯-铃木认为，在该书中森岛"完全抛弃了主流派经济学，全心全意地转向文化和历史，力图创建用儒教和神道的影响来说明日本发展的韦伯理论的变种，……说明经济学者恢复了对经济发展的文化方面的关心"②。

同样身为数理经济学家的宇泽弘文（1928—2014）也发现了日本特殊的社会矛盾，即高水平的名义财富与大部分人低质量生活的矛盾。宇泽将经济资源区分为私人资源和社会资源，将社会资源进一步分成自然资源、社会资本和制度资本三类③。他把社会资本加入现代经济学生产函数中进行重新编制，强调社会资本的均衡积累和配置，以期创造健康而公正的经济。宇泽还发现日本政府的公共事业计划过度迎合民间企业的要求，会引起社会资本的净损失，因此，他主张经济发展只有摆脱单一依赖私人资本的增长和积累，转向社会公平和提高生活质量，才能从根本上解决日本资本主义体制的顽疾。宇泽的研究将复杂的数学模型与经济学的社会层面和哲学层面的意义相结合，是"经济"应有的"济民"的意义之体现。

其次，部分马克思主义者继续关注经济发展中显现出的伦理问题。如不平衡的工业发展引起的社会剥削问题，或者称之为"富足中的贫困"问题。前面提到的宫本宪一，就意识到有必要重新探讨诸如贫困等马克思主义的传统概念。宫本将马克思所描述的剥削导致工人绝对贫困的过程看作是"古典的"贫困，即资本主义发展早期阶段的现象。而"现代的"贫困则是污染、城市人口过密、慢性通货膨胀等问题，这些问题影响了社会的各个阶层。此外，由于现代贫困不能仅靠财富的再分配来解决，因此无论是在拥有还是缺乏福利政策的国家，无论是在资本主义还是社会主义国家，都存在这种贫困现象。要想解决现代贫

① ［日］森岛通夫：《日本为什么"成功"：西方的技术和日本的民族精神》，胡国成译，四川人民出版社1986年版，第285—290页。

② ［英］泰萨·莫里斯-铃木：《日本经济思想史》，厉江译，商务印书馆2000年版，第212—213页。

③ 宇沢弘文：『自動車の社会的費用』，岩波新書1974年，120页。

困问题，宫本认为应该重视国家和社会资本在经济体制中的作用。

最后，对经济自由、公平、正义的讨论越来越多。其实，在罗尔斯发表《正义论》的翌年，日本学者就发表了相关文章，如法哲学家田中成明在1972年的《法哲学年报》上发表了《约翰·罗尔斯的"作为公正的正义"论》，但这些文章大多停留在介绍阶段。进入80年代后，才出现了更多对正义论的多角度研究，如岩田靖夫的《正义论的根基：罗尔斯与亚里士多德》（《思想》1986年第746期）比较了罗尔斯与亚里士多德（Aristotle，前384—前322）的正义观。此外，哈耶克（Friedrich A. Hayek，1899—1992）的正义观、政治经济政策也成为学者们研究的对象。

直到80年代末，日本经济伦理可以大致划分为新自由主义和马克思主义两个派别，前者注重经济自由并表现为极端的经济至上主义，后者重视对现代贫困的解释和解决。需要注意的是，这一时期的日本学者较少从平等主义的视角评价罗尔斯，而只是将其观点视为古典自由主义在现代的发展。因此，20世纪80年代日本经济伦理的复兴仅为初步探索。进入90年代后，随着经济伦理研究的深入，日本学者开始致力于从理论和实践两个维度构建适应日本经济体制的经济伦理体系，旨在推动经济改革，破除束缚日本经济发展的传统伦理观念。

盐野谷祐一在《经济与伦理：福利国家的哲学》（东京大学出版社，2002）一书中，从理论层面探讨了"效率与正义"及"自由与卓越"的哲学基础。他将"理念"与"制度"相融合，分析三组核心价值概念：行为层面的"善-效率-效用"、制度层面的"正-正义-权利"，以及人类存在层面的"德-能力-卓越"；进而将"资本主义""民主主义"及"社会保障"三个公共制度层次，分别与"私人空间""公共空间"以及"效率与博弈的伦理学"相对应。在此基础上，盐野强调，"保险"是社会保障制度正当化的理论依据。他认为社会保障制度不应仅被视为消极的安全网，而应是一种旨在促进人类能力开发与趋向卓越的积极机制，即应成为社会保障指导思想的是卓越理论，而非传统的正义理论。这一观点为福利国家的构建与制度改革提供了新的视角。

山胁直司在《经济的伦理学》（丸善株式会社，2002）一书中，系统回顾了欧洲经济伦理思想的发展脉络——自亚里士多德至亚当·斯密，再经黑格尔（Georg W. F. Hegel，1770—1831）至福利经济学的兴起；同时，也梳理了日本从江户时代至二战前经济伦理观念的演变历程。他深入分析了"义务论""德论"及"财=善论"三种核心观点，进而提出经济伦理应由传统的"公·私"二元论向"政府的公""人民的公""私"三元相互作用论转变。在此基础上，山胁从经济学、政治哲学与社会哲学以及社会福利与社会政策论等多维度架构出发，归纳了经济伦理学的理论价值及其对社会经济生活活力的促进作用，并探讨其在全球化经济背景下的实践意义。他强调，经济伦理学不应局限于近代进步主义史观所秉持的人类"共同善"的单线进步观念，而应根植于"发展"理念，致力于世界经济和人类的可持续发展，实现"人类自我实现"与"公民公共性"的双重提升。面对全球化趋势，山胁呼吁反思"一国内共同善"的传统思维，尽管这一思维曾助推日本经济实现"奇迹增长"。他指出，21世纪经济伦理学的重要议题在于从"财富＝善"的视角明确界定"全球化的公共善与公共恶"，并强调这一任务的完成需要国际政治经济学、环境政策学等跨学科领域的协同努力。

竹内靖雄在《经济伦理学的建议：从"感情"到"计算"》（中央公论社，1989）中提出，经济学中伦理问题的根源可归结为两点。其一，全球资源的"稀缺性"是核心诱因之一。若世间万物皆无限量，则窃取他人之物的侵害行为将不复存在，分配不公正问题亦会自然消解。其二，人类情感的介入使得公正判断往往基于感性而非理性，因此，伦理问题并非单纯的理论理性所能完全解决的。

竹内以此为切入点，从七个方面深入剖析了当前经济伦理的核心议题。（1）交换正义是社会生活最基本的正义原则。交换基于自由选择与交换双方对交换比率的共识，若双方认可交换的等价性，则视之为正义的交换。而随着经济的发展，确立交换等价性的难度增加，需依赖外部的"客观标准"，这就需要国家介入，通过建立竞争机制，在"公正交易委员会"的监督下，让市场竞争来决定"公正价格"，以此防范垄断现象的发生。（2）分配正义与人类的嫉妒心理紧密相连，但并非由嫉妒所主导。在分配正义的实现过程中，应融合平等主义与比例原则，确保将结果的平等维持在必要的最低限度。过度的结果平等可能会削弱竞争与博弈的内在价值，使其失去原有的意义。（3）竞争问题。日本人对于竞争的态度显得矛盾：一方面，他们普遍不倾向于竞争；另一方面，他们又认同竞争是推动社会进步与市场活力的关键因素。因此，对竞争进行规则化约束显得尤为重要，有利于确保市场竞争中的公正性，即遵循"交换正义"的原则。鉴于客观条件的限制，我们难以确保所有竞争者在初始阶段就拥有完全平等的条件，即竞争起点的绝对公平，只能努力追求机会的均等化。但是，国家若否定竞争结果并强行进行再分配，实际上是对竞争机制本身予以某种程度上的否定。（4）自由。自由主义对自由的界定，在于行为不对他人构成危害。相比之下，保守主义则主张自由不应违背法律与道德，但道德观念因时代和民族而异，将个人道德体系强加于他人，实则侵犯了他人的自由。此外，选择的自由也是市场机制的基本原则。（5）盈利。马克思的剩余价值理论揭示了盈利源自不等价交换，而托马斯·阿奎那（Thomas Aquinas，约 1225—1274）认为商业利润是正当的，只要不存在欺诈与垄断，通过竞争市场自然形成的价格即为"公正价格"。只要按照此"公正价格"进行交易，则不构成"交换的不正义"，进而无需深入讨论"分配正义"的问题。（6）福利国家经济伦理思想的本质是利己主义，通过将个人慈善国营化以消除个人责任。真正的福利救济应聚焦于那些因故欲工作而不能、缺乏收入来源的群体。然而，政府在福利资源的分配过程中，应保持最大限度的中立，实施最低限度的干预，这才是明智之举。（7）世代间互助的经济伦理（"普罗米修斯的经济伦理"）。应该避免对资源的无限制利用，以防"公地悲剧"及人口爆炸等社会与环境问题的发生。基于"遗传基因的利己主义"原理，为后代的生存与发展着想，实则也是维护我们自身遗传基因延续的利益，即保护子孙后代的居住环境，就是保护我们自身的未来。

此外，还有学者对经济生活中各个环节的经济伦理问题进行了探讨。例如，竹内靖雄在《正义与嫉妒的经济学》（讲谈社，1992）中明确指出，市场社会建立在交换的基础之上，个体在市场中追求自身利益的同时，必须恪守"交换的正义"原则。然而，竞争结果的不均等性往往引发对他人的不满与嫉妒情绪，进而使得"分配的正义"成为亟待解决的问题。他详尽剖析了日本社会多个方面的经济伦理议题，包括税收制度、泡沫经济现象、日本特有的勤勉文化、教育体系、阶级结构、性别关系、家庭与子女观念、赠与行为、消费模式、模仿现象、国际间摩擦以及地球环境与人口增长等。

总之，伴随着自由至上主义、平等自由主义和分析马克思主义在日本的兴起，各流派思想相互交织、相互促进，共同推动了日本经济伦理的发展，塑造了现代日本经济伦理的繁荣景象。

第三节　近30年日本经济伦理思想产生的历史背景

进入 20 世纪 90 年代，日本社会经历了巨大的转变。昭和天皇逝世后，日本政坛动荡不安，政权更迭频繁，右倾化政治思潮愈演愈烈；国际政治局势也要求日本重新定位。经济的持续低迷，使得失业率上升，企业雇佣形式中非正式雇佣的比重日渐增大，并进一步造成贫富差距扩大。政治、经济和社会的变化，瓦解了日本人的"中流意识"，同时，日本文化论也从盲目的优越论逐渐转变为相对客观的认识论。

一、政治环境从平稳到动荡

1989 年 1 月 7 日，日本昭和天皇离世。同日下午，时任内阁官房长官小渊惠三（1937—2000）宣布"平成"为新年号。该词出自《史记·五帝本纪》中的"父义，母慈，兄友，弟恭，子孝，内平外成"以及《尚书·大禹谟》中的"俞！地平天成，六府三事允治，万世永赖，时乃功"。其时，日本的发展正如日中天，处于泡沫经济顶峰的绝大多数日本人陶醉在"日本世界第一"的自夸中。谁也没有料到，取义"内外、天地能够平和"的"平成"年号，揭开的是世界格局激烈变化和日本经济长期不景气的序幕。

（一）日本国内政坛动荡

1993 年，细川护熙内阁执政，由自民党单独执政的局面宣告结束，"55 年体制"退出历史舞台，日本进入政党分化重组阶段，政党林立，政局不稳，内阁更迭频繁。

"55 年体制"时期（1955—1993），在日本国会中拥有过席位的政党主要有5 个：自民党（成立于 1955 年）、社会党（成立于 1945 年）、共产党（成立于 1922 年）、公明党（成立于 1964 年）和民社党（成立于 1960 年）。冷战结束后，日本政党的数量急剧增加。截至 2014 年 4 月，在众议院和参议院拥有席位的政党共有 14 个，另外，曾经在两院拥有过席位但目前已无席位的政党有 7 个，未曾获得席位的政党有 14 个。此间，政党之间频繁地合并、分化和重组，政治家的流动性加剧。大党中的国会议员常伺机改换门庭或者另立门户，以求成为多党竞争格局中的"关键少数"，毫无党派忠诚度可言，其所作所为只不过是为了一己私利。

从 1991 年 11 月至 2021 年 11 月的 30 年时间里，日本经历了 24 届内阁，平均每不到一年半就换一届内阁。其中任期最短的是羽田孜（1935—2017）内阁，仅上任 64 天就被迫下台。从 2006 年 9 月安倍晋三率领自民党第一次组阁起，到 2012 年 12 月安倍再次组建内阁，短短 75 个月时间，日本就换了 7 届内阁。尽管安倍第二次就任日本首相后成为日本任期最长的首相，却也曾四次组建内阁。如此频繁的政权更迭，使得日本政治趋于"停滞"状态，许多政策和措施的实行缺乏连贯性，由此引发了大量的社会政治问题，甚至导致经济问题的累积。

（二）日本国内的政治思潮

日本战后经济的高速增长增强了日本的经济实力。1991 年，日本人均国民生产总值（GNP）甚至超过美国 10 个百分点。然而，经济地位的不断提升与其在国际舞台上的政治形象却形成了极大的反差。随着经济实力的增强，日本人的大国意识逐渐膨胀，经济筹码的加重更是助长了这一趋势。特别是在冷战结束后，美国的国际地位受到挑战，一些日本人开始幻想美国全球霸权的终结，并憧憬日本将成为新世纪世界的主角，或者至少也应该是亚洲的主角。正是在这种日益膨胀的民族主义和大国主义思潮的驱使下，日本举国上下开始盲目追求与其经济实力相称的政治地位，社会各阶层人士纷纷就日本未来的发展方向提出了自己的观点。就这样，日本政界和社会出现的这种明显具有保守主义和右倾倾向的政治思潮将日本带入了一个自我定位的新时期。

2009 年民主党执政后，严重右倾化政策的颁布和施行成为日本社会近两年来右倾倾向的集中反映。日本政府不仅否认其侵略历史，还持续加强军备，在与中国、韩国的领土争端中，也采取了强硬的对抗政策，特别是不顾中国的多次抗议和交涉，于 2012 年 9 月 11 日上演了"购岛"的闹剧，导致与中国的关系急剧恶化。2012 年 12 月，安倍晋三率领的自民党再次夺取政权，日本社会的政治右倾色彩进一步增强。2021 年 10 月岸田文雄（1957—　）上任后，日本右翼势力在内阁的席位已经超过了三分之二，日本政坛右翼化倾向愈加明显，在成为所谓"正常国家"、修宪、派兵海外以及安全保障等一系列问题上，显示出更为强硬的民族主义政治立场。

（三）世界格局变化的影响

从国际环境来看，进入 20 世纪 90 年代后，冷战结束，东欧剧变，苏联解体，东西两极对峙的结构崩溃，两次海湾战争、阿富汗战争爆发，巴勒斯坦与以色列战火连绵不断。与此同时，各国领导层的互访不断加强，各种形式的峰会、首脑会谈频繁举行，预示着新的全球秩序在探索中逐步形成。这一系列国际变局从各个方面对日本产生了深刻的影响。

当和平与发展成为时代主题，国际关系的竞争重心由军事力量转向以经济与科技发展为核心的综合国力的较量，这就凸显了日本作为经济大国的实力，也为日本民众提供了前所未有的信心。随着全球性问题日益增多，国家间的合作也越来越重要，这就为日本发挥资金与科技优势提供了机遇，如进行经济开发援助、环境保护等。为此，日本政府曾在 1996 年的《外交蓝皮书》中明确表示，"日本必须积极参与国际社会的各种事务，为构筑新的国际秩序发挥创造性作用"①。

事实上，早在 20 世纪 80 年代，日本已经开始频频喊话要加强"国际贡献"，时任日本首相中曾根昌弘提出了日本"战后政治总决算"路线和"国际国家论"。此后，日本一直试图借助美国的力量扫除国家战略转向（转向"正常国家"）的障碍。在此期间，日本的自卫队也克服国内反对势力的阻力，先后参加了由联合国主持的柬埔寨、莫桑比克、叙利亚戈兰高地和伊拉克等地方的维和活动。

但是，上有日本"和平宪法"第 9 条的限制，下有社会党等在野党对通过海外派兵等相关法案的反对，无论是在理论上还是现实中，都明显地限制了日本成为政治大国的战略目标的实现。于是，修宪成为日本政府 20 多年来"努力"的目标之一，并且这一"努力"还取得了一定成效，"正常国家化"已经成为日本国民的整体价值取向。2012 年 4 月，自民党出台新的宪法修正草案，意欲先修改宪法第 96 条，以此放宽修宪提案条件，进而修改规定日本放弃战争权的宪法第 9 条。岸田文雄更是在 2021 年 12 月 21 日的自民党内部会议上表态："希望自民党全体同仁一起努力，谨造推动修改宪法第 9 条等内容的工作。"但是，日

① 日本外务省：「1996 年（平成 8 年）版 外交青书」，http://www.mofa.go.jp/mofaj/gaiko/bluebook/96/index.html（2022 年 3 月 6 日訪問）。

本《朝日新闻》2022 年 3 月 15 日至 4 月 25 日最新的日本民意调查显示，仍有 59% 的受访者表示反对修改宪法第 9 条[①]。

随着中国成为世界第二大经济体，国际形势发生了新的变化，再一次向日本提出了该如何在新的世界格局中确认自己的位置这一重大课题。由此可见，在当代局势背景下，不论是国际关系的微妙变迁，还是国内政治环境的深刻调整，都要求日本加快变革进程，探寻新的发展方向。

二、经济环境从高速增长到低迷

20 世纪 90 年代以来，日本面临内外交困的局面。一方面，日本国内经济活力显著减弱，始终未能找到经济发展的突破口，出现了持续低增长甚至负增长现象；另一方面，国际环境的变化也给日本经济带来了新的压力。美国的政策调整，特别是退出跨太平洋伙伴关系协定（TPP）的决定，削弱了日本在区域经济合作中的话语权。同时，中国经济的快速增长对市场份额的占领及日本产业链的布局产生了深远影响。

（一）日本经济低迷，增长乏力

随着泡沫经济的崩盘，20 世纪 80 年代日本经济的持续高速增长在进入 90 年代后戛然而止。其时，日本国内政治体制混乱，大多数企业在冷战后不能适应全球化的经济体制，固守传统的经营模式。金融机构也需要处理大量不良债权，为避免这一局面的进一步恶化，同时也为了满足国际清算银行（BIS）的资本充足率要求，不得不减少给企业的贷款。中小微企业甚至一些大企业也相继破产，拉开了经济停滞的序幕。

在 1993 年出现经济负增长后，政府实施的经济政策起到了一定效果，于 1994 年开始透出经济回稳的迹象。然而好景不长，1997 年，日本政府执行所谓的"财政重建政策"，使得不良债权的处理被长期搁置，日本国内金融环境进一步恶化。加上亚洲金融危机的影响，本就低迷的日本经济再次遭受沉重打击，日产生命保险公司、山一证券、北海道拓殖银行相继破产；翌年，日本长期信用银行、日本债券信用银行等金融机构也宣告破产，大型金融机构开始合并重组。

---

① 北见英城：「改憲『必要』56%、9 条『変えない』59% 朝日新聞世論調査」，https://www.asahi.com/articles/ASQ52549ZQ52UZPS008.html（2024 年 10 月 16 日訪問）。

从 1997 年第四季度开始，日本经济连续三个季度呈现负增长态势，1998 年，大中型企业对前景的信心下跌到历史最低水平。[1] 日本在 20 世纪 80 年代曾经实现的高达 5.4% 的实际平均经济增长率，在 1991 年至 2001 年的 10 年间下跌至 1.09%。

2001 年小泉内阁执政，开始了大刀阔斧的新自由主义结构改革，并将这一改革命名为"新世纪维新"，表示"没有结构改革就没有经济复苏"，要进行经济、财政、行政、社会和政治等各个领域的"没有禁区的改革"，先后推出了一系列经济改革对策[2]。同时，为缓解财政赤字，日本政府发行了 30 兆日元的国债，金融机构开始处理不良债权，民间企业过剩的设备、雇佣、负债问题也得到了解决。2002 年 2 月，日本经济进入第 14 轮扩张周期，出口和生产缓慢增加，企业收益得到改善，经济缓慢回升。

随着经济的发展，中国取代美国成为日本的最大贸易国，同时，以中国为首的金砖五国（BRICS）和东盟国家的经济发展拉动了本国外需的增长，刺激了日本经济的进一步复苏，大型企业利润大幅增加。但是，劳动者的收入却呈现出减少的趋势，原来的劳资关系也发生了变化，合同制员工和派遣员工的增加增强了劳动市场的流动性。2007 年夏天爆发的美国次贷危机，逐渐转变为世界范围内的金融危机，给低速增长的日本经济造成了沉重打击。2008 年 2 月，战后持续时间最长的经济扩张期被迫终结，许多重要经济指标都创下了战后经济衰退以来的最坏记录，如在 2009 年第一季度，日本的实际国内生产总值（GDP）环比增长率出现了 20.0% 的负增长，创下战后季度负增长的最低纪录。尽管从当年第二季度起，日本经济开始呈现出较为强劲的回升势头，并逐渐进入稳步回升状态，2009 年日本实际国内生产总值（GDP）仍维持在 2.4% 的负增长。

2006 年 9 月小泉内阁解散后，日本政坛的动荡不定在一定程度上加剧了经济的波动。按照日本内阁府公布的数据，2010 年日本实际国内生产总值（GDP）增长再次回升，但是由于受到欧洲主权债务危机扩散、日元升值加速、2011 年

[1]　王洛林、余永定、李薇：《20 世纪 90 年代日本经济》，《世界经济》2001 年第 10 期，第 6 页。

[2]　包括《紧急经济对策》（2001 年 4 月）、《改革先行计划》（2001 年 10 月）、《紧急应对计划》（2001 年 12 月）《亟需采取的紧缩对策》（2001 年 2 月）、《加速改革的综合对策》（2002 年 10 月）、《加速改革计划》（2002 年 12 月）、《结构改革特别区域法》（2002 年 12 月）等。

"3·11日本地震"及其引发的次生灾害、政府财政状况恶化等因素的综合影响，2011年日本的经济预势更加明显。2012年底，安倍晋三（1954—2022）再次执政，上台后加速实施了一系列经济政策，被人们称为"安倍经济学"。在这些经济政策的刺激下，股市上扬，日元贬值，大企业收益回升，日本经济实现了短期较高速的增长。

但是，"安倍经济学"的预期效果并未持续太久。彭博资讯（Bloomberg News）2014年3月12日发布的经济指标预测调查结果显示，安倍经济政策实施以来，物价持续上涨，雇佣和工资环境没有得到改善，日经指数暴跌，加上消费税增税政策的施行，预计当年4—6月日本国民生活的贫穷指数将达到33年来的最坏水平①。事实也的确如此，日本经济在2014年的第二和第三季度均为负增长，增长率分别为－1.8%和－0.5%。按照国际通行标准，两个季度实际GDP的负增长说明经济陷入了技术性衰退的危机。如图1.1所示，2014年度日本的实际GDP增长率为0.4%的负增长，此后四年的实际GDP增长率也均未超过2%，

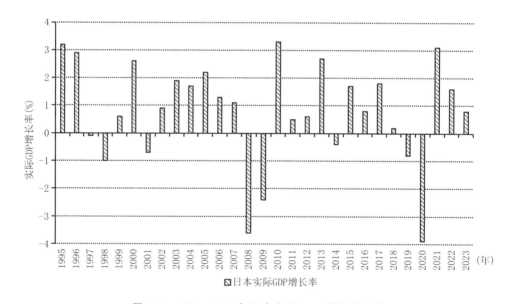

图1.1 1995—2023年日本实际GDP增长率变化

资料来源：日本内阁府年度GDP增长率统计数据［『国民経済計算（GDP統計）』］。

---

① 「悲惨指数、アベノミクスで33年ぶり水準に悪化へ」，http://www.bloomberg.co.jp/news/123-N2ALOJ6JTSE901.html(2014年4月15日訪問)。

2019 年度和 2020 年度更是再度降为负增长。

（二）国际经济环境风云变化

20 世纪 90 年代以来，日本一直把主要精力用于克服泡沫经济后遗症，而与此同时，世界经济格局却发生了巨大变化。尽管美国依然处于经济霸主地位，并持续发挥着世界经济领头羊的作用，但 2001 年"9·11 事件"的爆发客观上分散了美国政府对金融危机的防范和解决国内问题的注意力，致使其在面对 2008 年的华尔街金融风暴时措手不及。此次风暴重创了美国经济信心，也给全球经济造成了巨大创伤，改变了全球经济走向。随后，冰岛破产，迪拜陷入困境，希腊等国深陷债务危机，金融与地产等诸多行业受困，虚拟经济和实体经济相继受损，均为这场金融风暴的后续连锁反应。

不过，我们也必须注意到"金砖国家"的崛起，特别是以中国为代表的新兴经济体地位持续上升，在很大程度上改变了世界经济格局。自 2001 年加入世界贸易组织（WTO）以来，中国经济的开放性显著提升。尽管于 2008 年受美国次贷危机的影响，经济发展有所放缓，但中国仍于 2010 年超越日本，成为仅次于美国的全球第二大经济体。可见，中国经济具有良好的发展势头与广阔前景，对世界经济增长的贡献也越来越突出。反观日本，受 2008 年美国次贷危机及 2011 年 3 月 11 日日本东海岸大地震的双重打击，国际地位和国际竞争力显著下滑，经济已难以再现高速增长时期的辉煌。

为探索新的经济发展路径，日本曾寄希望于美国主导的 TPP，意图通过"以外促内"的倒逼机制推动国内经济发展。有学者甚至断言："参与 TPP 与否，直接关系到日本未来的兴衰。"① 然而，2017 年特朗普就任美国总统之后不久，便宣布美国退出 TPP，并加大了对日贸易制裁的力度，针对日本一些主要的对美出口商品启动反倾销等相关调查程序。这一举措无疑又给了日本经济一记重拳。

此外，2019 年 12 月以来在全球范围内爆发的新型冠状病毒感染的肺炎疫情，加剧了世界经济秩序的失衡。因疫情致贫、返困的人口急剧上升，全球贫富差距进一步扩大，增加了世界经济复苏的难度。在此背景下，日本经济亦未能幸免，受世界经济环境影响，其出口与生产量均有所下降。同时，入境游客

---

① 冈本行夫：「日本盛衰の岐路：速やかにTPP交渉参加の決断を」，『中央公論』2012 年第 8 号，16-17 頁。

数量的锐减及国内外活动举办次数的减少，直接导致相关行业经营状况恶化。

2023 年 8 月 24 日，日本无视中国及国际社会的强烈反对，执意将处理过的福岛第一核电站的核废水排入太平洋。中国政府迅速响应，立即对日本水产品及相关商品实施了进口禁令。禁令实施后，日本对中国大陆的水产品出口额 12 年来首次下滑，降幅高达 14.6%。① 2024 年 7 月，日本水产品累计出口额降至 7 693 亿日元，同比减少 2.2%，其中，对中国大陆的出口额骤降 42.9%，仅有 924.7 亿日元，远低于往期水平。② 尽管水产品出口额在日本出口总额中占比并不高，但日本作为传统渔业强国，水产品在其国内经济中占据重要地位。大量水产品积压在港口，销售受阻，进而波及冷链、加工及运输等相关产业链，造成连锁反应。

总之，近 30 年日本经济受国内外各种因素的影响，一直处于不温不火的状态，并且有可能在未来较长一段时期内维持疲软态势。

三、社会环境从稳定到不安

政治环境的动荡和经济的持续低迷，也引发了一系列社会变化。为应对市场环境的变化，许多企业开始探索多样化的雇佣形式，如灵活用工、兼职和派遣工等，以降低人力成本并提高效率。然而，这一转变也导致失业率上升，尤其使一些传统行业的从业者面临失业风险和再就业困难。此外，经济低迷使得贫富差距加大，社会财富分配的不均衡现象愈发明显，进一步引发了社会的不满与矛盾，影响了社会的稳定与和谐。

（一）雇佣形式的多样化

二战后的日本企业，尤其是大型企业，普遍采用终身雇佣制度。员工一旦受雇于某一企业，就不必担心失业问题，可以安心工作直到退休。企业也能留住优秀员工，有利于其培养高素质人才，促进先进技术的研发与引进，提高劳动生产率，实现企业与员工的双赢。在经济高速增长期，这种雇佣方式与年功序列工资制度和企业工会一起，被称为日本式经营的三大法宝，为战后日本经

---

① 農林水産省：「2023 年の農林水産物・食品の輸出実績」，https：//www.maff.go.jp/j/press/yusyutu_kokusai/kikaku/240130.html（2024 年 9 月 28 日訪問）。

② 日本貿易振興機構：「2024 年 7 月日本の農林水産物・食品輸出の動向」，https：//www.jetro.go.jp/ext_images/industry/foods/export_data/pdf/country_202407.pdf（2024 年 9 月 28 日訪問）。

济的腾飞做出了巨大贡献。

20 世纪 90 年代泡沫经济崩溃后，企业经营状况急剧恶化，利润大幅下滑，导致企业难以维系长期雇佣制度下高昂的工资成本。与此同时，以信息产业为代表的高新技术产业的迅猛崛起，不仅重塑了企业的经营环境，也深刻影响了人们的经营观念，促使企业更加聚焦于创新与能力的提升。在此背景下，终身雇佣制与年功序列制逐渐失去其存在的经济合理性。因此，单一的终身雇佣模式开始向多元化的雇佣形式转变，绩效工资与年薪制度开始替代年功序列制度。

多元化的雇佣形式在职场中划分出正式员工与非正式员工两大群体。正式员工即直接与企业签订劳动合同的员工，而非正式员工则涵盖临时工、学生兼职、劳务派遣工、合同工及特聘员工等多样形态。如图 1.2，日本财务省《劳动力调查》① 数据显示，正式员工数量在 20 世纪 90 年代维持缓慢增长，于 1997 年达到 3 812 万人的峰值后逐年下滑，至 2005 年缩减至约 3 300 万，直至 2016 年方

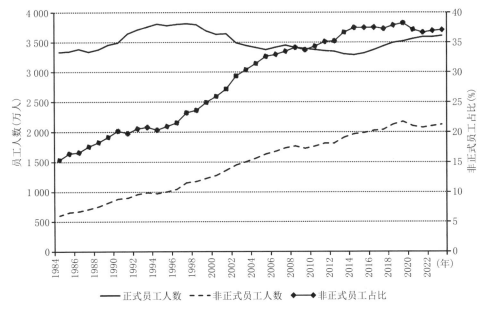

图 1.2　1984—2023 年日本正式和非正式员工人数变化

资料来源：日本总务省统计局《劳动力调查》（『労働力調査』）。

① 正式员工与非正式员工的相关数据来自日本"政府統計の総合窓口"，网址为 http：// www. e-stat. go. jp/SG1/estat/eStatTopPortal. do，2024 年 9 月 27 日访问，以下同。

见回升。反观非正式员工，其数量自 1984 年的 604 万起逐渐增长，于 1995 年突破千万大关并持续攀升，至 2005 年已超过 1 600 万。至 2023 年，非正式员工总数已增至 2 124 万。从占比来看，非正式员工比例从 1984 年的约 15.3% 起稳步增长，至 2005 年已接近 1/3，此后稳定在 37% 左右。最新数据显示，2023 年非正式员工占比达 37.1%，表明"雇佣形式的非正式化"趋势仍在持续。

从产业类别来看，除批发零售业、餐饮业及服务业这些非正式雇佣比例原本就较高的传统行业外，近年来，金融保险、房地产以及运输通信等领域的非正式雇佣率也显著攀升。就企业规模而言，长期以来，小型企业的非正式雇佣率居高不下，而大型企业的非正式雇佣率亦呈现日益增长的态势。这一现象背后，"新自由主义政策通过一系列的放松规制措施，为企业提供了选择雇佣方式的自由，同时这也意味着对劳动者基本权利和保障的侵害"①，具体表现为失业率的攀升和贫富差距的进一步扩大。

（二）失业率的波动

与其他国家相比，日本失业率具有较高的稳定性。如图 1.3 所示，根据日本总务省的统计，1953 年至 20 世纪 90 年代前半期，日本年平均失业率始终保持在

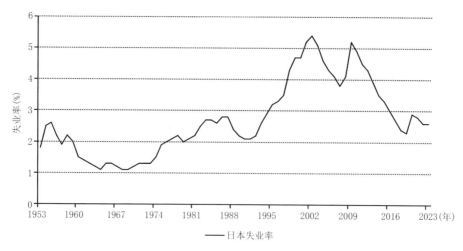

图 1.3　1953—2023 年日本失业率变化
资料来源：日本总务省统计局《劳动力调查》（『労働力調査』）。

---

① 王思慧、牛淑珍：《日本劳动、金融和社会保障领域的经济政策研究》，上海交通大学出版社 2018 年版，第 121 页。

2%左右的极低水平，从来没有激烈的波动，与欧美国家高达10%左右的失业率形成了鲜明对比，这是20世纪80年代日本经济模式受到世界追捧的原因之一。

笔者认为，日本年平均失业率能够保持稳定性的原因在于，在新自由主义改革背景下，尽管大多数日本企业引进了绩效工资体系，合同制员工和派遣员工增加，但它们依然保留了日本企业传统的终身雇佣制的特色。这种建立在长期雇佣前提下的社会制度，与其他国家相比更具有稳定性，不会出现失业率、自杀率的激烈波动，从而避免了给社会带来过大的压力。

然而，在20世纪90年代财政赤字严重、经济长期持续低迷、亚洲金融风暴冲击的背景下，1997年三洋证券等大型金融机构相继破产，导致失业者人数激增，如图1.3所示，1998年和1999年失业率分别攀升至4.1%和4.7%①，自杀者人数也随之增加，对社会稳定造成了很大的冲击。此后，小泉政权实施的制度宽松和结构改革等经济复兴政策，促使日本向欧美型社会转型，经济有所回升，而失业率不降反升。2002年小泉新自由主义结构改革的结果是失业率达到了5.4%的顶峰，随后，2003年、2004年和2005年的失业率分别为5.2%、4.7%、4.4%，呈现回落态势，2007年更是下降至3.8%。尽管2008年的次贷危机再次将失业率抬高，2009年和2010年失业率连续两年维持在5.1%，但从2011年开始，失业率整体呈下降趋势，2022年维持在2.6%左右。

（三）收入差距不断扩大

日本泡沫经济崩溃后，经济低迷不振，进入长期低增长甚至负增长时代，经济自由化、派遣劳动等带来的劳动力的流动化使得收入差距、资产差距日趋显著。从1980年到1992年的十几年间，日本初次分配的基尼系数从低于0.3上升到0.4以上②，甚至超过了美国。如图1.4，日本厚生劳动省最新公布的数据显示，2021年初次分配的基尼系数已经上升到0.57③。

根据日本财务省财务综合政策研究所《法人企业统计调查》的结果，如图1.5

---

① 失业率数据来自日本总务省统计局调查结果，网址为 http://www.stat.go.jp/data/roudou/2.htm# 01，2024年9月27日访问，以下同。

② 数据来自1993年日本厚生劳动省所得再分配调查结果，网址为 http://www.e-stat.go.jp/SG1/estat/List.do? lid= 000001048074，2023年6月17日访问。

③ 数据来自2021年日本厚生劳动省所得再分配调查结果，网址为 https://www.mhlw.go.jp/content/12605000/R03how.pdf，2024年11月23日访问。

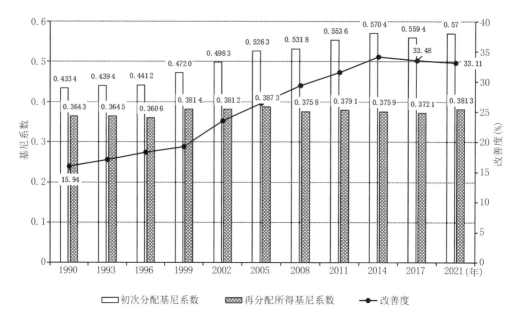

图1.4 1990—2021年日本初次分配、再次分配基尼系数变化

资料来源：日本厚生劳动省《收入再分配调查》（『所得再分配調査』）。

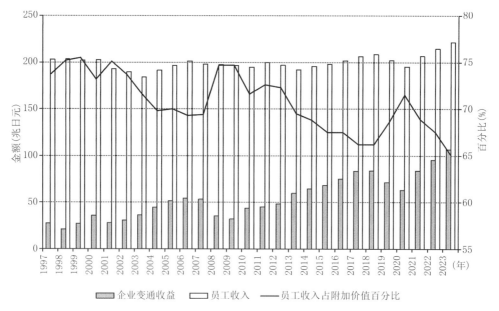

图1.5 1997—2023年度企业普通收益与员工收入变化

资料来源：日本财务省《法人企业统计调查》（『法人企業統計調査』）。

所示，1997—2023 年间，企业普通收益由 28 兆日元增加到 107 兆日元，而员工的收入却始终在 200 兆日元左右波动，员工收入占企业总附加价值的比重也一直保持在 70% 左右。① 日本厚生劳动省在《2010 年劳动经济白皮书》中指出："大企业倾向于利益分红，同时通过工资待遇的制度改革来控制人事成本。正式员工减少等雇佣形式的变化以及绩效工资制度的普及，使工资和收入差距产生不断扩大的倾向。"②

日本社会收入差距主要可分为正式员工与非正式员工之间的收入差距、男性员工与女性员工之间的收入差距和不同年龄层之间的收入差距（世代间格差）三种类型。

（1）正式员工与非正式员工之间的收入差距

日本企业员工的雇佣形态主要包括正式员工和非正式员工，非正式员工又包括临时工、劳务派遣工和合同工等。经济合作与发展组织（OECD，以下简称"经合组织"）曾在《2006 年日本经济概览》中明确指出，日本是国际经贸组织成员国中经济不平等现象较为严重的国家之一，而这一现象的主要成因在于非正式员工人数的增加引起的劳动力市场的两极化，日本"必须减少对正式员工③的雇佣保护"。④

为了缩小正式员工与非正式员工之间的收入差距，日本政府近年来制定了一系列"劳动方法改革关联法"。首先，颁布《关于劳动措施的综合推进暨劳动者的雇佣稳定与职业生活充实的法律》（2018 年 7 月 6 日），制定《劳动措施基本方针》（2018 年 12 月 28 日）。其次，修正了劳动时间相关制度，涉及《劳动基本法》《劳动安全卫生法》中与最长加班时间、加班费、带薪假期、产业保健等相关的内容。最后，完善了《临时和短期雇佣劳动法》及《劳动者派遣法》中

① 政策統括官付政策評価官室：「2001—2021 年度法人企業統計調査の結果(年次別調査一覧)」，https://www. mof. go. jp/pri/reference/ssc/results/nenpou. htm(2022 年 3 月 6 日訪問)。

② 政策統括官付政策評価官室：「平成 22 年版厚生労働白書」，http://www. mhlw. go. jp/wp/hakusyo/kousei/10/(2022 年 3 月 6 日訪問)。

③ 这里的"正式员工"主要是指企业的老员工，因为经济长期不景气，许多日本企业为了继续维持员工的终身雇佣制度，确保老员工的利益，就不得不在招聘新人时削减正式员工的雇用比例，大量雇用非正式员工，这也是非正式员工连年递增的主要原因。

④ OECD. (2006, August 21). Economic Survey of Japan 2006 (Report). https://www.oecd.org/en/publications/oecd-economic-surveys-japan-2006_eco_surveys-jpn-2006-en.html.

的相关条款，确保不同雇佣形式间待遇公正，消除不合理待遇差，并于 2020 年 4 月 1 日实施。不过，上述改革措施的效果尚待时间检验。

从收入金额来看，2002—2023 年，始终有 70% 以上的正式员工平均年收入在 200 万—700 万日元之间，而近 75% 的非正式员工平均年收入低于 200 万日元。另据日本国税厅发布的《民间工资情况统计调查》①，2023 年日本正式员工的平均年收入为 530.3 万日元，非正式员工的平均年收入仅为 201.9 万日元。像这样低收入非正式员工人数的增加，进一步扩大了日本收入差距。

另一方面，非正式员工也无法享受日本在长期发展中建立起来的三重社会保障体系——由企业提供的雇佣保障、包含年金和雇佣保险等在内的社会保险以及由政府提供的公共性质的生活保障。日本学者汤浅诚指出，"非正式员工往往无法享受到企业的雇佣保障，也难以进入社会保险的保护范围。享有获取失业补助资格的人大部分是大企业的正式员工，而事实上他们几乎不会面临失业问题。从这个意义上看，失业补助并没有真正起到调节社会差距的功能。另外，非正式员工若真的落入生活窘迫的境地，他们也往往难以得到生活保障金的援助"②。

（2）男性员工与女性员工之间的收入差距

日本国税厅《民间工资情况统计调查》显示，1996—2023 年间，日本就业人口收入的性别差距整体呈现缩小的趋势（图 1.6），但依然保持在 50% 左右的高位。

一方面，女性就业率的增加，使得女性就业人口整体收入增加。经合组织在《2019 年日本经济调查》中指出，日本女性就业率从 2012 年的 60.7% 上升到 2018 年的 69.6%。然而，日本全职员工收入的性别收入差距仍维持在较高水平，以 25% 的占比在成员国中位居第三，仅次于韩国和爱沙尼亚。③

另一方面，日本女性非正式员工的比例较高，导致收入的性别差距保持在

---

① 日语为"民間給与実態統計調査"，1997—2023 年的调查结果见日本国税厅网站 https：//www. nta. go. jp/publication/statistics/kokuzeicho/minkan/toukei. htm# kekka。

② 汤浅诚：『反貧困：「すべり台社会」から脱出』，岩波书店 2008 年。转引自［日］池田信夫：《失去的二十年：日本经济长期停滞的真正原因》，胡文静译，机械工业出版社 2012 年版，第 134 页。

③ OECD.（2019, April 15）. Economic Surveys：Japan 2019（Report）.11. https://www.oecd-ilibrary.org/economics/oecd-economic-surveys-japan-2019_fd63f374-en.

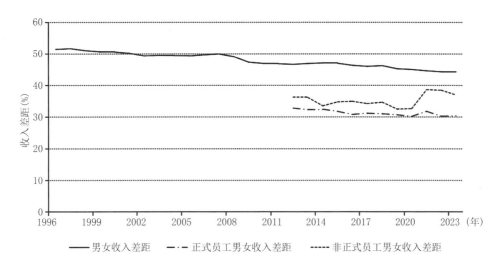

图 1.6　1996—2023 年日本年均收入性别差距变化

资料来源：日本国税厅《民间工资情况统计调查》（『民間給与実態統計調査』）。

注：《民间工资情况统计调查》从 2012 年开始增加正式员工与非正式员工收入的分类统计数据。

较高水平。2023 年日本人均年收入为 460 万日元，男性平均年收入为 569 万日元，女性仅为 316 万日元，略高于男性年均收入的二分之一。67% 的男性劳动者年均收入在 300 万—999 万日元之间，而 60% 的女性劳动者年均收入在 300 万日元以下。[①] 由于日本就业约半数女性是非正式员工，并且女性的职业生涯往往出于照顾家庭成员的需要而中断或缩短，她们在公共和私营部门的管理职位中所占比例在经合组织成员国中位列最低，这也导致日本就业人口的性别收入差距远高于 25%。

（3）不同年龄层之间的收入差距

日本总务省发布的《劳动力调查》数据显示，1991 至 2020 年间，60 岁以上的就业者人口从 761 万人增加到 1 434 万人，几乎翻了一番，比重也从 1991 年的 12% 增加到 21%，经合组织认为这一比重的增加导致了工资收入分配代际间的不均衡[②]。如图 1.7 所示，各年龄段劳动者的年收入呈现出明显差异：2023 年，

---

① 日本国税庁長官官房企画課：「令和 5 年分 民間給与実態統計調査調査結果報告」，https://www.nta.go.jp/publication/statistics/kokuzeicho/minkan2023/pdf/R05_000.pdf（2024 年 11 月 22 日訪問）。

② OECD.（2006, August 21）. *Economic Survey of Japan 2006*（*Report*）. https://www.oecd.org/en/publications/oecd-economic-surveys-japan-2006_eco_surveys-jpn-2006-en.html.

50—59 岁之间的劳动者人均年收入最高，达 543 万日元；其次是 40—49 岁之间的劳动者，人均年收入为 511 万日元；20—29 岁之间的劳动者人均年收入仅为 331 万日元，不仅远低于前两个年龄段，甚至低于 60—69 岁之间劳动者的 400 万日元。

不过，从图 1.7 中也可以看出，在成年男性员工群体中，由年龄增长造成的收入差距主要以 60 岁为分界点，60 岁以前成年男性员工的人均年收入水平远高于 60 岁以后；而 25—29 岁成年女性员工的收入差距并不明显。

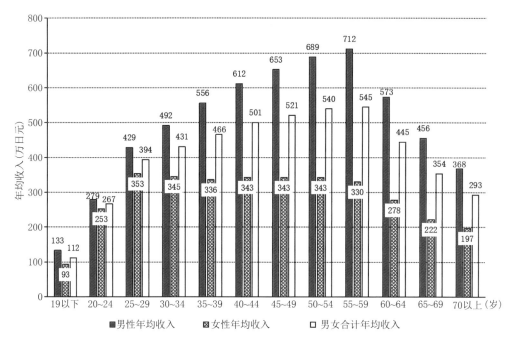

图 1.7　2023 年日本各年龄阶层类别平均收入

资料来源：2023 年《民间工资情况统计调查》（『民間給与実態統計調査』）。

除上述收入差距类型外，不同产业和不同规模企业间员工的收入也存在不同程度的差距。错综复杂的因素导致的收入差距已经成为日本面临的主要社会问题之一，尽管政府颁布了多种政策试图改变这一现象，但是成效不大。此外，父母收入导致的教育机会不均，加之企业对应届毕业生招聘标准的提高，使得不同教育程度的劳动者之间的收入差距有取代年龄层收入差距成为主要收入差距类型的趋势。

四、文化环境由理想到现实

明治维新打开了日本的国门，日本人对欧美国家现代资本主义文明的坚船利炮、富国强兵和工商繁荣深感震撼。于是，19 世纪 70 年代末，日本政府大力推行欧化主义的文化政策，将全面欧化作为实现日本近代化的基本方针之一，鼓励国民对欧美的一切文化和风俗加以模仿和吸收，并给予奖励，试图用欧化改良社会生活。时任外相井上馨（1836—1915）曾说："把我国化为欧式的帝国吧！把我国人民化为欧式人民吧！在东方的前门创造出欧式帝国吧！唯其如此，我帝国才能在条约上与西洋各国跻于同等地位。我帝国只有如此才能独立，只有如此才能达到富强。"① 1885 年 3 月 16 日，日本《时事新报》刊登了福泽谕吉的社论，即著名的《脱亚论》②，文章亦称："我国虽处东亚，然国中早有脱亚而入西方之民意，……为今之计，我国不应犹豫等待邻国之开明而共兴亚洲，莫若早脱其列与西方文明之国共进退；对待支那、朝鲜之法，亦不能因其为邻国而给予特别关照，唯有按西洋人对待彼等之法处理之。"1883 年落成的鹿鸣馆专供日本上层人士开展外交活动、举办外交舞会，1887 年，时任首相伊藤博文在鹿鸣馆举办了一场 400 多人参加的大型化装舞会，将欧化之风推向高潮。人们把这一时期称为"鹿鸣馆时代"，把这时的日本外交策略称为"鹿鸣馆外交"。

以鹿鸣馆为代表的欧化主义风潮，涵盖从衣、食、住到文学、书法、音乐、美术等领域的革新。但是，所有这些都"只是模仿近代欧美文化的外表，把它机械地照搬过来，而各种改良运动也大都只是打算避免同旧有的传统进行真正

---

① 《世外井上公传》，转引自〔日〕近代日本思想史研究会：《近代日本思想史（第二卷）》，李民、贾纯、华夏等译，商务印书馆 1991 年版，第 5 页。

② 原文参见福沢諭吉：「脱亜論（全文）」，https://www.jca.apc.org/kyoukasyo_ saiban/datua2.html（2024 年 10 月 16 日訪問）。《脱亚论》在刊载时并未署名，学界普遍认为是福泽谕吉所著，收录于石河干明编著的《续福泽全集（第 2 卷）》（岩波书店，1933）中。但是根据日本思想史研究者平山洋（1961— ）的研究，从 1885 年《脱亚论》发表至 1951 年没有任何人对此文作过评论，直到 1951 年 11 月，历史学家远山茂树（1914—2011）在《福泽研究》上发表《日清战争与福泽谕吉》一文，认为《脱亚论》是日本帝国主义的亚洲侵略论。此后，服部之总、鹿野政直（1931— ）等学者们也都继承了远山的观点，直至现代。丸山真男在《福泽谕吉的哲学 他六篇》（岩波书店，2001）指出，福泽本人并未使用过"脱亚入欧"一词，"脱亚"也仅在《脱亚论》中使用过一次。（参见平山洋：『福沢諭吉の真実』，文藝春秋 2004 年。）

的交锋，轻而易举地实现欧化而已"①。对欧美民主主义最根本的理念——自由民权的要求，日本政府却秉持彻底镇压的态度。原因在于，"日本的改革，并不是由大多数农民或者工商者的思想行动而起，完全是武士一个阶级发动出来的事业"②，这种局限性导致了改革方向的偏离。

而改革后伦理道德上最大的变化，借用戴季陶（1891—1949）的说法，是高尚的"武士精神"被卑陋的"町人根性"③ 所取代。日本武士的性格是轻生死、重承诺，而商人的性格是轻信义、重金钱。明治维新后，武士阶层失去了世袭的财产和特权，不得不从商，这种政府与商人的结合，造就了明治时期工商业的发达，戴季陶认为这一时期"军阀和官僚，不用说是'武士阶级'的直系，那最有势力的资本家和工商业的支配者，不用说就是'武士''町人'的混合体。政党就是介居军阀、官僚、财阀之间的掮客。……现代日本上流阶级、中流阶级的气质，完全是在'町人根性'的骨子上面，穿了一件'武士道'的外套"④ 而已。

可见，戴季陶对"町人根性"是持严厉的批判态度的，对欧洲"犹太式的现金主义"同样如此。尤其是欧洲自由、平等的新民权思想对日本"世界人类同胞观念"的影响，在日本转向军国主义后激发了其征服世界的野心，使武士道所表现出来的民族统一的纯洁精神变成了追求利益的扩张欲望。但是，我们不得不承认，武士道的精神和町人的性格对战后日本经济的复兴产生了深远的影响。

20世纪90年代初，泡沫经济破灭，日本经济开始陷入严重危机。为了克服经济危机，日本政府用尽浑身解数，却收效甚微。人们对日本经济也逐渐失去信心，"平成不况"从最初的"失去的10年"⑤ 扩展至"失去的20年"，乃至

---

① ［日］近代日本思想史研究会：《近代日本思想史（第二卷）》，李民、贾纯、华夏等译，商务印书馆1991年版，第6页。

② 戴季陶：《日本论》，光明日报出版社2011年版，第30页。

③ "町人"是日本封建时代对商人的称呼，戴季陶先生用"町人根性"指商人卑劣的性格。参见戴季陶：《日本论》，光明日报出版社2011年版，第25—26页。

④ 戴季陶：《日本论》，光明日报出版社2011年版，第31页。

⑤ "失去的10年"日语"失われた10年"第一次出现于《Seminar日本经济入门（1999年度版）》（日本经济新闻出版社，1999）。进入新世纪后，日本的经济依然持续低迷，"失去的20年""失去的30年"的说法开始在新闻报纸等各大媒体以及社会经济问题研究相关著作中出现。如深尾京司：『失われた20年」と日本経済—構造の原因と再生への原動力の解明』，日本経済新聞出版社2012年；野口悠紀雄：『平成はなぜ失敗したのか：「失われた30年」の分析』，幻冬舎2019年。

"失去的30年"与战后经济欣欣向荣的景象形成鲜明的对比。有学者这样描述："如果说在战后，日本创造了令世界叹为观止的经济奇迹，那么在90年代日本政府又创造了令世界难以理解的失败之谜。"① 伴随着战后日本经济的荣衰，日本文化亦发生了起伏变化，并对经济伦理思想的形成产生了影响。这些变化体现在"日本文化论"的演进、"中流意识"的瓦解、"'蟹工船'热"的兴起三个方面。

(一)"日本文化论"的演进

关于战后迄今"日本文化论"或"日本人论"的演进，笔者参考了青木保的《"日本文化论"的变迁：战后日本文化与特征》，将其划分为以下六个时期。

1. 第一个时期：否定日本文化特殊性的时期（1945—1954）

战后初期，日本人还处在战败的悲痛中，自信心和自尊心丧失，对战前的价值观全盘否定，日本到处洋溢着"美国文化万岁"的氛围。1948年，美国文化人类学家本尼迪克特（Ruth Benedict，1887—1948）《菊与刀》的日译本由社会思想研究会出版部出版，书中把"集团主义"（日本社会组织的原则）和"耻文化"（日本人的精神态度）视为日本文化的主要特征，随即引起日本思想文化界的震动，并引发了战后初期关于日本文化论的讨论。同年，战后日本启蒙主义代表川岛武宜（1909—1992）出版《日本社会的家族构成》（学生书房），认为日本的"家族原理"包括以下内容：权威统治、由报恩义务的无限性产生的对权威的无条件服从、个人自主行为和责任感的缺失，以及对自主性的批判、反省乃至相关社会规范话题的严格禁锢。此外，书中还指出亲子紧密联结的家庭氛围与针对外部的敌对意识（即宗派主义倾向）相对立。川岛认为只有否定这种家族原理才能真正实现日本的民主主义，这就意味着要否定本尼迪克特提出的"集团主义"和"耻文化"。

在当时，这种"否定特殊性的"主张在当时"日本的'知识分子'中间，尤其是广义的社会科学学者中间几乎是'常识'"②。他们主要基于两种立场展开批判：一是根据马克思主义社会发展阶段论认为日本社会处于资产阶级革命之前的前近代阶段；二是根据"现代化论"认为日本社会属于市民社会和民主主

① 王洛林、余永定、李薇：《20世纪90年代日本经济》，《世界经济》2001年第10期，第4页。

② 青木保：『「日本文化論」の変容：戦後日本の文化とアイデンティティー』，中央公論社1990年，61页。

义尚不完善的"前近代社会"。两种立场都是在批判昭和前期日本社会"后进性"、否定日本"特殊性"的同时，寻求构建新的日本文化论的一种尝试。从川岛的文字中能够感受到当时日本知识分子对美国文化的盲目狂热。

2. 第二个时期：对日本文化特殊性进行历史辩证认识的时期（1955—1963）

这是对日本文化从"否定"到"肯定"的过渡时期。20世纪50年代后期，战后初期的混乱局面逐渐得到控制，日本迎来了发展的新时代。从战后民主主义的立场出发批判日本社会的形式、主张学习西欧近代市民社会的"日本文化论"依然存在，代表作如丸山真男的《日本的思想》（岩波新书，1961）。与此同时，一部分学者开始重新认识"否定论"，并出现了与之前不同的观点，具有代表性的作品如加藤周一的《日本文化的杂种性》（《思想》1955年总第372期）和梅棹忠夫的《文明的生态史观序说》（《中央公论》1957年第2期），前者提出了"杂种文化论"，后者主张"平行进化论"，两者都通过比较日本与近代西欧的文化特征，反对日本应当模仿和追随"西方模式"的观点。也就是说，在不再受美国占领军统治、经济恢复、社会回归安定的条件下，日本又出现了积极、肯定地评价日本文化的文化论。

3. 第三个时期：肯定日本文化特殊性的时期（1964—1983）

这一时期，日本经济高速发展，社会稳定，日本人恢复了战前的自信，研究日本文化论的学者也开始尝试从不同角度重新把握《菊与刀》中揭示的日本文化特征。社会人类学家中根千枝于1964年发表论文《日本式社会构造的发现》（《中央公论》1964年第5期），并在此基础上于1967年出版了《纵式社会的人际关系：单一社会的人际关系》（讲谈社），该著作与《适应性的条件：日本的连续性思维》（讲谈社，1972）、《纵式社会的力学》（讲谈社，1978）一起，构成其"纵式"理论的三部曲，在学界引起巨大反响。中根从社会集团的角度对日本人的特征进行界定，强调日本人重视"场"与"资格"，并基于这种强烈的归属意识结成了纵式人际关系，进而形成纵式集团，这与欧美以个人主义和契约精神为基础的社会关系大相径庭。中根的"纵式"理论阐明并积极肯定了日本社会"集团主义"的特质，将其评价为现代日本"成功"最重要的原因，因而受到日本人的广泛欢迎。1964年，社会学家作田启一发表论文《耻文化再考》（《思想的科学》1964年总第25期），对本尼迪克特指出的日本文化的另一特征——"耻文化"进行了再认识，批判了本尼迪克特认为"耻文化"劣于欧美"罪文化"的观点，试图寻找"耻文化"的积极意义。中根和作田在本尼迪克特观点的基础之上，从不同的视角出发，开拓了对"日本文化"特殊性予以肯定认识的道路。

沿着这一方向，各种形式的日本文化论层出不穷。1965 年，尾高邦雄（1908—1993）发表《日本的经营》（中央公论社），指出日本式经营的三大特征——终身雇佣、年功序列和企业工会组织是日本文化的集团主义在企业经营中的体现。随后，作家三岛由纪夫（1925—1970）在《文化防卫论》（新潮社，1969）中，对当时流行的"文化主义"展开批判，认为文化远不止于文物和艺术作品，而是包含人们的行为和行为方式在内的国民精神的结晶。进入 20 世纪70 年代之后，日本学界对日本文化特殊性的认同进一步加深。精神病学家土居健郎的《"依赖"（甘え）的结构》（弘文堂，1971）和木村敏的《人与人之间：精神病理学的日本论》（弘文堂，1972）提出了基于心理分析和精神分析理论的日本文化论。1977 年，滨口惠俊在《"日本特点"的再发现》（日本经济新闻社）中对本尼迪克特提出的"集团主义""耻文化"以及川岛武宜批判的"家族构成"进行了再探讨。1979 年，村上泰亮、公文俊平和佐藤成三郎合著的《作为文明的家社会》（中央公论社）一书，从人类史、产业社会和现代化日本三个视角探讨了日本的现代化进程，并在书中透露了经济高速增长期人们对未来的信心和对"集团主义"的自豪感，主张在"集团主义"文化背景下也能存在分权的非专制社会。1984 年出版的村上泰亮的《新中间大众的时代：战后日本的解剖学》（中央公论社）和山崎正和的《温柔个人主义的诞生》（中央公论社）尝试重新解读日本"集团"与"个人"的关系，为理解日本社会文化的复杂性提供了新的思路。

整体来看，这一时期的日本文化论迈入了学者对其特殊性热情讴歌的黄金期。哈佛教授傅高义在《日本第一：对美国的启示》一书中也表达了对日本文化特殊性的高度肯定。

4. 第四个时期：要求日本文化从特殊到一般的时期（1984—1989）

进入 20 世纪 80 年代后期，当大多数日本人还沉醉于"日本式经营"的"神话"时，20 年前提出这一"神话"的尾高邦雄开始意识到"日本式经营"的缺点：助长了从业人员的依赖心，抑制了自由创造的精神；阻碍了雇佣差别待遇和自由劳动市场的形成；扶梯式体系的弊端与中高年龄层人事的臃肿，使从业人员丧失了劳动的喜悦和劳动价值。国外对日本的评价也开始由称赞转变为批判，澳大利亚日本研究学者皮特·戴尔（Peter N. Dale，1950—　）所撰的《日本式独特性的神话》（1986）一书，批判对象几乎囊括了明治以来所有的"日本文化肯定论"，他指出，从本居宣长（1730—1801）的"物哀"到九鬼周造（1888—1941）、西田几多郎（1870—1945）、田边元（1885—1962）等人的京都学派哲学，从"日本式经营论"到今西锦司（1902—1992）的"猿猴（サル）学"，从谷崎润一郎（1886—1965）的唯美主义到铃木孝夫（1926—2021）和渡部升一（1930—2017）的"日语论"，无不体现出人们对"日本人是独一无二的"的信仰，甚至暗含"法西斯式意识形态"的倾向。日裔美国文化人类学家别府春海（1930—2022）在《作为意识形态的日本文化论》（《思想的科学》社，1987）中主张"日本文化论""不是对日本文化忠实客观的描写，而是将日本的某一特征夸大，或是在不需要的时候无视其存在的一种体系"，是"有目的地制造出来的意识形态"，是一种"神话"，是"为体制服务的"，同时受到国际政治、经济环境的影响。

与此同时，日本国内对日本文化特殊性的反省也渐渐明显，加藤周一、丸山真男、南博、河村望、伊东光晴等也出版了批判式"日本论"的相关著作，认为文化特殊性是日本融入国际社会的障碍。要求日本放弃其文化的特殊性、主张日本文化"国际化"的呼声越来越高。

5. 第五个时期：对"日本文化论"的总结认识时期（1990—2003）

从 1990 年青木保《"日本文化论"的变迁：战后日本文化与特征》（中央公论社）出版以来，学者们开始对各个时期"日本文化论"的内容和特征进行梳理和总结。如社会心理学家南博的《日本人论：从明治维新到现代》（岩波书店，1994）介绍了明治以来的近 500 部日本文化论著，多角度考察了日本人国民性的特征及变化，是日本人论的文献综述式著作。杉本良夫和罗斯·摩尔（Ross E. Mouer）合著的《日本人论之方程式》（筑摩书房，1995）从知识社会学的视角对日本人论产生的背景与作者的社会关系（权利、经济利害）进行了深入挖掘。此外，船曳建夫的《"日本人论"再考》（日本放送出版协会，2003）与大久保乔树的《日本文化论的谱系：从"武士道"到"'依赖心理'的构造"》（中央公论新社，2003）也是同类型的著作。这一时期对"日本文化论"的总结考察是对日本文化特殊性的冷静思考，也是对文化论本身的一种反省。

6. 第六个时期：对"日本文化论"的低潮期（2004— ）

2004 年以后，"日本文化论"相关研究在数量上锐减，在内容上也缺乏具有完整体系的论著。代表性著作如评论家宇野常宽的《日本文化的论点》（筑摩书房，2013），他认为随着信息化的普及，20 世纪的文化论都已经成为历史。该书试图通过对现代流行文化的解读，描绘出当代日本人与社会之间复杂而微妙的联系。

通过以上梳理，可以发现"日本文化论"的内容和主张的变化，与经济的发展轨迹保持着密切关联：从战后初期的"否定"到经济高速增长期的"肯定"，再到泡沫经济破灭后的"反省"，以及当代日本文化"特殊性"优势消失后的茫然，日本人经历了从"丧失自信"到"恢复自信"再到"不安"的变化过程。

（二）"中流意识"的瓦解

所谓"中流意识"，是指 20 世纪 60 至 90 年代普遍存在于日本人中的一种意识，"中流"取自"等级介于上等和下等之间"之古义。这一意识源于日本内阁府"关于国民生活的舆论调查"和日本社会学者"社会阶层与社会变动调查"（简称 SSM 调查），[①] 结果显示，近 90% 的日本人认为自己的生活水平处于"比上不足比下有余"的中流阶层，尤其是在经济高速增长的六七十年代，劳动力严重不足，工薪阶层收入暴涨，日本媒体到处洋溢着"1 亿总中流"的豪迈话语。基于这种"中流意识"，还衍生出了"总中流社会"的说法，指以"团块世代"[②] 为主体，以实施年功序列制和终身雇佣制度的日本型雇佣体系为中心的社会，在这种社会中，人们收入的分配比较均等化。

伴随着 20 世纪 90 年代泡沫经济的崩溃，企业破产、劳工失业、经济低迷等

---

① "关于国民生活的舆论调查"始于 1958 年，每年进行一次，调查对象为 20 岁以上的日本国民。"社会阶层与社会变动调查（The national survey of Social Stratification and social Mobility，简称 SSM 调查）"是以 20—69 岁（2015 年变更为 20—79 岁）的日本国民为调查对象，开展关于社会阶层、不平等、社会变动、职业、教育、社会意识等相关话题的社会调查，其目的是明确日本社会的开放性与平等性，并进行国际比较。SSM 调查于 1955 年由日本社会学会第一次实施，此后每十年由不同的团体承担调查。

② "团块世代"一词出自堺屋太一（1935—2019）1976 年出版的小说《团块的世代》。用"团块"来比喻这个世代，意指这个世代的人们为了改善生活而默默地辛勤劳动，紧密地聚在一起，支撑着日本社会和经济。"团块世代"在人口论中的一般定义是指出生于二战后 1947 至 1949 年日本第一次婴儿潮中的人。

问题接踵而至，将高收入资产所有者称为"勝ち組"（赢家）、低收入资产所有者称为"負け組"（输家）的说法开始流行。媒体和在野党也从一开始单纯地指出存在"格差社会"这一现象，逐渐转变为对格差扩大化和继承性的批判，由此，更多人开始注重格差对人的精神和意识的影响。学术界亦产生了关于"中流崩溃"和"格差社会"①的大争论。

论战的导火索是京都大学教授橘木俊诏《从收入和财产看日本经济差距》（岩波新书，1998）一书的出版，他用基尼系数等经济学实证分析工具证明日本社会的不平等度在增加。事实上，在泡沫经济时期，所得分配的差距问题就曾一度成为热门话题，并出现了"マル金"（富豪）、"マル貧（ビ）"（穷光蛋）等流行词语②。橘木在书中指出，20世纪80年代的泡沫经济时期，日元大幅度升值，人们都倾向于把财富投入具有高升值预期的股票、证券和房地产业，这些资产获得的收益迅速增加，并成为决定日本国民日常生活和消费方式的重要因素。另一方面，泡沫经济的崩溃进一步加剧了中产阶级状况的恶化，这时收入差距主要由是否拥有资产决定，而与个人努力无关。1999年，东京大学苅谷刚彦教授以高中生为对象进行调查，结果显示父母的学历会对孩子产生影响，形成学历的再生产现象。

大竹文雄从2000年2月29日起，在《日本经济新闻》中连续发表了六篇短论③，聚焦于"如何看待所得格差"话题，对橘木的观点进行了批判。大竹认为八九十年代基尼系数显示的日本不平等化程度上升的主要原因是人口老龄化。他还指出，橘木在计算基尼系数时所使用的《所得再分配调查》中的原始收入数据，包含了退休金和保险金，却不包含公共年金，因此与美国税前收入的比较存在偏差。虽然两位学者在数据的使用和分析上产生了分歧，但是他们对不平等化趋势的认识是一致的，大竹"中流崩坏"和"比美国还不平等"的说法与橘木所说的"日本成为继美国之后与欧洲大国并列不平等的国家"并不矛盾。

---

① "格差社会"在日语中的含义即为汉语中的"社会贫富差距"，不仅包含个人之间的差距，也包括各地域间的差距。

② "マル金"和"マル貧（ビ）"出自渡辺和博：『金魂巻』，主妇的友社1984年。这两个词语曾获得1984年日本"流行语大赏"流行语单元金奖，现已不再使用。

③ 另可参考大竹文雄：「90年代の所得格差」，『日本労働研究雑誌』2000年第7号，2-11頁。2005年，大竹文雄将散见于各种期刊的文章加以整理、汇总，出版了《日本的不平等》（大竹文雄：『日本の不平等』，日本经济新闻社2005年）一书。

同年出版的佐藤俊树的《不平等的日本：告别"全民中产"社会》（中央公论新社）一书也成为人们热议的话题。佐藤基于 SSM 调查结果认为，"中流意识"并非意指"人人皆为中产"，而是描绘了一个社会普遍相信"人人皆有可能成为中产"的现象，所谓"中流崩溃"实则是指"作为可能性的中产"消亡了①。对此，东京大学教授盛山和夫持不同意见，他认为 SSM 调查数据不能得出佐藤的结果，不同的时代人们对"中"的理解和解释也不同，"中流崩溃"只不过是没有充分证据的"故事"。盛山还否定不平等化会造成阶级分化，并最终导致日本社会阶级固化的观点。②

2004 年，东京学艺大学的山田昌弘在《希望格差社会》（筑摩书房）一书中指出，现代的"負け組"（输家）并不仅指低收入人群，还是一种对将来不抱希望的状态。职业、家庭、教育的不安定，使得"負け組"的孩子们也感到努力换不来回报，进而对未来产生绝望情绪。在 2005 年出版的日本的畅销书《下流社会：新阶层群体的出现》（光文社）中，社会学家三浦展认为，"上流"的人往往积极向上，而"下流"的人则认为自己的人生是诅咒，抱有"及时行乐"和"读书无用"的态度。从长远来看，这种状态抑制了社会活力，这样的日本社会令人担忧。大前研一在其 2006 年出版的著作《低中产阶级的冲击》（讲谈社）中强调，日本人收入两极化现象的背后，更重要的是生活意识和行政的变革。现在的年轻一代安于现状且缺乏进取心，他们既没有正规的工作，又没有足够的经济能力成家立业，更无法传宗接代，价值观、生活态度和消费意愿都在不知不觉中发生了变化。2006 年，"格差社会"更入围了当年的"新语·流行语大赏"名单，进一步凸显了这一现象的社会关注度。

其实，直至 2005 和 2006 年，人们还抱着强烈的"回到中流"的幻想，希望成为正式员工，对非正式员工依然冷眼相待；而 2008 年的金融危机使得人们清楚地意识到自己不可能再"回到中流"。但事实上，2021 年 9 月日本内阁府公布的国民生活满意度调查结果显示，认为自己的生活处于中等水平（包括中上、中、中下）的人数比例仍高达 89.1%。可见现在就判定日本已经沦为"下流社会"还为时过早，因为个人对自身生活状态的认知是在长期的生活中逐渐形成

---

① ［日］佐藤俊树：《不平等的日本：告别"全民中产"社会》，王奕红译，南京大学出版社 2008 年版，第 71—73 页。

② 盛山和夫：「中意識の意味」，『理論と方法』1990 年第 8 号，51-71 页。

并经过他人和社会认可的，即使生活上的确发生了一些改变，只要这些变化未达到质变程度，个人的主观认知往往不会轻易发生根本性转变。

（三）"'蟹工船'热"的兴起

2008 年日本出现的"'蟹工船'热"现象也十分值得关注。无产阶级文学的代表作小林多喜二（1903—1933）的《蟹工船》（《战旗》1929 年 5 月、6 月号），在发表近 80 年后成为日本第一畅销书，创下年销售近 80 万册的记录，被日本评论家称为"复活"。"'蟹工船'热"还入选了当年"新语·流行语大赏"的十大流行语。

蟹工船是战前常见于日本鄂霍次克海和堪察加半岛海域、配备加工捕获物设备的大型船只，船上搭载有小船，用于捕蟹，由母船将蟹加工成罐头。小说《蟹工船》的背景就是这样一艘名为"博光丸"的蟹工船。船上背井离乡的工人在海上的封闭空间生产高价的蟹罐头，而他们却被蟹工船所属大公司的资本家压榨，只能获得低廉的报酬。没有同情心的监工也不把劳动者当人看待，还以"惩罚"为名用暴力虐待劳动者，工人因为过劳、患病而纷纷倒下。虽然最初工人们认为没有办法反抗或习惯于现状，忍受着剥削而默默工作，但随着时间的推移，他们意识到必须团结起来，为争取作为人应有的基本权益而斗争，最终爆发了罢工抗争。

"'蟹工船'热"兴起的契机是 2008 年 1 月 9 日《每日新闻》（朝刊）刊登的作家雨宫处凛与作家高桥源一郎的对谈。雨宫曾有过五年左右的"自由打工者"经历，参加过"自由打工者"、单日劳务派遣员、网吧难民等群体的集会和游行，深知青年贫困者的状态，她认为《蟹工船》所描绘的世界与现在"自由打工者"的情况非常相似，高桥对此也表示赞同。在看到这一对谈后，东京上野车站书店的自由打工者长谷川仁美对雨宫的话产生了共鸣。她在书店里竖起"'工作贫民'（ワーキングプア，working poor）必读！"的标语，书店采购的150 部新潮文库版的《蟹工船》很快销售一空，随后，各大书店都增设了《蟹工船》专柜。从 5 月起，以《读卖新闻》为首，《朝日新闻》《每日新闻》《产经新闻》《日本经济新闻》等日本各大报纸争相报道，"'蟹工船'热"席卷日本。除新潮文库外，岩波文库、角川文库也开始刊行文库版的《蟹工船》，从 2006 年就开始发行的漫画版《蟹工船》，到 2008 年 5 月重印了四次。此外，《周刊 Comic Bunch》也开始连载连环画版《蟹工船》，1953 年拍摄制作的电影《蟹工船》（导演山村聪）也在 2007 年发行了 DVD，并于 2009 年夏上映。

据报道，"'蟹工船'热"还为日本共产党带来了更高的关注度，日本共产党入党人数也随之激增。据 2008 年 8 月 4 日《产经新闻》报道，从 2007 年 9 月以来已经有九千人新入党，8 月 10 日，该报"大阪版"报道的入党人数已增至 1 万人。另外，与《蟹工船》一起在书店里热销的书还有日本共产党前领导人不破哲三（1930— ）的作品，相应地，研究共产党历史的著作销量明显增加，日本共产党领导人在议会的演讲也引发了前所未有的反响。

"'蟹工船'热"的产生，正是因为小说折射了"格差社会"和"工作贫民"等日本当代的社会问题。以自由打工者和"工作贫民"为主的 15—50 岁的青壮年占据了读者群体的 80%，他们面对的就业环境恶化、贫富差距扩大、生活贫困的现实与《蟹工船》中描绘的渔夫和杂工的艰苦生活相似，故而能够从小说中找到共鸣。这种共鸣又表现在对恶劣工作环境的不满以及对工作制度和管理者恶劣态度的不满，而蟹工们最后的"觉醒——团结——抗争"的"方向"，也为年轻人提供了精神鼓舞与动力。

第四节　近 30 年日本经济伦理思想的
思想渊源和理论基础

日本文化以极强的吸收性和包容性著称，日本经济伦理思想也不例外。被遣隋史、遣唐使传至日本的中国儒家经济思想、工业革命期间在日本传播的马克思主义和自由主义经济思想都为日本经济伦理思想的产生和发展提供了土壤，孕育出具有本土特色的日本传统及现代经济思想。

一、儒学影响下的日本传统经济思想

众所周知，随着汉字传入日本，中国的哲学思想及治国理念，尤其是经世济民的思想也逐渐渗透到日本学者的思想之中。因此，要研究现当代日本经济伦理思想，就必须追溯到深受儒学影响的日本传统经济思想。

日本的德川幕府时期（1603—1868），经济学于欧洲作为独立学科登场。在这个思想动荡的年代，商品经济开始萌芽，不过由于幕府闭关锁国的统治，欧美的政治思想和哲学思想在传入日本时受到了严格控制，这一时期儒学的"经世济民"思想继续统治着日本的经济思想界。太宰春台在 1729 年出版了《经济录》，开篇对"经济"一词的语源考察也完全采用了中国儒学式的解释①。儒学倡导"天人合一"的自然秩序，并通过伦理和道德将社会纳入自然秩序之中。可以说，日本"经济"的思想"起源于有德者做出示范的儒学的社会伦理规范"②。

深受阳明理学影响的熊泽蕃山，其经济思想与 18 世纪法国的重农主义学派相似，重视农业生产，认为只有生产性的农业才是一切财富的本源，崇尚自然秩序，主张减轻农民赋税。他出身于浪人家庭，其时社会奢靡成风，道德沦丧，商人的富有与武士的贫困形成鲜明对比。蕃山认为这些社会问题来源于货币对现有经济体制的渗透，而武士阶级与土地的分离进一步促进了经济的货币化，加重了工商阶级与贫穷武士之间的贫富差距。他提出恢复以前的"农兵制"，让武士参加劳作，以增加收入、创造财富，这样既可以解决武士贫困问题，又可以减轻农民负担。因为"只有武士和农民殷实起来，工匠和商人的财产才能得以保障"③。他甚至还提出从货币经济社会退回到过去的以稻谷作为价值标准和交换手段的社会，以阻止货币对社会秩序的侵蚀，因为"五谷是为万民之财富。金、银、铜等皆不过是五谷之佣仆，其位更列于五谷之后"④。但是，他也意识到这些办法难以实行。

德川中期，随着经济的蓬勃发展，日本对外贸易以进口为主，导致财政支出与收入的差距不断扩大。幕府为弥补财政赤字，试图通过改铸货币来增加收入。此举看似能为幕府将军带来丰厚的利益，实则暗藏危机，不仅诱发了通货

---

① "所谓经济，即为治理天下的国家，其意为经世济民。经为经纶。……所谓经纶是指制丝而言。布的纵线为经，横线为纬。女工制作绢布，先铺设经线，后编织纬线。经也为经营之经。……营造宫室，先须制定全盘规划，而后实施，此即为经。济为济度之意，也可读作渡，字面意思为将某人渡过河对岸。……也有救济之意，可读作拯救，意为解除人们的疾苦。也可解释为完成，即所谓功成事遂。总之，经济一词有多种解释，但根本的一点是管理事务，使之成功。"（出自太宰春台：『経済録.日本思想大系（第三十七卷）』，岩波书店 1972 年，16 頁。）

② ［英］泰萨·莫里斯-铃木：《日本经济思想史》，厉江译，商务印书馆 2000 年版，第 15 页。

③ 熊沢蕃山：「集義外書」，伊東多三郎编，『日本の名著 11』，中央公論社 1976 年，439 頁。

④ 熊沢蕃山：「集義外書」，伊東多三郎编，『日本の名著 11』，中央公論社 1976 年，437 頁。

膨胀，还从根本上动摇了财政制度的稳定性，使得幕府的统治危机日益浮现。

生活在这一时期的思想家获生徂徕，是日本儒学思想史上首屈一指的改革先驱，他尤为关注社会道德和政治道德，其经济思想体现出与荀子、韩非子以及老子等中国古代哲人思想的密切关系，这一点在其《太平策》中关于国家经济的论述中尤为突出。在后期思想的形成过程中，他更多地受到非正统的儒教学说和反形而上学的法家理念的影响，这些变化体现在他的《政谈》中。获生徂徕的经济思想主要表现在，他认为当时由货币改铸诱发的通货膨胀，商业资本对手工业、农业、渔业等传统行业的渗透，以及商人（町人）阶层地位的上升等政治经济混乱的产生，缘于两种社会弊病：一是人们的日常生活丧失了礼法制度的约束，二是武士阶级迫于无奈寄居于城下町。他继承了熊泽蕃山的重农主义学术传统，提倡武士重返农田，复兴自然经济，以减少消费开支，遏制商业资本的发展。但是，与蕃山不同的是，他并不主张恢复以稻米作为交换手段和价值尺度的社会，只是寄希望于通过扩大实物地租和年贡来减少货币的流通，限制货币对经济的影响。泰萨·莫里斯-铃木认为："这种看法上的差异表明在与德川经济现实妥协上已迈出重要的一步。"①

与熊泽蕃山和荻生徂徕持有相似经世观点的还有太宰春台，他在《经济录》的第一卷"经济总论"中阐述了儒家经世思想的本质："凡治理天下国家，即谓之经济，其义为经世济民也。"② 作为荻生徂徕的门生，春台很大程度上继承了徂徕的观点，他同样强调"固农贱商"，主张回归到以"农本商末"为基础的封建自然经济，把保护武士阶级视为经济政策的重要目标。不过，春台提出了"农工商贾"的新"四民论"，承认商业是经济活动的基本要素，在社会中与农业具有同等的地位。他的"藩营商业论"主要是为了维持幕藩体制下的经济秩序，并解决藩主所面临的财政危机，这表明与徂徕和蕃山相比，春台能够正视商品的价值和货币经济发展的现实。由此可见，在春台所处的时代，儒家的经世思想已经开始随着幕藩体制的崩溃而解体，与此同时，重商主义思想作为一种新兴力量，正悄然兴起，预示着社会经济观念的深刻变革。

德川后期，商业的尊严和贵金属的价值等新观念的出现，动摇了自然经济

---

① ［英］泰萨·莫里斯-铃木：《日本经济思想史》，厉江译，商务印书馆 2000 年版，第 24 页。

② 太宰春台：『経済録.日本思想大系（第三十七卷）』，岩波书店 1972 年，12 頁。

原有的确定性，而这样的环境恰恰为政治学和经济学新观点的萌生创造了机会。一批重商主义经世论者应运而生，其中具有代表性的人物有海保青陵（1755—1817）和佐藤信渊（1769—1850），"他们利用从多种学问吸收的思想，研究出解决 18 世纪后半期至 19 世纪前半期经济问题的完全不同的方法"①。

海保青陵的经济思想集中体现在他晚年的著作《稽古谈》中。他在游历日本各地的过程中发现，当时的日本社会正处在一场深刻的变革之中，市场经济取代自然经济，且其影响已经波及偏远的农村。虽然在一定程度上，青陵深受荻生徂徕、太宰春台等儒学思想家的影响，但他却清楚地意识到传统思想必须根据实际的经验加以改变或修正，才能帮助人们解决现代的问题，他对儒学政治经济观点始终保持着一种科学的怀疑态度，尤其不相信传统儒学倡导的"以仁治国"能将日本带入理想社会。在他看来，繁荣的关键在于全体国民的辛苦劳作和不断进取的精神，所以他对商人阶级的美德给予了很高评价。他在著作中已经为商人对利润的追求赋予了解决当时经济问题的基本原则的地位，提出了一些反传统的观点，如武士应当效仿商人从事获取利润的活动，通过增加收入来满足消费支出，以此解决藩财政的危机，他甚至认为一切社会关系在本质上都是一种市场交易。"君臣关系一直就像市场交易关系。君给臣俸禄，而让臣效力。君向臣购买，臣向君出售，这就是买卖关系。买卖是好事不是坏事。"② 他还认为商业同样可以作为财富的源泉，商业牟利与农业生产一样，都可以被看作是符合"天地之法则"的人类活动。海保青陵的这些反传统的观点，也正是其经济思想的独特之处。

佐藤信渊也提倡执政者应当直接参与财富创造活动，但其经济分析恰恰与海保青陵相反，他认为仁慈的统治者的伟大义务在于拯救人民于苦难。用信渊的原话来说，即："所谓经济，即为经营国土、开发物产，使国家富饶，使万民得以救济。对于统治国家的君主而言，此乃不可须臾懈怠之任务。如若忽视了对经济的管理，国家必定衰弱，统治者和百姓都将财用困乏"③。信渊还主张统治者应该积极地干预经济，通过引进新技术和新的生产方法来促进繁荣；强调教

---

① ［英］泰萨·莫里斯-铃木：《日本经济思想史》，厉江译，商务印书馆 2000 年版，第 35 页。

② 海保青陵：『稽古談.日本思想大系（第四十四卷）』，岩波书店 1970 年，222 页。

③ 佐藤信淵：『経済要略.日本思想大系（第四十五卷）』，岩波书店 1977 年，522 页。

育既是促进经济发展的手段，又是社会统治的工具；主张扩大对外贸易，对邻近国家推行殖民地化影响策略。泰萨·莫里斯-铃木评价信渊具有强烈国家主义倾向的"思想在强调国家管理、福利、国家主义等问题上，不仅构成了日本的经济思想和政治思想的重要传统，而且也是对并非日本独有的市场经济包含的问题和矛盾所作出的反应"①。

二、欧美马克思主义经济思想

马克思主义这一概念早在马克思生前即已广为人知。狭义的马克思主义指的是马克思与恩格斯共同创立的基本理论、观点及学说体系；而广义上，这一概念涵盖了后继者对其理论、观点及学说体系的进一步拓展，也包括在实践中持续发展的马克思主义。本部分聚焦于以罗默（John E. Roemer，1945—   ）为代表的现代马克思主义及其代表性思想——分析马克思主义经济思想，其影响力不逊色于传统马克思主义。

（一）分析马克思主义的产生

分析马克思主义的出现很大程度上受到了空间和时间因素的双重影响。从地理方面来说，分析马克思主义产生于北欧和英美文化圈，而在这些国家，马克思主义极少与大众的政治运动相结合，马克思主义哲学家、社会科学家也不像其他地区的学者同行那样关心政治。此外，马克思主义在欧洲大陆的影响力是其他地区所无法企及的，20世纪60年代末学生运动爆发后，欧洲大陆受马克思主义思想热潮影响的年轻学者，在大学和研究所接受了分析哲学等近代主流社会科学的训练，积累了丰硕的研究成果。20世纪70年代末，马克思主义与近代实证科学相结合，结合的产物并不是传统马克思主义，而是立足于马克思主义特有的唯物辩证法等方法论的"西欧马克思主义"。

在这一思想潮流的推动下，1979年，来自多个国家的十几名年轻研究学者为讨论现代马克思主义理论的相关问题而汇聚伦敦，此后每年9月都会在伦敦召开一次学术会议，历经三至四年，核心成员逐渐固定下来，这些学者组成的团体称为"九月小组"（September Group）。

---

① ［英］泰萨·莫里斯-铃木：《日本经济思想史》，厉江译，商务印书馆2000年版，第42页。

小组成员的政治立场不一，有革命马克思主义、社会民主主义，甚至还有左翼自由至上主义。有一段时期，小组成员围绕"会员资格"是否包含政治意识形态的标准这一问题产生了矛盾，最终，为保证建设性对话的可能性，小组确定了宗旨，即其存在不依附于任何特定的政治立场。因此，与其说分析马克思主义是一个学派，或是一种理论，甚至是一种范式，倒不如说它是在构筑社会主义理论的基础上展现出一定共通性的一种学问现象或者倾向。①

"分析马克思主义"这一名词最早由乔恩·埃尔斯特（Jon Elster，1940— ）在1980年的研讨会上使用，真正被公开使用则是在1986年出版的由约翰·罗默编著的"九月小组"成员的论文集《分析马克思主义》中。此外，"分析马克思主义"还有多种称呼，如"理性选择马克思主义"（Rational Choice Marxism）②、"博弈理论马克思主义"（Game-theoretic Marxism）③ 和"新古典派马克思主义"（Neo-classical Marxism）④ 等。

（二）分析马克思主义的代表人物及代表作

分析马克思主义的代表即"九月小组"的成员。其中，最主要的代表人物有乔恩·埃尔斯特、约翰·罗默和 G. A. 柯亨三人。

乔恩·埃尔斯特，挪威政治理论家，曾任教于巴黎第八大学，后转任芝加哥大学与法兰西学院教授，并兼任奥斯陆社会研究所研究指导员，现为哥伦比亚大学政治学系教授。其个人学术成果丰硕，著作超过10部，研究涵盖科学方法论、集团行动论、理性选择理论、社会体制论等多个领域，涉及哲学、伦理学和社会学等多个学科。《理解马克思》（1985）是埃尔斯特最具分析马克思主义特色的一部著作，他在书中指出，马克思的方法含有黑格尔的辩证法、机能主义和目的论的要素，导致了资本主义批判的不完全性，他主张结合方法论的个

① Ware, R. & Nielsen, K. eds.（1989）. Analyzing Marxism: New Essays on Analytical Marxism. Calgary: University of Calgary Press, 2.

② Carling, A. H.（1986）. Rational Choice Marxism. New Left Review, I(160), 24; Wood, E. M. (1989). Rational Choice Marxism: Is the Game Worth the Candle?. New Left Review, I(177), 41; Howard, M. C. & King, J. E.（1992）. A History of Marxian Economics, Volume II: 1929—1990. London: Macmillan, 335-355.

③ Lash, S. & Urry, J.（1984）. The New Marxism of Collective Action: A Critical Analysis. Sociology, 18(1), 33-50.

④ Anderson, W. H. L. & Thompson, F. W.（1988）. Neoclassical Marxism. Science and Society, 52 (2), 215-228.

人主义、理性选择理论、博弈理论等进行资本主义批判的再构成。埃尔斯特其他与政治、经济相关的著作有《立宪主义与民主主义》（Elster & Slagstad，1988）、《资本主义的选择》（Elster & Moene，1989）等，考察了向社会主义体制的过渡及其与政治、经济、伦理层面的相互关联。《局部正义：各种制度如何分配稀缺财富与必要责任》（1992）一书则提出了不能简化为"全球化正义"的正义议题，进一步丰富了他的学术贡献。

约翰·罗默，数理经济学家，现任加利福尼亚大学经济学教授，以及经济、正义、社会相关项目的主任。他曾经是旧金山一所中学的数学教师，在此期间组织过多次教职工工会干部会议活动。其著作《马克思主义经济理论的分析基础》（1981）受到森岛通夫和置盐信雄（1927—2003）的影响，将数学一般均衡模型应用于技术变化与利润关系、价值向价格转型等马克思经济学原理问题。接着，在《剥削与阶级的一般理论》（1982）中，罗默提出用"所有关系研究"代替剥削理论的"剩余价值研究"。[①] 在《在自由中丧失：马克思主义经济哲学导论》（1988）中阐明剥削理论的伦理学含义之后，罗默涉足政治哲学领域，将注意力转移到平等主义的正义论，其成果收录在《平等主义者的视角》（1994）中。同年，罗默还出版了关于市场社会主义模型的《社会主义的未来》（1994）一书，该书先后被翻译成多国文字，在西班牙、意大利、希腊、中国、日本、韩国等国家发行。1995 年以后，罗默的马克思主义经济理论研究重心转向"平等""分配正义""政治竞争""民主"等领域，并重点关注"机会平等"的问题，先后出版了《可持续的民主》（1995）、《分配正义论》（1996）、《机会均等》（1998）、《政治竞争：理论和实务》（2001）、《民主、教育与平等》（2006）、《种族歧视、排外主义及其分布：先进民主国家的多问题政治》（2007）等多部著作，并发表相关论文 60 余篇，可谓成果丰硕。

G. A. 柯亨，加拿大籍犹太人，著名哲学家、政治理论家，父母都是劳动

---

① 关于罗默剥削理论的日文研究可参考如下文章。有江大介：『労働と正義：その経済学史的検討』，創風社 1990 年；有賀祐二：「レェーマーの『階級・搾取対応原理』について」，『小学論纂（中央大学）』1986 年第 1 号；石上秀昭：「分析的マルクス主義の経済学：搾取と均衡の一般理論」，山本広太郎、大西広、揚武雄など編，『経済学史』，青木書店 1995 年；石塚良次：「マルクス経済学のマイクロ・ファウンデイション—アナリティカル・マルクス主義の方法論を巡って」，『専修大学社会科学研究所月報』1989 年第 313 号；甲賀光秀：「J. Roemerの搾取論」，『立命館経済学』1991 年第 6 号；遠山弘徳：「搾取理論と労働：レェーマーによる搾取理論の一般化によせて」，『大阪市大論集』1988 年第 56 巻等。

工会的活动家。柯亨幼年时期曾在犹太人共产主义组织运营的学校学习①，是分析马克思主义成员中唯一一位与经典马克思主义相关的学者②。在英国牛津大学留学期间，柯亨师从英国哲学家吉伯特·赖尔（Gilbert Ryle，1900—1976），学习分析哲学。从1963年到1985年，柯亨在伦敦大学任教，先后任助教、讲师和副教授。从1985年起，他被聘为牛津大学万灵学院政治哲学教授和研究员。他的《卡尔·马克思的历史理论：一个辩护》（1978）可谓初具分析马克思主义特色的里程碑式著作。他在这一著作中对生产力理论展开了历史唯物主义探讨，具有鲜明的分析哲学特点。在《历史、劳工和自由》（1988）中，他修正了此前历史唯物论的技术性解释，认真研究了诺齐克自由主义提出的问题，向"自由"和"所有"的主题发起挑战。此后，柯亨还陆续出版了《自我所有，自由和平等》（1995）、《如果你是平等主义者，为何如此富有？》（2000）、《拯救社会正义和平等》（2008）、《为什么不要社会主义》（2009）等专著。

（三）分析马克思主义的理论特征

如上所述，分析马克思主义并非固定的某一学派，其特征也很难一概而论，下文将从研究对象、研究方法和研究态度三个方面对其加以归纳。

1. 分析马克思主义的研究对象

分析马克思主义的研究对象范围广泛，却也并非涉及所有社会科学学科，其与传统马克思主义研究的异同可以从以下三个方面加以概括。

第一，有关剥削、阶级、历史唯物论和国家的研究。这些原本就是马克思主义特有且非常重视的概念，新马克思主义、后马克思主义等马克思主义理论却不断强调要脱离以上范畴，尤其是性别、民族、文化差异以及环境问题等多元的社会议题，都出现了被排斥在马克思主义的经济主义和还原主义之外的趋势。分析马克思主义则运用现代科学的研究方法，对这些传统的马克思主义概念和命题进行透彻的分析，重新构筑这些概念之间的逻辑关系，从根本上把握当今多元化社会现象的本质。如罗默的"社会主义剥削"③和卡琳（Alan

① Cohen, G. A.（1988）. *History, Labour, and Freedom: Themes from Marx.* New York: Oxford University Press, X.

② Roemer, J. E.（1994）. *Foundations of Analytical Marxism.* Cheltenham: Edward Elgar Publishing, xv.

③ Roemer, J. E.（2009）. *Free to Lose: an Introduction to Marxist Economic Philosophy.* Cambridge: Harvard University Press, 139-143.

Carling）的"社会分离"论①，便是对此路径的有力探索。

第二，关于社会主义体制的研究。传统马克思主义很少论及社会主义体制的问题，这可谓分析马克思主义研究的新领域。尽管马克思追求的是社会主义社会，但他的研究中很大一部分是对当时的资本主义社会进行实证分析，而对社会主义和共产主义的具体构想并不充分。传统社会主义认为，社会发展的根本动力源自对现实的否定，"科学社会主义"的使命在于对现实的具体分析，而对未来社会的构想被批判是向"空想社会主义"的倒退。分析马克思主义则认为"当今马克思主义最大的课题是社会主义现代理论的构筑"②，全面研究了社会主义的政治、经济体制的蓝图以及向社会主义社会转型过程中产生的各种问题。在 20 世纪 90 年代"对社会主义体制悲观的氛围中，……对未来社会的透彻分析才是社会主义支持者的责任"③。

第三，关于规范理论和伦理的研究。分析马克思主义十分重视规范理论和伦理问题的研究，不过，分析马克思主义对伦理问题的关注，继承的是分析哲学的方法，而非辩证法哲学，这在很大程度上受到了以罗尔斯为代表的规范伦理学的影响。分析马克思主义者与罗尔斯、德沃金（Ronald M. Dworkin, 1931—2013）、阿马蒂亚·森等左翼自由主义者之间展开了激烈的讨论，主要课题有：从分析哲学的角度重新构建马克思规范理论、社会主义体制规范理论的基本原理的内容和理解、规范对于体制的存续和变革的影响力等。

2. 分析马克思主义的研究方法

顾名思义，分析马克思主义的研究方法即"分析的方法"，这一方法由以下四个要素构成。

第一，分析马克思主义强调科学性，这种科学性是建立在实证主义和理论主义基础之上的。传统马克思主义者都认为社会主义之所以被称为"科学社会主义"，是因为其具备科学的研究方法，即唯物辩证法，并将其作为马克思主义与分析哲学和现代经济学等"庸俗资本主义科学"的区别标准。分析马克思主义拒绝"认为马克思主义拥有它自己独特的有价值的研究方法"，"使得应用当代西

---

① Carling, A. H.（1991）. *Social Division*. London; New York：Verso, 253-348.

② Roemer, J. E. ed.（1986）. *Analytical Marxism*. Cambridge：Cambridge University Press, 4.

③ 松井暁：「分析的マルクス主義への招待」，『富山大学紀要.富大経済論集』1995 年第 1 号,54-55 頁。

方社会科学中的主流方法成为可能，因为这些方法过去一直被认为是不利于马克思主义的，并且为传统的马克思主义者所回避"。① 于是他们积极借鉴了现代实证科学的方法并加以活用，如在经济学研究中，分析马克思主义者不仅使用高度复杂的数学公式，而且利用"均衡方法"等博弈理论、社会选择理论工具；在哲学研究中，他们则运用形式理论和分析哲学的方法，对历史唯物论和剥削、自由和平等等规范概念进行分析。

第二，将重点放在概念的定义、相关概念的理论整合和体系构成上。如埃里克欧林·赖特（Erik O. Wright，1947—2019）② 的"中间阶级"③、罗默的"剥削"④、柯亨的生产力概念分析⑤和"无产阶级的不自由"⑥ 等。黑格尔的辩证法仅停留在现实的矛盾是概念矛盾的反映这一层面，而分析马克思主义认为对矛盾表现的理论整合说明才是科学理论的作用。例如，赖特的"矛盾的阶级地位"和柯亨的生产力与生产关系的辩证分析中，使用了矛盾和辩证法关系这两个概念，但同时也将概念本身作为分析的对象，对其进行了理论整合性说明。

第三，大量使用抽象模型。利用抽象模型可以将复杂的现象理论化。传统马克思主义认为抽象的模型不能表示现实中复杂的社会现象，故而很少使用抽象模型。但是，在所有叙述性的理论中，或多或少都包含了一定形式的模型，分析马克思主义就倾向于这种模型化分析。最具代表性的例子如亚当·普热沃斯基（Adam Przeworski，1940— ）⑦ 在社会民主主义分析中运用了理性选

① 段忠桥：《对"分析的马克思主义"的反思》，《马克思主义与现实》2001 年第 2 期。原文出自 Cohen, G. A.（1997）. Commitment Without Reverence：Reflections on Analytical Marxism. *Imprints*, 1(3)。

② 埃里克欧林·赖特，美国分析马克思主义社会学家，威斯康辛大学麦迪逊分校教授，2012 年担任美国社会学协会主席。

③ 参见 Wright, E. O.（1985）. *Classes*. London；New York：Verso。

④ 参见 Roemer, J. E. ed.（1986）. *Analytical Marxism*. Cambridge：Cambridge University Press。

⑤ Cohen, G. A.（2000）. *Karl Marx's Theory of History：a Defense*. Princeton：Princeton University Press, 28-62.

⑥ Cohen, G. A.（1988）. *History, Labour, and Freedom：Themes from Marx*. New York：Oxford University Press, 255-285.

⑦ 亚当·普热沃斯基，波兰裔美籍政治学教授。分析马克思主义学派的领军人物之一，国际知名民主社会、民主理论与政治经济学家。现任纽约大学政治学系卡柔-密尔敦（Carroll and Milton）荣誉教授，主攻政治学与经济学领域。

择理论①。此外，在纯粹假设的例子中，为验证理论的整合性，分析马克思主义者也频繁使用思考实验的模型和博弈理论，如柯亨在说明劳动者不自由的案例中，曾假设多人在密闭房间中的情况②。

第四，分析马克思主义的分析单位是个人，因为行为主体的个人才是社会现象的理论基础。在解释社会现象时，单凭国家、阶级、生产力等宏观概念是不足以完成充分分析的，必须导入行为主体——个人。宏观的结构理论建立在微观实践的基础之上，个人在社会关系中的行为受到格外重视。如埃尔斯特在说明社会现象时完全采用了从个人特征出发的方法论个人主义，因为"所有社会现象……原则上都只能以包括个体的方式予以解释"③。不过，分析马克思主义也反对将所有社会现象都还原为个人行动的方法论个人主义④。重视社会现象中个人的理性选择，围绕适合的方法的讨论才是分析马克思主义所倡导的。

3. 分析马克思主义的研究态度

分析马克思主义研究态度的最大特色即理论体系的开放性和修正的可能性。分析马克思主义者没有共同的政治诉求（理念），没有严密的组织形式，甚至没有共同的学术观点，因此会出现马克思主义者与自由主义论者交流讨论的局面，学术观点相互冲突的状况也时有发生。这就使得分析马克思主义能够积极吸取现代社会科学的各种研究方法，不断壮大研究体系。对于研究的内容，分析马克思主义者也能够进行彻底讨论，相互尊重批判性观点，在明确概念和理论的不足之后能够毫不犹豫地对其加以修正。如柯亨的历史唯物论、罗默的剥削理论、赖特的阶级分析方法都是在激烈的论战中不断修正，从而得以发展完善的。"马克思对待学问的态度的特点，就是将当时发达的科学成果引入自己的理论体系，并在不断的修正中完善和发展自己的理论。就这一意义而言，分析马克思

---

① Przeworski, A. (1985). *Capitalism and Social Democracy*. Cambridge：Cambridge University Press.

② Cohen, G. A. (1988). *History, Labour, and Freedom: Themes from Marx*. New York：Oxford University Press, 255-285.

③ Elster, J. (1985). *Making Sense of Marx*. Cambridge：Cambridge University Press.

④ Wright, E. O., Levine, A. & Sober, E. (1992). *Reconstructuring Marxism: Essays on Explanation and the Theory of History*. London；New York：Verso, 107-128.

主义的确是'马克思'的。"①

三、自由主义经济思想

自由主义经济思想的核心在于反对国家干预经济生活，倡导自由竞争。这一思想起源于文艺复兴及宗教改革运动之后，并于19世纪风靡全欧洲，后来逐渐发展演化为经济自由主义、功利主义、平等自由主义、自由至上主义及社群主义等多元流派，对日本的经济思想及政策产生了深远影响。

（一）经济自由主义

20世纪70年代，世界经济持续低迷，经济自由主义、古典自由主义、新保守主义、新自由主义等潮流对福利国家资本主义的攻击不断涌现。以M·弗里德曼（Milton Friedman，1912—2006）等货币主义者为代表的经济自由主义者指出，福利国家财政支出增加和持续通货膨胀的原因是凯恩斯国家干预经济政策和平等主义社会政策的实施。他们主张自由放任，在"小政府"的管理下扩大市场经济的机能，彻底贯彻竞争原则，促进经济效率的提高。这种新自由主义思想席卷了20世纪70年代的发达资本主义国家，紧接着，在20世纪80年代以后，通过日本、英国和美国等发达国家的新保守主义政权而得以实现②，并对发展中国家和社会主义国家的市场经济转移产生了深远的影响。但是，依靠市场机制的自由放任政策并没有阻止政府支出的增加，发达国家泡沫经济的发酵和破灭，以及在向市场经济转型过程中忽视现有社会制度而直接套用新古典市场模型的战略③，导致了经济自由主义最终的失败。

但是，经济自由主义的失败一定程度上反而促进了规范理论的复活。"新自由主义"一词给人以与凯恩斯主义和修正资本主义相对的自由主义的主流印象，其意义在于通过提高经济效率促使自由竞争的经济体制更加有效，并非指向人

---

① 松井晓：「分析的マルクス主義への招待」，『富山大学紀要.富大経済論集』1995年第1号，58页。

② 关于20世纪70年代反凯恩斯主义经济学的流行，参见宇沢弘文：『経済学の考え方』，岩波书店1989年，第9章。

③ 参考青木昌彦、奥野正宽：『経済システムの比較制度分析』，東京大学出版会1996年，第13章。

类的自由及其内在的价值①。新自由主义实际上是以经济结果为最终目的的经济自由主义，也被人们称为经济至上主义，单就这一点而言，也可以说它是功利主义的一种②。从规范理论研究复兴的角度而言，经济至上主义抹杀了除经济效率外的一切价值，导致了"伦理空白"③。尽管在政策上失败了，但是它作为政治思想和社会规范意识，在一些国家，尤其是在日本经济至上主义中仍然具有很强的影响力④，对当代日本经济伦理思想的影响也不言而喻。

（二）功利主义

20 世纪 70 年代以后规范伦理的复兴，主要采取的是对功利主义进行反省和批判的方式。

功利主义本身起源于传统自由主义，最著名的代表即 J. 边沁（Jeremy Bentham，1748—1832）。功利主义在 19 世纪成为支持产业资本主义和议会民主主义自由化的道德，"最大多数人的最大幸福"（the greatest happiness of the greatest number）的原则更是成为战后福利国家的根本理念，对社会的发展起到了积极作用。

对功利主义的反省主要体现在经济高速增长的后果和临界点两个方面。急速的经济增长本身就是极端经济至上主义导致的扭曲现象，向低速增长的转变则是长期以来被忽略的环境问题、人性的丧失以及对少数人的差别对待等非经济问题凸显的结果，这些非经济问题也使人们不得不考虑什么是真正的富裕。在这种情形下，福利国家资本主义与其批判者即经济自由主义共通的根本价值——功利主义再次受到关注，并站在了批判的风口浪尖。功利主义最初的出发点是对人类欲望的解放，因此无力阻止资本主义社会中生产和消费的盲目扩张。

对功利主义的批判主要从结果主义、福利主义和综合主义三个方面展开。结果主义基于行为、规则、制度的正恶判断及其结果的判定，忽视了过程是否正义；福利主义将人们主观的福利作为评价对象，缺少必要的客观评价；综合

---

① N. P. バリー：『自由の正当性：古典的自由主義とリバタリアニズム』，足立幸男監訳，木鐸社 1990 年，50-69 頁。

② 松井暁：『自由主義と社会主義の規範理論』，大月書店 2012 年，34 頁。

③ 参见山崎正和：「正義から儀礼へ」，『中央公論』1985 年第 1 卷，124 頁；佐和隆光：『経済学における保守とリベラル』，岩波書店 1988 年，88 頁。

④ 松井暁：『自由主義と社会主義の規範理論』，大月書店 2012 年，17 頁。

主义寻求社会成员福利总和的最大化，却表现出为了社会整体利益而牺牲个人权利的倾向。这些功利主义的负面效应在福利国家资本主义社会得到了完全体现，尤其是在以经济成长为最高命令、倡导企业中心社会、消费主义盛行的日本，问题更为突出。

对福利国家资本主义和功利主义的批判，使得正义论再次兴起，社群主义等新的规范理论应运而生。正义论针对效率和福利（welfare）提出了正义、公正、权利、平等、自由等价值概念，社群主义中则出现了社群、人格、福利（well-bing）等价值概念，丰富了价值体系。

综上所述，自由主义规范理论的复兴是产生于福利国家资本主义危机之中的理论现象，它旨在通过重新审视与构建社会价值观，应对现实中的种种挑战。

（三）平等自由主义

1971 年，罗尔斯《正义论》的出版带来了正义理论的复兴。罗尔斯正义原则的内容由以下两部分构成。其一，"每一个人对于一种平等的基本自由之完全适当体制（scheme）都拥有相同的不可剥夺的权利，而这种体制与适于所有人的同样自由体制是相容的"[①]，即保障市民拥有基本自由的平等权利，称为"平等自由原则"。其二，"社会和经济的不平等应该满足两个条件：第一，它们所从属的公职和职位应该在公平的机会平等条件下对所有人开放；第二，它们应该有利于社会之最不利成员的最大利益（差别原则）"[②]，即允许基于"差别原则"和"机会公正均等原则"的社会经济不平等现象的存在。罗尔斯认为这两个原则处在一种词典式序列中，第一原则优先于第二原则，而第二原则中的"机会公正均等原则"又优先于"差别原则"。简言之，罗尔斯的正义原则以自由原则为基础，在可允许范围内尊重平等原则，因此是一种平等自由主义。

罗尔斯的《正义论》是伦理学说向功利主义发起的挑战，从出版时的社会局势来看，也是对 20 世纪 60 年代制度趋于疲软的福利国家资本主义现实——以美国社会为典型代表——的尖锐批判。《正义论》采取功利主义批判的形式，体现了在根本价值理念的层面探讨重构福利国家的必要性。

---

① ［美］约翰·罗尔斯：《作为公平的正义：正义新论》，姚大志译，中国社会科学出版社 2011 年版，第 56 页。

② ［美］约翰·罗尔斯：《作为公平的正义：正义新论》，姚大志译，中国社会科学出版社 2011 年版，第 56 页。

权利是与功利主义相对应的价值概念，功利主义的主张具有为实现大多数人的幸福而牺牲少数人权利的倾向。福利国家初级阶段也将实现大多数人的幸福作为优先课题，但是在追求这一目标的过程中不受保障的少数人，尤其是贫困人群的存在，迫使人们重新思考这样一个置少数人不顾的社会能否被称为公平的社会。另外，福利国家的危机还体现在经济高速增长的终结与零和博弈背景下炽烈的分配争夺战。因此，有必要从根本上思考作为公正的再分配政策基础的分配正义到底是什么。

罗尔斯正义的基本原则是在自由主义前提下，最大限度地吸收平等主义要素。他的"作为公平的正义"论，纠正了福利国家原理过度倾向于功利主义的问题，通过重构权利理论，促进了福利国家的升级。

（四）自由至上主义

诺齐克与罗尔斯一样具有反功利主义的鲜明立场，但与罗尔斯融合了平等原则与自由原则不同的是，诺齐克的自由至上主义立场更彻底地贯彻了自由原则。诺齐克的自由至上主义，虽在否定福利国家的观点上与弗里德曼的经济自由主义具有共同之处，却将个人自由视为实现经济效率等价值的最终目的而非手段，真正地将自由主义放在了正统地位。

诺齐克继承了洛克的自然权论，主张按照财富的获得、转移和矫正原则获取的权利是绝对的历史权利。因此，诺齐克拒绝认同功利主义和平等主义之类的分配正义论所阐述的将分配结果归为某种类型的结果状态原则。此外，他还反对国家机能超出必要范围造成的对个人权利的侵害，指责国家再分配政策侵犯了个人的自由财产权，认为对收入课税使得个人沦为实现他人目的的工具。

诺齐克的权利理论明确批判了福利国家在谋求增进大多数国民的福利同时所隐藏的牺牲个人权利的风险。此外，在探讨官僚腐败的猖獗、家长式社会政策对个人自律的抑制等福利国家资本主义的弊端时，也有必要听取自由至上主义的主张。不过，由于主张排除个人自由权利以外的一切价值概念，自由至上主义的主张不能成为现实中福利国家政策的替代选项，还只是停留在意识形态的阶段①。

---

① 田中成明：「リバタリアニズムの正義論の魅力と限界：ハイエク，ノージック，ブキャナン」，『法学論叢（京都大学）』1996 年第 4—6 合併号，102 页。

（五）社群主义

以罗尔斯和诺齐克为代表的平等自由主义和自由至上主义的争论，尽管是围绕针对福利国家的不同见解展开的，但两者在确保个人自由优先方面的主张是相同的，因此可以说只是自由主义内部的分歧。而20世纪80年代以来，以哈佛大学政治哲学教授迈克尔·桑德尔（Michael J. Sandel，1953—　）为代表的社群主义的兴起，吸引了人们的注意。这一潮流是在批判性考察自由主义前提的基础上，对自由主义论争的进一步深化。社群主义重视社群的传统和"共同善"（common good），批判功利主义和以个人自由和权利为核心的义务论自由主义。

社群主义抬头的原因同样与现代福利资本主义国家有关。[①] 社群主义者认为福利国家的弊端与其说体现在政治经济方面，不如说体现在人类学方面更为恰当。即市场经济的急速发展与官僚体制的臃肿导致了直接的人类关系的解体，个人由于被孤立而丧失了人类本身的善。这种现象是日本社会当前所面临的问题之一。

面对这种情况，像自由主义那样采取对价值中立的态度，仅在形式上拥护个人权利并不能真正解决问题。功利主义将善还原为福利的最大化，自由主义强调正义的优越性，社群主义则对二者提出了异议，主张尊重不同社会共同的传统、历史和善，还原直接的人类关系，并从中提炼人格的卓越性。这一社群主义主张，与将人类的存在片面等同于功利和权利的自由主义有着明显区别。

不过，尽管社群主义对福利国家进行了尖锐的批判，他们所设想的社群社会与复杂而庞大的现代社会相比过于简单，同时也是不现实的，这是社群主义最大的难点。而自由主义者认真接受了社群主义的批判，并试图在自由主义理论中融入对人格和善的讨论。有学者认为，对社群主义的批判性吸收，能够使自由主义概念更为丰富[②]。从这一角度来看，自由主义与社群主义的争论，实际上是构成自由主义演进历程中不可或缺的一环。

[①] 井上達夫：「共同体論：その諸相と射程」，『法哲学年報』1990年第1989号，6-23页；藤原保信：『自由主義の再検討』，岩波書店1993年。

[②] 井上達夫：「共同体の要求と法の限界」，『千葉大学法学論集』1989年第1号，121-171页。

第二章

日本自由至上主义经济伦理思想

进入 21 世纪以来，日本邮政民营化和特殊法人改革等以"小政府"为目标的结构改革正逐步推进，改革的实施者却被批评没有足够深刻的思想理念，而批评者则多拘泥于"市场原理主义"或"忽视弱势群体"的陈词滥调。可以说无论是改革的支持派还是反对派，都缺乏对改革的认真思考，有学者甚至认为已经到了"放弃思想"的地步。① 尽管如此，日本结构改革的支撑理论在不知不觉中已经由新自由主义转变为包括自由至上主义在内的多元自由主义理论，因此，非常有必要认真探讨自由至上主义学派的经济伦理思想及其对日本经济政策带来的影响。

第一节　日本自由至上主义的发展及现状

20 世纪 90 年代以前，自由至上主义在日本还不受重视，直到新自由主义改革萌芽，自由至上主义才引起了人们的关心，而一桥大学森村进教授颇具独创性的自由至上主义研究也在这一背景下受到日本学界的关注。森村进曾在《自由至上主义读本》（劲草书房，2005）中这样写道："诺齐克将自我所有权视为个人的天赋权利并作为讨论的前提，但他没有对这一权利本身的正当化进行论证。因此，他的自由至上主义被批判为'没有基础的自由至上主义'也是没有办法的。为自由至上主义自我所有权赋予理论基础的工作是由后来的罗斯巴德的《自由的伦理学》和森村进的《财产权的理论》来完成的。"②

20 世纪 90 年代初才兴起的日本自由至上主义，主要代表有立命馆大学副教授大卫·艾思奇（David Askew）和时任一桥大学教授森村进，以及比较年轻的支持者桥本祐子和藏研也。

---

① 橋本努:「日本発リバタリアニズム」,『経済セミナー』2008 年第 7 号。
② 森村進:『リバタリアニズム読本』,劲草書房 2005 年,136 頁。

大卫·艾思奇是澳大利亚人，1985 年进入日本京都大学法学部，1994 年修完博士课程，随后在京都大学和同志社大学法学部任助教和兼职讲师，在澳大利亚莫纳什大学执教五年后，于 2001 年回到日本，进入立命馆亚洲太平洋大学亚洲太平洋学部任副教授。可以说，艾思奇的学术训练和素养都是在日本形成的。艾思奇的自由至上主义研究比森村进稍早，他于 1991 年发表了《哈耶克自由拥护论的界限：以自由至上主义者的言论为线索》（《现代思想》第 19 卷第 12 期），随后又于 1994 年和 1995 年连续发表了《自由至上主义研究序说：围绕最小国家论与无政府资本主义的争论》的第一和第二部分，阐述了对自由至上主义的认识。

艾思奇认为，自由至上主义拥护的是个人的自由放任，而不是经济的自由放任。后者是前者的手段，其自身并不是目的。他从政府的规模和作用以及自由的合理化依据两个方面对现代自由主义者进行了分类。① 一方面，从政府的规模和作用来看，现代自由主义可以分为自由至上主义和古典自由主义，自由至上主义内部又可区分为无政府资本主义和最小国家论。无政府资本主义要求完全废除国家，最小国家论则规定国家只有司法、治安和国防的职能。古典自由主义主张国家还应该负责货币的供给并提供一些福利活动等服务。另一方面，按照自由主义原理的合理化依据，现代自由主义可以分为自然权论、结果主义和契约论三种。艾思奇认为这两种分类方法相对独立，通过相互搭配又可以形成九种不同的立场（见表 2.1）。

表 2.1　艾思奇现代自由主义分类表

		Ⅰ 自然权论	Ⅱ 结果主义	Ⅲ 契约论
自由至上主义	无政府资本主义	穆瑞·罗斯巴德②	弗里德曼父子③	简·纳维森④
	最小国家论	诺齐克	—	—

① Askew David：「リバタリアニズム研究序説（一）：最小国家論と無政府資本主義の論争をめぐって」，『京都大学法学論叢』1994 年第 6 号，50 页。

② 穆瑞·罗斯巴德（Murray N. Rothbard, 1926—1995），美国经济学家、历史学家、自然法理论家，奥地利经济学派知名学者，其著作对现代的自由意志主义和无政府资本主义理论有极大贡献。

③ 弗里德曼父子，即前文提及的诺贝尔经济学奖得主 M. 弗里德曼（Milton Friedman，1912—2006）和其子 D. 弗里德曼（David D. Friedman, 1945—　）。D. 弗里德曼，美国自由意志主义思想家和经济学家，是发展当代无政府资本主义理论的主要人物。

④ 简·纳维森（Jan Narveson, 1936—　），加拿大当代自由至上主义哲学家，出生于美国明尼苏达州，无政府资本主义和社会契约论支持者，其自由至上无政府主义思想受到诺齐克的重要影响。

	Ⅰ 自然权论	Ⅱ 结果主义	Ⅲ 契约论
古典自由主义	罗宾·保罗·马洛伊①	哈耶克	詹姆斯·M. 布坎南②

资料来源：Askew Daivd「リバタリアニズム研究序説（一）：最小国家論と無政府資本主義の論争をめぐって」,『京都大学法学論叢』1994 年第 6 号，51 頁。

艾思奇认为在上述分类当中，只有无政府资本主义和最小国家论属于自由至上主义。因为自由至上主义不认为市场的自然占有是强制，而古典自由主义认为在交换市场仍然存在强制，并允许政府对此予以修正。③ 换言之，古典自由主义者认为，为了获得某种自由，有必要抑制其他的自由。也有学者对此持不同意见，认为古典自由主义才是自由至上主义的主流，艾思奇所说的无政府资本主义和最小国家论都只是暂时的例外④。

不过，艾思奇后来改变了研究方向，除 1997 年发表的《个人生活的自由放任主义：从〈百辩经济学〉中汲取灵感》⑤ 和 2000 年的一篇《伦理的自由至上主义》⑥ 外，他在自由至上主义研究领域再没有其他特别的成果。

一桥大学法学教授森村进是日本现代著名法学家碧海纯一（1924—2013）的学生，最早研究方向是古代希腊的刑罚观，曾出版专著《希腊人的刑罚观》（木铎社，1988）。后来森村转向法学和伦理学的交叉研究，与小林公合译出版了赫伯特·哈特（Herbert L. A. Hart，1907—1992）的《权利、功利与自由》（木铎社，1987），与岛津格等人合译了英国著名政治哲学家麦克·奥克肖特（Michael

---

① 罗宾·保罗·马洛伊（Robin P. Malloy，1956—　），现任美国塞洛库斯大学经济分析法学教授，在法律与经济学的交叉领域做出了重要贡献，着重探讨法律制度如何影响经济行为和市场效率。

② 詹姆斯·M. 布坎南（James M. Buchanan，1919—2013），美国经济学家，1986 年诺贝尔经济学奖获得者。

③ Askew Daivd：「リバタリアニズム研究序説（一）：最小国家論と無政府資本主義の論争をめぐって」,『京都大学法学論叢』1994 年第 6 号，55 頁。

④ 福原明雄：「リバタリアニズムにおける『古典的自由主義』カテゴリー」,『法学会雑誌』2013 年第 1 号,590 頁。

⑤ Askew Daivd：「私生活自由放任主義：『擁護できないものを擁護する』を手がかりに」,『政治経済史学』第 373 号，24-43 頁。

⑥ Askew Daivd：「第 4 章　倫理的リバタリアニズム」，有賀誠他編，『ポスト・リベラリズム：社会的規範理論への招待』，ナカニシヤ出版 2000 年。

J. Oakeshott，1901—1990）的《政治中的理性主义》（劲草书房，1988），后参与翻译约翰·麦基（John L. Mackie，1917—1981）的《伦理学：创造道德》（清水弘文堂，1990）等，这些译著为森村以后的研究奠定了扎实基础。他在出版《权利与人格：超个人主义的规范理论》（创文社，1989）时将自己的观点定义为"超个人主义的规范理论"，不过书中主要探讨的还是在法哲学范畴之内的自我所有权。

1990 年至 1992 年，森村在哈佛大学做客座研究员时遇到了英国哲学家德里克·帕菲特（Derek Parfit，1942—2017），帕菲特的思想对森村的研究产生了重要影响。自此，森村更加坚定了自己走自由至上主义道路的决心，研究范围也扩大至经济学领域。回日本后，森村与樱井澈合译出版了艾伦·瑞安（Alan J. Ryan）的《所有》（昭和堂，1993），后又与森村玉树合译出版了乔纳森·沃尔夫（Jonathan Wolff）的《诺齐克：财产、正义和最小国家》（劲草书房，1994）。在随后出版的著作《财产权的理论》（弘文堂，1995）中，森村详细阐述了自由至上自我所有权的范围、制约条件及其与自由主义"自我所有"的区别，并探讨了自我所有权命题对于财产权实践的重要性。1997 年，森村获得一桥大学法学博士学位，并出版博士论文《洛克所有论的再生》（有斐阁，1997），同年参与翻译出版诺齐克的《哲学解释》（青土社，1997），次年单独翻译出版帕菲特的《理由与人格》（劲草书房，1998）。

2001 年，《自由可能的界限》（讲谈社）的出版标志着森村进自由至上主义体系的初步完成，森村在书中参考了艾思奇对现代自由主义的分类，明确表示自己是自然权论的古典自由主义者①。按照森村的分类，艾思奇的现代自由主义分类表可以修改为下表（表 2.2）。

表 2.2　森村进现代自由主义分类表

		Ⅰ 自然权论	Ⅱ 结果主义	Ⅲ 契约论
自由至上主义	无政府资本主义	罗斯巴德	D. 弗里德曼 竹内靖雄	简·纳维森
	最小国家论	诺齐克	兰迪·巴奈特②	—

---

① 森村进：『自由はどこまで可能か』，講談社 2001 年，23 页。

② 兰迪·巴奈特（Randy E. Barnett，1952—　），美国律师，乔治城大学法学院的法学教授，曾提出主张自由意志主义的法学理论，著有契约理论、宪法相关作品。

	Ⅰ 自然权论	Ⅱ 结果主义	Ⅲ 契约论
古典自由主义	洛克 托马斯·杰弗逊① 森村进	米塞斯② 哈耶克斯密、 M·弗里德曼	詹姆斯·M. 布坎南 大卫·高希尔③

资料来源：森村进『自由はどこまで可能か』，講談社 2001 年，23-25 頁。

不过，森村补充指出，上述分类方法并非万能，如纳尔森就没有表明自由至上主义者承认国家职能的程度，而且，国家与非国家、最小国家与大国家之间的界限原本就比较模糊④。

2003 年，森村参与翻译出版了穆瑞·罗斯巴德的《自由的伦理学：自由至上主义的理论体系》（劲草书房）和 D·弗里德曼的《自由的机制》（劲草书房）。

2004 年 11 月，日本法哲学会年会在广岛大学召开，该年会的主题为"自由至上主义与法理论"，来自法学、社会学、经济学等领域的多名学者围绕自由至上主义的"自我所有"原则、自由和福利国家等话题展开了激烈的讨论。森村的报告介绍了自由至上主义的类型和概观，并从自由至上主义的基本视角出发阐述了其关于人性、自由和分配正义的观点。北海道大学的桥本努（1967— ）教授受哈耶克的启发，从"成长论自由主义"的独特立场出发，批判了诺齐克、罗斯巴德和森村的自然权论自由至上主义，主张对积极自由的拥护。立命馆大学教授立岩真也从"平等的自由"的角度对自由至上主义尤其是洛克的所有理论进行了批判，并表明自己将全人类作为分配范围的全球化平等主义主张，与其他停留在国家或共同体内部的平等主义相比更加彻底。

针对以上来自不同角度的批判，森村于 2006 年和 2007 年连续发表了《关于自由主义平等主义对自由至上主义批判的探讨》（《一桥法学》第 5 卷第 1 期）、《自我所有权论的拥护：答批判者》（《一桥法学》第 5 卷第 2 期）和《分配平等

① 托马斯·杰弗逊（Thomas Jefferson，1743—1826），第三任美国总统（1801—1809），美国《独立宣言》的主要起草人，美国开国元勋中最具影响力者之一。

② 米塞斯，奥地利裔犹太美国人，经济学家、历史学家、哲学家、作家，现代自由意志主义运动的主要领导人，也是一位积极促进古典自由主义复兴的学者，被誉为"奥地利经济学派的院长"。

③ 大卫·高希尔（David Gauthier，1932—2023），美国匹兹堡大学哲学教授，当代西方道德契约论的主要代表人物之一。

④ 森村进：『自由はどこまで可能か』，講談社 2001 年，25 頁。

主义的批判》(《一桥法学》第6卷第2期)三篇文章，对自我所有权的批判者和分配平等主义者予以强烈的反击，坚持劳动所有和国家最低限度福利的观点。此外，他还出版了《自由至上主义读本》(劲草书房，2005)、《自由至上主义的多面体》(劲草书房，2009)，介绍了斯密的《国富论》、哈耶克的《通往奴役之路》、米塞斯的《人类行为》等25部自由主义相关的著作，翻译了德沃金的《原则问题》(岩波书店，2012)。2013年，森村将此前发表的文章整理汇总，出版了法哲学论文集《自由至上主义者如此认为》(信山社)，作为对此前研究的总结。

桥本祐子，现任龙谷大学法学教授，是近年来日本自由至上主义的一颗新星，代表作为《自由至上主义与最小福利国家》(劲草书房，2008)。桥本祐子最独特的观点在于承认福利的积极权利，拥护提供人类必要的最小福利的福利国家，即"最小福利国家"。她的这一立场，一方面不同于传统自由至上主义者，一方面又与平等主义相对立，需要同时面对来自这两方面的批判。

藏研也毕业于东京大学，在加利福尼亚大学圣地亚哥分校获博士学位后，任岐阜圣德学园大学副教授。2022年退休后，他转而负责管理自由主义研究所。一般的"平民的自由主义者"是快乐主义者，很少思考一旦快乐成为合理正义行为后会引发的后果，藏是例外。他是一个无政府资本主义者，将自由至上主义视为绝对理想，同时也能够意识到这一理想背后的负面结果。藏在《自由至上主义者宣言》(朝日新闻社，2007)和《不需要国家》(洋泉社，2007)中，从医疗、公共年金、义务教育等方面介绍了日本结构改革的现状，认为日本现行政策没有通过政府的介入解决"格差"(即社会不平等)问题，同时也没有达到保护弱者的目的，而无政府主义才是未来理想社会。在翌年出版的《无政府社会与法的进化》(木铎社，2008)中，藏指出，他所构想的无政府社会存在的前提是人类遗传基因的利己性和自由主义经济的效率性，通过分析日本司法和制度的现状，他认为在无政府社会中，警察和司法都可以通过警备公司来实现，因为"警察和司法并不是只有拥有国家强制力才能够实现的，这些行为由国家来实现也并非是效率的，目前无法解决的只有国防问题"①。

除上述学者外，还有一些学者，如成蹊大学经济学教授竹内靖雄、文艺评

---

① 藏研也：『無政府社会と法の進化』，木鐸社2008年，206頁。

论家笠井洁、学习院大学法学教授桂木隆夫等，尽管并没有明确表示自己是否支持自由至上主义，但也出版了自由至上主义相关著作，如竹内靖雄的《市场的经济思想》（创文社，1991）、《国家与神的资本论》（讲谈社，1995），笠井洁的《国家民营化论》（光文社，1995）、桂木隆夫的《市场经济的哲学》（创文社，1995）等。

第二节　森村进的经济伦理思想

森村进是日本自然权论自由至上主义的代表，被誉为日本自由至上主义理论研究第一人。与洛克和诺齐克一样，森村认为人拥有若干自然权利，包括生命权、自由权和财产权，这些权利从根本上不应受到他人（包括国家）的侵犯、干涉或强制。但是，森村强调"基于自我所有权的自由非常重要，却也不能忽视'要消灭因非自我责任而陷入极端悲惨境地的情况'这一人道主义的考虑"[1]，他认可为保障最低生活的财富再分配，并认为"可以冠之以'分配正义'之名"[2]。因此，森村进自由至上主义的经济伦理思想可以从劳动自我所有、再分配的正义原则以及对福利国家的批判三个方面进行考察。

一、"劳动自我所有"的正当性

自我所有（self-ownership）亦称自我所有权，或自我所有原则（self-ownership thesis），是自由至上主义的核心概念之一。它主张个人拥有对自己的身体和能力的最高控制权利，并免受他人和政府的支配。森村进在《财产权的理论》一书中，将自我所有权分为"狭义的自我所有权"和"广义的自我所有权"，两者的具体内涵包括以下内容。

"狭义的自我所有权"指"对个人的身体和自由的权利"[3]，即每个人都是他自己的身体的所有者，只有自己有权支配自己的身体、生活和自由，对此他人

---

① 森村進：「リバタリアンが福祉国家を批判する理由」，塩野谷祐一、鈴村興太郎、後藤玲子編，『福祉の公共哲学』，東京大学出版会 2004 年，154 頁。

② 森村進：「分配的平等主義の批判」，『一橋法学』2007 年第 2 号，606 頁。

③ 森村進：『財産権の理論』，弘文堂 1995 年，19 頁。

是不得干涉的。从内容上来看，狭义的自我所有权与诺齐克的身体所有权是一致的。在《自我所有权论的拥护》一文中，森村进将这一定义重新表述为"对自己人身、消极的自由和活动的权利"①，用"消极的自由"来表达狭义自我所有权中个人对自己的身体所享有的自由的范围，即以尊重他人权利或者不侵犯他人权利为前提，亦即他人的权利范围决定了对个人行为活动的约束范围。

"广义的自我所有权"指"狭义的自我所有权及由此导出的财产权的总称"②，即"在狭义的自我所有权基础上还包括了对无主物先占以及通过市场交易获得的劳动产物和劳动价值的财产权"③。森村进的广义的自我所有权即诺齐克的"身体自我所有"与"财产（劳动）自我所有"权利之综合。原则上，财产的自我所有权与身体的所有权一样，不受他人、社会和国家的干涉，国家不能对其进行强制分配。

森村进认为，"狭义的自我所有权"即"身体自我所有"的正义是依据人们的"道德直觉"得出的，是不证自明的。为说明这一观点，他引用了哈里斯（John M. Harris，1945—　）的"生存彩券"（survival lottery）思想实验，即在器官移植技术大大提升的前提下，社会成员中健康的人要进行抽签，被随机抽取的当选者须给病人提供健康的器官。如此，牺牲一个人的健康可以帮助两个以上的病人，所以会有远多于现在的人能够长寿（因自己不注重养生而得病的人是自作自受，不能成为器官移植的受益者）。森村指出几乎没有人支持这一提案，因为"人们都相信即使病人会因为没有接受器官移植而死亡，也没有要求别人提供器官的权利。享有身体支配权的只有本人别无他人"④。他还反问道："如果你现在觉得对自己的身体享有排他的权能，那么从道德直觉上你不也会觉得别人对他自己的身体享有同样的权能吗？"⑤ 由此，森村通过基于道德直觉的反证法证明了"身体自我所有"的正义。

与"身体自我所有"相同，森村认为"劳动自我所有"也是已经被大多数人无意识地接受的直觉，因为从价值创造的角度来看，个人对自己身体生产的

①　森村進：「自己所有権論の擁護：批判者に答える」，『一橋法学』2006 年第 2 号，418 頁。
②　森村進：『財産権の理論』，弘文堂 1995 年，19 頁。
③　森村進：「自己所有権論の擁護：批判者に答える」，『一橋法学』2006 年第 2 号，418 頁。
④　森村進：『自由はどこまで可能か』，講談社 2001 年，50 頁。
⑤　森村進：「自己所有権論の擁護：批判者に答える」，『一橋法学』，2006 年第 2 号，422 頁。

价值的承载物享有权利。森村在肯定"自我所有"的直觉论证的同时，也从反向对"自我所有"原则进行了论述。人们一般认为自己制造的损失不能强加于他人，必须自己承担责任，这是公正的。而损失其实是负的价值，那么，为了保证意见的一致，就必须承认个人对自己创造的（正）价值也享有权利。① 从自由的角度来看，"人类的大多数活动不会现在就结束，而将持续到未来，因此个人自由的范围不仅包括其现在支配的对象（受身体所有权保护），还包括持续中的活动的对象"②。也就是说，个人对自己现在所有的物品享有权利，对劳动创造的将来可能所有的物品也有享受权利的自由。此外，森村还从哲学、法律、语言文字和马克思主义四个方面进行了论证。

第一，支配事物的实际能力与规范的所有权之间存在密切的联系。森村引用了日本著名哲学家河野哲也（1963—　）的部分观点来证明自己的这一论断。河野将"所有"区分为"自然所有"和"社会所有"，前者即"由控制事物的能力产生的该事物属于自己的感觉（自我归属感）"，后者指"受他人关系限制的感觉"，且"自然所有先于社会所有。自然所有中的'自己''我'是与周围环境对比而独立出的自己，并非与他人对比区分出的自己。正如动物即使没有其他动物的存在也能够意识到自己的身体"。③ 森村认为，如果能接受河野的这一观点，社会性地承认"自然所有"（支配事物的实际能力）就是承认了基于自我所有权的"社会所有"（规范的所有）。

第二，日本宪法第13条将"追求生命、自由和幸福的权利"视为人权之一。生命、自由和幸福自然是追求者本人的（没有人说过个人有追求他人生命、自由和幸福的权利），那么如果个人有追求自己幸福的权利，就应该对个人为追求幸福而生产的物品享有权利，否则个人的生产活动对于追求幸福就毫无意义了。简言之，肯定追求幸福的权利，就是承认"对自己身体和能力的使用及其成果的官方的道德权利"。森村进还指出了日本民法对劳动所有的支持依据："按照自我所有原则，（劳动所有权）并非由身体所有衍生出来的权利，而是包含在身体所有权之中的权利，……适用于关于物的成果归属的（民法）

---

① 森村進：『自由はどこまで可能か』，講談社 2001 年，75-76 頁。
② 森村進：『財産権の理論』，弘文堂 1995 年，53 頁。详细论述参见该书第 51—59 頁。
③ 河野哲也：『＜心＞は体の外にある：「エコロジカルな私」の哲学』，日本放送出版協会 2006 年，222 頁。

第 89 条第一项①。或者从广义上理解'成果'的话，可以对应第 206 条②所有权内容中的收益权。"③

第三，从语言哲学的角度看，日语中普遍使用的"稼ぐ"（赚钱）一词体现了劳动所有原则。《广辞苑》对这一词汇的解释是"働いて金を得る"（通过劳动获得收入）。森村认为，如果人们对通过自己的劳动获得的收入不享有道德的权利，那么"稼ぐ"就应该使用"得る"（得到）、"手に入れる"（入手）等道德中性的词汇。而且在实际生活中，"稼ぐ"指通过正当劳动获得利益。日语使用者不加引号地使用这一词汇就表明他们接受了劳动所有论。森村还指出英语中"earn"一词的使用也是同样道理。

第四，马克思主义之所以在 19 世纪后半叶到 20 世纪末给世界带来巨大影响，在于其将劳动所有权论作为批判资本主义剥削的依据。马克思在《资本主义生产以前的各种形式》中曾说："财产最初无非意味着这样一种关系：人把他的生产的自然条件看做是属于他的、看做是自己的、看做是与他自身的存在一起产生的前提；把它们看做是他本身的自然前提，这种前提可以说仅仅是他身体的延伸。""既然生产者的存在表现为一种在属于他所有的客观条件中的存在，那么，财产就只是通过生产本身才实现的。实际的占有，从一开始就不是发生在对这些条件的想象的关系中，而是发生在对这些条件的能动的、现实的关系中，也就是这些条件实际上成为的主体活动的条件。"④ 森村认为，马克思想要表达的意思即"财产产生于属于自己的现实生产活动（生产的自然条件的关系行为），是身体的延伸"，因此，"单从这篇文章来看，马克思是劳动所有权论的支持者"⑤。森村还指出，尽管现代分析马克思主义者认为"马克思只考虑了肉体劳动者创造的价值财富，忽视了脑力劳动者、商人和企业家等人也在创造价值"，并得出传统马克思主义剥削理论是错误的结论，但"这并不代表他们推翻了'个人对自

---

① 日本民法第 89 条第 1 项规定：天然孳息，自其与原物分离之时起，属于收取权利人。参见《日本民法典》，王书江译，中国法制出版社 2000 年版，第 20 页。

② 日本民法第 206 条规定：所有人于法令限制的范围内，有自由使用、收益及处分所有物的权利。参见《日本民法典》，王书江译，中国法制出版社 2000 年版，第 40 页。

③ 森村進：「自己所有権論の擁護：批判者に答える」，『一橋法学』2006 年第 2 号, 423 頁。

④ 中共中央马克思恩格斯列宁斯大林著作编译局：《马克思恩格斯文集（第八卷）》，人民出版社 2009 年版，第 142 页、144 页。

⑤ 森村進：「自己所有権論の擁護：批判者に答える」，『一橋法学』2006 年第 2 号, 450 頁。

己的劳动力享有权利'这一基本规范主张"。① 森村的这一观点混淆了劳动与劳动力，所以略显牵强。

针对森村的观点，一些学者展开了批判。例如，桥本努从成长论的自由主义的观点出发，对自我所有权进行了批判。桥本认为，自我所有权型自由至上主义并非对全部财产和所有物都予以关注，各种财产也并非都有相应的"自我所有"原则基础。桥本还指出，森村的"自我所有"正义的依据（生理直觉）与自由至上主义所拥护的身体处分权有可能会发生冲突。他还进一步提出，应该从"身体器官""四肢"和"劳动"三个层面对身体的支配权进行区别考察。②

立岩真也认为，森村进从身体所有推导出劳动所有缺乏合理的依据，因为对身体的权利和对其产物的权利是不同的概念，由对身体的权利并不能推导得出对该身体可能的行为或行为结果的权利。立岩还认为，自由至上主义的财产所有不能保证所有人的自由，或者说，其在保障某个人的自由的同时妨碍了他人的自由，所以并非对所有人都是正义的。③

二、"不患不均而患贫"的再分配原则

森村进一方面肯定身体自我所有权的绝对性，认为政府没有充分补偿地强制占有人们正当的交易和劳动所得是一种剥削，另一方面又明确指出广义的自我所有权由于自身范围的不明确性，以及出于对最低限度生存权的人道主义考虑，在一定程度上是受到制约的。他借用了洛克的观点，认为"正如正义给予每个人以享受他的正直勤劳的成果和他的祖先传给他的正当所有物的权利一样，'仁爱'也给予每个人在没有其他办法维持生命的情况下以分取他人丰富财物中的一部分，使其免于极端贫困的权利"④。因此，"这种最低生活保障的再分配（对自我所有权）的制约是正义的"⑤。这种不同于诺齐克坚持反对任何形式的国

---

① 森村進：「自己所有権論の擁護：批判者に答える」，『一橋法学』2006 年第 2 号，449 頁。

② 橋本努：「自己所有権型リバタリアニズムの批判的検討」，『法哲学年報 2004』，有斐閣，18-29 頁。

③ 立岩真也：「自由はリバタリアリズムを支持しない」，『法哲学年報 2004』，有斐閣，48 頁。

④ ［英］约翰·洛克：《政府论（上篇）》，瞿菊农、叶启芳译，商务印书馆 1982 年版，第 36 页。

⑤ 森村進：「分配的平等主義の批判」，『一橋法学』2007 年第 2 号，606 頁。

家再分配的"持有正义"、在主张"自我所有"的同时又认可一定程度再分配的正义观,具体表现在如下两个方面。

第一,再分配的依据是"不患不均而患贫"。森村进认为,个人自由行为的结果产生的不平等,不论衡量尺度是效用、资源、可得利益（access to advantage）还是其他,都不被视为不正义。以经济平等为目的的分配,是为了受益者的利益而对承担者进行剥削,是不公正的。因此,森村强调"人道主义的考虑关心的是每个人的绝对生活水平,而不是平等主义所主张的与其他任何人的相对关系"①。这种观点与著名伦理学家哈里·法兰克福特（Harry G. Frankfurt,1929—2023）② 的"充分性学说"（the doctrine of sufficiency）③ 有异曲同工之妙。法兰克福特的"充分性学说"认为,分配的公平只是对个人需求的满足,与同他人的相对差别无关。"一般而论,经济平等并不具有特别的道德重要性。从道德的观点看,就经济财货的分配而言,重要的不是每个人都应该具有相同的,而是应该具有足够的。如果每个人都有了足够的,一些人是否比其他人得的更多,这没有任何重要的道德后果。"④ 并且,这种"足够"满足的不是无限制的欲望,而是基于一个既定的标准。

不过,森村进与法兰克福特在再分配的标准上观点并不一致。森村考虑的再分配只是为绝对生活水平差的人提供最低生活保障,即保障最低生活的福利。这种标准与社会整体的平均生活水平无关,整体水平的提高仅仅有可能使绝对贫困的人数减少,但并不妨碍他们获得福利,也不能使他们获得更多福利。因为"福利并不是从天而降的,而是来源于没有任何错误的人们的财产,因此它的正当化必须有强有力的根据。健康的文化的最低限度的生活就是这样的根据"⑤。而法兰克福特则指出,"充分性学说的观点并不是认为,就钱而言在道德

---

① 森村進:「分配的平等主義の批判」,『一橋法学』2007 年第 2 号,612 页。

② 哈里·法兰克福特,美国著名哲学家、伦理学家,普林斯顿大学名誉教授,1987 年发表论文"Equality as a Moral Ideal"批判经济平等主义。2005 年因出版《论扯淡》（On Bullshit）一书而名声大噪,引起广泛讨论并获肯定。

③ Frankfurt, H.（1987）. Equality as a Moral Ideal. Ethics, 98（1）, 22.

④ ［美］哈里·法兰克福特:《作为一种道德理想的平等》,载葛四友,《运气均等主义》,江苏人民出版社 2006 年版,第 177 页。

⑤ 森村進:「リバタリアンが福祉国家を批判する理由」,塩野谷祐一、鈴村興太郎、後藤玲子編,『福祉の公共哲学』,東京大学出版会 2004 年,155-156 页。

上唯一重要的分配考虑就是人们是否有钱避免经济苦楚"，因为"人们通常并不满足于勒紧裤腰带过日子，……一个仅仅勉强度日的人可以自然且恰当地说，根本就不具有足够的"。① 由此看来，森村自由至上主义对福利的许可标准要低于充分性学说所要求的再分配标准。

第二，森村进反对"各尽所能，按需分配"。"各尽所能，按需分配"是马克思对共产主义社会高级阶段分配原则的经典概括，描绘了高效率基础上的大公平。在共产主义社会的高级阶段，政党、国家、阶级已经不复存在，劳动成为生活的第一需要，人们在劳动中可以获得极大的自由与乐趣，"任何人都没有特殊的活动范围，而是都可以在任何部门内发展，社会调节着整个生产，因而使我有可能随自己的兴趣今天干这事，明天干那事"②。而森村认为，直接获得自己劳动成果的人要比接受分配的人有更强烈的生产动机，与实行大规模的平等主义财产分配的社会相比，在自由至上主义的自由市场经济社会，大部分人的绝对生活水平更高，尽管人与人之间相对的经济收入差距可能更大，但是后一种社会的低收入者应该比前一种社会的低收入者的生活要好。因为"自由市场经济中，通过企业家创造给其他人带来更大利益的人会得到更多的利益，社会中的相对低收入者也可以从高收入者的生产经济活动中直接获得利益"③。这符合正义所追求的个人幸福和该社会所有人幸福增加的愿景。

三、政府最低限度的社会保障

大多数自由至上主义者不承认公共社会保障的必要性，主张依靠民间机构而不是政府来解决社会保障问题，他们认为，即使没有依靠税收来维持的福利和公共服务，因个人财产或能力不足而无法维持生计的人们，也可以通过民众自发的支援和民间机构获得帮助。因为在福利国家成立以前，就是靠这些民间的扶助组织和慈善团体为贫困提供保障的，只是在福利国家成立以后，社会保障才被认为是政府的责任，而民间团体的活动却逐渐萧条。甚至可以说，是政

---

① ［美］哈里·法兰克福特：《作为一种道德理想的平等》，载葛四友，《运气均等主义》，江苏人民出版社 2006 年版，第 189 页。

② 中共中央马克思恩格斯列宁斯大林著作编译局：《马克思恩格斯文集（第一卷）》，人民出版社 2009 年版，第 537 页。

③ 森村進：「自己所有権論の擁護：批判者に答える」，『一橋法学』2006 年第 2 号，458 頁。

府的社会保障减少了自由社会中人们的利他行为。因此，有自由至上主义者批判"社会保障导致现代福利国家低效率官僚制度的臃肿，政府过度干预生活"①。

但是，森村进批评持有上述观点的自由至上主义者过于夸大人类的利他性，主张自由主义应该承认政府最低限度的社会保障，具体原因如下。

其一，民间组织能够提供的社会保障有限，无法满足所有的需要。森村认为对是否需要最低生活保障的判断"与自我所有权一样，应该诉诸道德直觉，如果没有国家，那么为生活贫困的人提供援助就是生活富裕的人们的义务"②。事实上，许多自由至上主义者，尤其是无政府主义者认为，在没有政府的社会，如果相互扶助和贫困者救济的组织足够发达，那么所有人都能够生存下去。森村表示他自己并不反对这种观点，但是他仍然强调有必要在立法层面保证最低限度的生存权。因为，尽管与不考虑个人实际情况和价值观的公共保障相比，自助的、私人的相互保障更能给大部分人带来满足，在非个人原因导致的、仅凭个人能力和财富无法生存的情况下，民间的扶助组织和慈善团体无法保证能对所有需要帮扶的人施以救助。因此，作为最后的保障，有必要将政府的公共保障正当化。

其二，政府有责任从人道主义的角度保障公民的生存权。如果把个人的道德权利仅视为纯粹的自我所有权，那么就很难实现国家社会保障的正当化。但是，自我所有权并非自然权，必须从人道主义的角度保障最低限度的生存权，考虑到这一点，国家社会保障的正当化就具有了说服力。森村认为，洛克在《政府论》中描述的"仁爱"使人们免于极端贫困的例子是政府成立以前的状态，政府出现后，政府就背负了保障生存权的责任和义务。③ 不过，森村强调政府应当承担的责任是指日本宪法第25条中所说的国民都应享有的"最低限度的健康的和有文化的生活权利"的保障，并不包括公共年金、雇佣保险（失业保险）和医疗保险。

综上所述，森村进的正义观是一种多元的自由至上主义正义观，他继承了诺齐克的持有正义，肯定身体自我所有权的绝对性，用道德直觉的伦理学方法论证了"身体自我所有"和"劳动自我所有"的正义，并且汲取了洛克"个人

---

① 森村進：『自由はどこまで可能か』,講談社 2001 年,196 頁。
② 森村進：『自由はどこまで可能か』,講談社 2001 年,45 頁。
③ 森村進：『自由はどこまで可能か』,講談社 2001 年,197 頁。

有免于极端贫困的权利"的观点，从人道主义的角度，支持政府保障最低生活的福利。同时，森村也提出不能忽视结果主义的考量。他说道："如果自我所有权使得人们的生活变差，那么我承认这种权利意识是不合理的。或者说我对自由至上主义的支持是出于自我所有权的直觉的权利意识和市场经济所带来的生活的富裕程度相互结合的考虑。"①

第三节　桥本祐子的经济伦理思想

桥本祐子毕业于日本同志社大学，是日本当代自由至上主义的支持者之一。她所倡导的自由至上主义，是包括古典自由主义在内的广义的自由至上主义，一方面主张古典自由主义的国家观，一方面采取自然权论和结果主义对自由的认定方法。桥本之所以选择古典自由主义，有以下两个理由：其一，希望弄清楚古典自由主义的观点到底是什么；其二，希望弄清楚被认为是"自由至上主义"的观点中不可或缺的古典自由主义的成分是什么。② 她的"最小福利国家"构想的依据也是只承认"有限政府"（limited government）的古典自由主义观点。

一、"有限政府"的含义

桥本祐子对"最小福利国家"的定义是："保障对最小福利的权利，但是不认可超出这一范围的、以缩小经济差距为目的的再分配。"③ 这种最小福利国家"比只拥有治安、司法和国防的正统政府职能的最小国家（"守夜人"国家）要大，又比为实现社会实质平等而进行所得再分配的扩张主义福利国家要小"④。桥本将这种政府视为提供包含最低生活保障在内的一定的公共财富的"有限政府"的一种形态。那么，为什么是"有限政府"呢？桥本将这一问题置换成

---

① 森村進：「自己所有権論の擁護：批判者に答える」，『一橋法学』2006 年第 2 号，459 頁。

② 橋本祐子：『リバタリアニズムと最小福祉国家』，勁草書房 2008 年，序章。

③ 橋本祐子：『リバタリアニズムと最小福祉国家』，勁草書房 2008 年，9 頁。

④ 橋本祐子：『リバタリアニズムと最小福祉国家』，勁草書房 2008 年，19 頁。

"为什么政府必须是有限的"和"政府既然是有限的，为什么又是必要的"两个问题，从政府存在的正当性和无政府主义的缺陷两个方面论证了"有限政府"的必要性。

（一）"有限政府"的必要性

一方面，提供公共物品的政府的存在是合理的。所谓"公共物品（public goods）"，是指"在消费上不具有排除可能性和竞争性"的物品，我们"不能阻止人们使用一种公共物品，而且，一个人使用一种公共物品并不会减少另一个人对它的使用"①。这种公共物品供给的必要性往往被认为是政府存在正当性的根据。如麦克·泰勒（Michael Taylor，1942— ）就认为"最具说服力的国家的正当化，就是如果没有国家人们就不能协力实现共同利益，尤其是不能提供某种公共物品"②。而戴维·施密茨（David Schmidtz，1955— ）对此提出异议，认为能够提供公共财富并不能构成国家存在合理的直接依据，因为当代政治哲学的证成方法包括"目的论证成"（teleological justification）和"自生证成"（emergent justification）。③ 具体而言，"目的论证成"是指从"要实现什么"的结果观点的角度证成某种制度的进路。换言之，即在确定某一目的的正当性之后，通过比较不同政府形态实现目的的方式来证成。"自生证成"是某一制度产生过程的性质的证成进路，旨在追问国家出现的过程和起源。施密茨是利用"目的论证成"方法来证明国家的合理性的，他指出，在公共财富生产的"囚徒困境"模型中，自发性资金供给可以通过保险契约来解决"搭便车问题"和"保险问题"，但是，由于存在"诚实的反对者"（honest holdouts）即拒绝参与博弈的人，不能要求这些人自发完成公用财富的供给，而这时就必须通过强制的方法来避免"搭便车者"的出现。④ 桥本赞同施密茨的这一观点，但她同时强调由于政府在行使强制力时有可能出现"政府失灵"，自由市场也有"市场失灵"

---

① ［美］曼昆：《经济学原理（微观经济学分册）》，梁小民、梁砾译，北京大学出版社2009年版，第233页。

② Taylor, M. （1987）. *The Possibility of Cooperation.* Cambridge：Cambridge University Press, 1.

③ Schmidtz, D. （1991）. *The Limits of Government：An Essay on the Public Goods Argument.* Boulder：Westview Press, 2-14.

④ Schmidtz, D. （1991）. *The Limits of Government: An Essay on the Public Goods Argument.* Boulder：Westview Press, 55-79.

的可能，因此"无论是对政府还是自发性机制都必须保持怀疑主义的态度，这也是追求政府与市场平衡的古典自由主义的重要原则之一"①。

另一方面，无政府主义不具有合理性。桥本运用了反证法，通过对无政府主义的批判，揭示无政府主义的不可实现性，来证明有限政府存在的必要性。无政府主义最早可以追溯到19世纪初，是一种否定国家权力的思想，从国家职能的代替形式来看，可以分为重视共同体的共同体无政府主义和重视市场的无政府资本主义。因此，桥本的批判也是从这两种无政府主义的角度展开的。

其一，共同体无政府主义的特点在于不否定"权力"和"权威"的存在，因为"权力"和"权威"对社会秩序的维持而言是必要的，然而这两个要素并非必须通过国家的形态来实现，也可以通过共同体的形态实现②。桥本认为，一方面，共同体无政府主义的这一主张只有在成员具有共同的信念和价值观，成员之间具有直接且多种关系，具有相互扶助、协同、共有的相互性的共同体中才能实现，不适用于所有的共同体。换言之，能够代替国家职能的共同体要求成员之间相互认识、关系紧密。但是，由于现代社会的复杂性和多样性，这一替代关系很难实现和维持。如在经济显著不平等的共同体中，成员之间很难拥有同样的价值观，更不用说建立平等的相互关系。另一方面，不能否认与国家类似的机关出现的可能性。共同体中的年长者或有能力者会成为共同体的领导成员，并极有可能掌握权力和权威，这样的共同体与国家在本质上是没有区别的。此外，理想的共同体规模不能太大，因此会产生多个共同体，这些共同体又可能通过兼并等方式最终形成大规模的共同体，由此一来，国家与共同体之间的界限就模糊了。共同体无政府主义为代替国家职能而建立的共同体反而具有拟国家化的倾向③，这与无政府主义的初衷相悖。

其二，无政府资本主义主张国家职能的民营化可以使国家解体，原本来源于国民税收的公共物品，就可以通过市场来实现。例如，土地、河流等成为特定的个人或团体的私有财产，只有与财产所有者建立契约的人才具有使用资格，因此就避免了"搭便车"现象。司法、治安等服务则由市场中的专业机构如裁

---

① 橋本祐子：『リバタリアニズムと最小福祉国家』，劲草書房 2008 年，45 頁。

② Taylor, M.（1982）. Community, Anarchy and Liberty. Cambridge：Cambridge University Press, 10-25.

③ 橋本祐子：『リバタリアニズムと最小福祉国家』，劲草書房 2008 年，49-51 頁。

判公司、法律执行公司等提供。无政府资本主义认为，可以通过安装特殊装置，如高速公路的自助收费机，来区别缔结契约的使用者和"搭便车者"，以此来克服公共财富的非排他性。桥本指出，这种方式具有局限性，不仅对未来科技发展的依赖度过高，而且未能妥善解决如国防问题等难以通过消费与否来区分受益者的公共问题。另外，无政府资本主义认可"模拟国家"的可能性较大。市场竞争的结果会导致垄断保护机关的出现，为避免签约顾客与没有同任何保护机关建立契约的独立人之间发生冲突，又不能限制顾客行为，有必要将独立人也作为保护的对象。① 桥本质问道："这正是诺齐克在《无政府、国家与乌托邦》中描绘的垄断型保护机关通过'看不见的手'成为最小国家的过程，但这种市场竞争出现的垄断型保护机关与国家到底有什么不同呢？"②

通过上述两个角度的批判，桥本认为，无论是向共同体还是市场寻求国家的替代物，最终都不能完全排除替代机构拥有垄断权力后逐渐类国家化的可能性。她的这一结论为自己"有限政府"存在必要性的论证做了充分的铺垫。

（二）"有限政府"的特点

桥本祐子论证了政府存在的必要性，那么怎样的政府是"有限政府"呢？从公共财富生产的角度论证政府存在的必要性，事实上肯定了政府的课税权。传统自由至上主义不承认课税，认为课税是国家对个人私有财产权的侵害。而作为稳健型自由至上主义的古典自由主义则允许以实现公共财富生产为目的的课税，但也只是为公共财富生产提供资金，除此之外的课税是不允许的。换言之，课税是"为实现通过个人所有权的自发交换而无法提供的物品（公共物品），政府对个人采取的一种'强制交换'，作为对剥夺个人私有财产权的补偿，国家提供公共物品"③。

当课税目的超出了为公共物品提供资金的范畴，所得再分配本身成为目的，即实施累进税制后，课税就成为古典自由主义者批判的对象。批判的理由之一是对富者征收高税率所得税打击了人们追求高收入的积极性，而更重要的原因是累进税制本身的目的是通过对富者征收高税率所得税以减轻低收入者的负担，

---

① 橋本祐子:『リバタリアニズムと最小福祉国家』,勁草書房 2008 年,42-54 頁。
② 橋本祐子:『リバタリアニズムと最小福祉国家』,勁草書房 2008 年,53-54 頁。
③ 橋本祐子:『リバタリアニズムと最小福祉国家』,勁草書房 2008 年,60 頁。

但实际上，累进税制真正的受益人是中等收入者阶层，这就使得原本旨在使人们平等地承担税收责任的制度变成了为实现公正分配而进行的收入再分配。由于累进税率和课税对象的分层是由政治过程决定的，"不能避免对政治集团的既得权益的影响，故累进课税不仅有害，更是没有原则的任意税制"①。因此，桥本主张在有限政府统治下的国家实施比例税制，她认为，尽管比例税制的税率也具有任意性，但"对所有收入阶层统一适用固定税率，人们更容易理解"②。

桥本虽然承认国家征收比例税的必要性，但并不认为政府是唯一的福利提供主体。鉴于中央集权制统治下政府作为唯一福利提供主体的低效率性，为提高公共财富供给的效率，政府只能是多个福利的提供主体之一，不具备特权，需要与民间企业在同等条件下竞争。这也是为了避免"政府失灵"。

至于有限政府统治下公有部门和私有部门之间的关系，桥本认为，公有部门是通过其他方式无法实现，只能由政府实现的某一特定活动领域，只要有可能就应该被私有部门替代。私有部门指民间企业和团体的活动领域。她并不赞同将公有部门视为行政领域、将私有部门与商业划等号的分类方式，"在有限政府的前提下，政府只不过是在广泛领域内具备强制力的一个组织，即便承担着提供福利的主要职责，也必须强调这并非上上策，充其量是个上策"③。

由此可见，桥本祐子的"最小福利国家"所依据的"有限政府"，只承认在限定范围内的政府活动，即便在这一条件下，也要通过与民间企业的市场竞争来确保其活动的效率性。换言之，即对"市场万能"和"政府万能"都抱以怀疑的态度，并努力克服这两种理论的不足，这也正是桥本所依据的古典自由主义的核心所在。

二、对平等主义福利国家的批判

对无政府主义的批判只证明了"有限政府"存在的必要性，却还不能得出"最小福利国家"所保障的最小福利的权利的正当性，因此，桥本祐子对扩张主义的福利国家也展开了批判，为自己的观点寻找论据。桥本的批判工作是按照两个步骤进行的：第一步是对扩张主义福利国家或"大政府"的理论依据——平

---

① 橋本祐子：『リバタリアニズムと最小福祉国家』，勁草書房 2008 年，61 頁。
② 橋本祐子：『リバタリアニズムと最小福祉国家』，勁草書房 2008 年，61 頁。
③ 橋本祐子：『リバタリアニズムと最小福祉国家』，勁草書房 2008 年，63 頁。

等主义展开批判；第二步是基于第一步的批判，考察福利国家与平等主义之间的关系。

桥本所批判的平等主义，并非广义的不歧视原则，而是"为了平等对待每个人而要求财产再分配的平等主义。即并非法律面前平等的形式的平等，而是分配平等的实质的平等"①。在学术界，平等主义思想的影响是不容小觑的，这一点从福利国家的定义中可窥视一斑。伊藤周平对福利国家的定义是："通过所得再分配与完全雇佣，为实现社会实质平等的目标，国家通过所得再分配与确保充分就业进行干预是不可或缺的要素，并且，将此视为不言自明的政治和社会共识的国家。"② 堀胜洋对福利国家的理解是："以除去有损人类尊严的经济不平等为社会保障目的的国家。"③ 桥本指出，这些福利国家的定义没有从原理上充分地考察"对贫困的救济"和"为矫正经济差距的再分配"之间的差异，容易导向扩张型福利国家的构建。④

还有一个不可忽视的现象是日本人日常生活中的"平等意识"，在日语中称作"横並び意識"，意为人们都应该享受同等水平的生活，反对任何人因特殊地位而享有超越他人的优渥生活。这种意识成为战后日本民众的普遍共识，并由此诞生了"1亿总中流"的说法，即日本人都认为自己属于中流（中产阶级）。应该说，这样的普遍意识为福利国家的形成提供了土壤。

不过，虽然平等主义确实影响了日本的福利国家进程，但桥本认为并没有确凿的证据表明平等主义在这一进程中起了决定作用，因此，她对与分配平等相关的优先性观点、充分性观点和分配正义进行了批判性解读，以探求福利国家的思想基础。

（一）优先性观点

"平等还是优先"是平等主义争论的主要问题之一，主要代表是帕菲特。帕菲特在《平等还是优先》一文中将平等主义分为目的论的平等主义和道义论的

---

① 橋本祐子：『リバタリアニズムと最小福祉国家』，勁草書房 2008 年，130 頁。

② 伊藤周平：『福祉国家と市民権：法社会学のアプローチ』，法政大学出版局 1996 年，23 頁。

③ 堀勝洋：『社会保障法総論』（第 2 版），東京大学出版会 2004 年，102-103 頁。

④ 橋本祐子：『リバタリアニズムと最小福祉国家』，勁草書房 2008 年，16 頁。

平等主义。① 目的论的平等主义主张人们生活质量的普遍均衡是最佳状态，视不平等（无论是源自自然差异还是人为因素）为恶。道义论的平等主义则从道德的角度将平等作为目标，认为不平等并非恶，而是不正义。由于不正义和恶指的都是事态发生的方式，因此需要讨论的就只有人为原因造成的不平等。

帕菲特批判地指出，按照目的论的平等主义的观点，"任何不平等都是恶，那么正常人与失明者的存在本身就是恶。我们就能以道德的理由拿走正常人的一只眼睛给失明者。这一结论是非常可怕的"②。并且，如果将消除差别作为平等的目的，实际上也就默许了通过削弱优势的方式来实现平等。道义论的平等主义不认为不平等本身是恶，以此逃避"水平下降的反驳"，但也正是这一主张使资源的再分配缺乏正当的理由。③ 因此，帕菲特提出了"优先性观点"，即"当一些人越差的时候，给他们以利益就越重要"④。

桥本祐子支持帕菲特的这一批判，并指出由于优先性观点承认了应当对"差"的人给予再分配的财产，所以帕菲特没有完全否认平等主义的观点，甚至还可以说"通过优先性观点，平等主义内部的观点被梳理得更加清晰"⑤。同时，她还强调，对平等主义者的理论依据并非平等而是优先的指责，说明分配的平等这一理念还有值得商榷的余地，但并没有否认平等主义的目的。因此，"'平等还是优先'并不是平等主义者致命的问题"⑥。

（二）充分性观点

持有充分性观点的代表哈里·法兰克福特批判经济平等主义的主张，即所有人都应拥有同样额度的金钱或财富的经济平等主义观点，认为经济的平等本身不具有重要的道德价值，因此在分配问题上，重要的不是每个人都拥有相同的，而是拥有足够的。桥本祐子对此表示赞同，并指出平等主义"要求某

---

① Parfit, D. （1991）. Equality or Priority?. Clayton, M. & Williams, A.（eds.）, *The Ideal of Eauality*. London：Macmillan, 84.

② Parfit, D. （1991）. Equality or Priority?. Clayton, M. & Williams, A.（eds.）, *The Ideal of Eauality*. London：Macmillan, 97.

③ Parfit, D. （1991）. Equality or Priority?. Clayton, M. & Williams, A.（eds.）, *The Ideal of Eauality*. London：Macmillan, 97-99.

④ 葛四友：《运气均等主义》，江苏人民出版社 2006 年版，第 205 页。

⑤ 橋本祐子：『リバタリアニズムと最小福祉国家』，勁草書房 2008 年，153 頁。

⑥ 橋本祐子：『リバタリアニズムと最小福祉国家』，勁草書房 2008 年，153 頁。

种平等对不平等加以指责具有极大的效力，但这种效力是被夸大了的，平等在本质上不具有价值"①。

桥本认为，经济平等的分配能够使效用最大化的平等主义观点是错误的，尽管这一观点建立在边际效用递减原则的基础之上，但边际效用递减原则本身就不适用于财富和金钱。为证明自己的观点，桥本举了一个储蓄的例子，假设为购买 100 万日元的高价商品而进行储蓄，并不能说最后的 1 万日元比刚开始的 1 万日元的效用更大。更何况，平等主义的分配还有可能导致总效用的最小化。因此，"以效用最大化作为依据来拥护平等主义只能以失败告终"②。

另一方面，桥本认为持有"不平等是违反道德直觉"观点的人，实质上并不是反对不平等。其理由是，他们对个体间存在适度差异（即某人仅稍少于他人）的情况并无异议，他们反对的是极端情况，即"差"的人拥有的过于少。关于这一点，桥本祐子也同意法兰克福特的观点，即平等主义在无意识中混淆了平等主义与充分性。此外，对不平等对待的批判，并非旨在批判对待的不平等，而是对太过随意的批判，"必须严格区分平等的概念和公平（impartiality）的概念的区别"③。

桥本认为，法兰克福特的充分性观点更多地体现了做人的要求，而非单纯政策性的思想。她"对法兰克福特所描绘的人类形象产生了强烈的共鸣，但这种强加于人的形象与区别正与善的中立原则是不符的"④，因为人们在社会生活中会不自觉地将他人关系纳入自己的生活范围，所以如果将其直接作为政策方针，实践起来非常困难。不过，在桥本看来，将充分性观点视为平等主义多种视角之一的经济平等主义的主张是错误的。法兰克福特在后来的论文中也指出自己的观点没有停留在经济平等主义的阶段，而是涉及机会平等、福利平等和资源平等的多视角的平等主义。⑤ 但必须肯定的是，"充分性观点本身是为人们

---

① 橋本祐子：『リバタリアニズムと最小福祉国家』，勁草書房 2008 年，154 頁。
② 橋本祐子：『リバタリアニズムと最小福祉国家』，勁草書房 2008 年，156 頁。
③ 橋本祐子：『リバタリアニズムと最小福祉国家』，勁草書房 2008 年，157 頁。
④ 橋本祐子：『リバタリアニズムと最小福祉国家』，勁草書房 2008 年，160 頁。桥本祐子所说的"中立原则"是指，社会基本结构的正义问题必须是在思考是否为好的和幸福的之后所做出的中立的判断，是自由主义正义论的基本要求。
⑤ Frankfurt, H.（2000）. The Moral Irrelevance of Equality. *Public Affairs Quarterly*, 14（2），87-103.

提供最小社会保障的福利国家的观点"①。

（三）分配的正义

桥本祐子认为，上述两种观点对平等主义的批判都是建立在分配正义具备有效性的基础之上，对分配这一经济环节是否平等展开的讨论。若分配正义本身没有任何意义，或者政府的财产再分配行为本身是不正义的，那么平等主义就如空中楼阁，毫无根基可言。她借用了哈耶克和诺齐克对平等主义的批判来支持自己"分配的正义是一种幻想"的主张。

一方面，能够被称为"正义"的只能是人类行为的结果，针对作为一种自生秩序的市场秩序的结果，也用正义或不正义来判断是不恰当的。用哈耶克的话来说，"这与'道德的石头'的用法一样，不仅是错误的，而且是无意义的"②。桥本则认为，只有在将经济作为精心设计的产物时，"分配正义"的说法才具有意义，而市场秩序的结果，是由加入市场以追求自己目的的人们凭运气和能力决定的，与人为的操作无关，对自生秩序结果的矫正只能说明市场秩序本身是不健全的。在分配正义的名义下所做的实现经济平等的尝试，隐藏着利益集团保护既得权益的可能性。更何况平等概念下对市场秩序结果的调整，必须以掌握完全信息为前提，若信息不完全，那么分配的平等无论采用何种标准都会存在问题。因此，桥本指出，哈耶克所定义的平等只能是"不妨碍实现个人自由的自生秩序的机能的平等，即要求法治的法律面前的人人平等，这与分配的平等相去甚远"③。

另一方面，诺齐克同样对"分配正义"这一用法提出了异议，取而代之的是"持有的正义理论"。这是一种权利理论，由获取的正义原则、转移的正义原则和矫正的正义原则构成，只有满足并保持这三个原则，该权利才是正义的。平等主义认为再分配的对象——财富和机会都是天生的，这就要求权利的转移，因而违反了"持有的正义"。关于不平等会滋生嫉妒、伤害自尊心，因此必须加以矫正的观点，诺齐克认为在进行自我评价时，通过对着眼点和重点的多样化

---

① 橋本祐子:『リバタリアニズムと最小福祉国家』,勁草書房 2008 年,160-161 頁。

② Hayek, F. A. (1976). Law, Legislation and Liberty: A New Statement of the Liberal Principles of Justice and Political Economy, Volume 2. *The Mirage of Social Justice.* Chicago: University of Chicago Press, 78.

③ 橋本祐子:『リバタリアニズムと最小福祉国家』,勁草書房 2008 年,166 頁。

和分散化处理，可以缩减自尊心的差距，从而无需过度强调矫正不平等。

结合哈耶克和诺齐克的批判，桥本认为无论是哈耶克的自生秩序还是诺齐克的权利理论，都表明分配正义本身就不成立，在分配问题上，平等的概念不仅本身没有意义，还有可能导致既得权益的保护和平均化等负面结果。"优先性观点、充分性观点和自由至上主义三者的政治立场各不相同，却有着共通的观点——在分配问题上，平等概念绝不能不加批判地接受。……无论平等主义的理想多么有魅力，它与分配问题上的平等概念都不是一回事，必须严格区别对待。"①

基于上述对平等主义的批判，桥本得出结论，认为平等主义的观点与现实中的福利国家没有必然联系，因此，平等主义不能够作为福利国家的规范理论，"充分性观点才是最适合保障最小社会福利的福利国家的基础理论，不要求对社会经济的不平等作最终的矫正"②。也就是说，充分性的标准即为生活的最低必要水平，最小福利国家只需要实现此标准的最低生活保障即可，无需为矫正收入差距进行再分配。

三、最小福利的权利

尽管通过上述分析可以得出充分性观点是"最小福利国家"的最适规范理论这一结论，但单凭对平等主义的批判还是不足以说明"最小福利国家"的合理性。于是，桥本祐子继续探讨了"为什么人有权利拥有足够的"的问题，这是关于最小福利的权利的基础问题，在她看来，这也是证明"最小福利国家"合理性的根本问题。

田中成明曾批评这种从自由至上主义的立场对最小福利权利的肯定是"自灭性质的让步"③。桥本指出，迄今为止自由至上主义都没有积极地探讨最小福利国家的话题，正是出于对类似批评的畏惧。但她并不同意田中的看法，她认为"从自由至上主义的立场对最小福利权利的推导尝试，不仅不是向平等自由主义的妥协，反而对自由至上主义，尤其是古典自由主义的柔性和弹性探索，

---

① 橋本祐子：『リバタリアニズムと最小福祉国家』，劲草書房 2008 年，169-170 頁。
② 橋本祐子：『リバタリアニズムと最小福祉国家』，劲草書房 2008 年，175 頁。
③ 田中成明：「リバタリアニズムの正義論の魅力と限界：ハイエク，ノージック，ブキャナン」，『法学論叢（京都大学）』1996 年第 4-6 合併号，115 頁。

具有一定的意义"①。于是，桥本对一般的自由至上主义完全否定福利权利的观点也进行了批判性探讨。她引用无政府资本主义和最小国家论的观点，论证了完全否定福利权利的观点必定以失败告终的结局；从古典自由主义的立场，论证了最小福利权利这一概念的必要性；从道义的关切、功利主义和项目追求三种合理化角度，证明自由主义存在的理由本身要求承认最小福利权利。

（一）对否定最小福利权利的批判

从人性论的角度否定最小福利的代表是艾茵·兰德（Ayn Rand，1905—1982）②，她利用自己独特的"客观主义"哲学推导出了个人权利。这一个人权利是指"个人的生命权"③，即个人按照自己的意志选择生存方式的生存权利，是所有权利的源泉，具体表现为财产权，而财产权行使的唯一制度是资本主义。因此，兰德的理论体系中，生命权、财产权与资本主义是一体的。在兰德看来，保障所有理想状态的权利会导致权利膨胀。只有在没有物理强制力干预生命权的前提下，才能对他人提出要求，同时，只能对向自己行使了物理强制力的人行使物理强制力。而政府的唯一职责就是保护人们免受物理强制力的侵害，以捍卫每个人的生命权。桥本祐子认为，从这一点可以看出兰德是支持最小国家理念的④，即政府权力应被严格限制在保护公民免受直接物理威胁的范围内。

此外，兰德的"客观主义"还主张行为的善恶不由主观判断决定，而应当参照客观的标准。故在紧急事态或极限状态（暂时无法生存的状态）下，如洪水、地震、火灾、海难等灾害发生时，人们没有帮助他人的道德义务，因为"人必须通过自己的努力获得财富和知识，以维持自己的生存"⑤。桥本认为，紧急事态的划分标准具有任意性，因此生命权很难继续作为单纯的消极权利存在。兰德的人性论将人类对生的追求作为权利的根据，但人性与由此得出的权利的内容之间并没有必然的联系。换言之，"即使同意兰德关于人性的见解，我们也

---

① 桥本祐子：『リバタリアニズムと最小福祉国家』，劲草书房 2008 年，179 頁。
② 艾茵·兰德，原名阿丽萨·济诺维耶芙娜·罗森鲍姆，俄裔美国哲学家、小说家。她的哲学理论和小说开创了客观主义哲学运动，其政治理念可以被形容为"小政府主义"和"自由至上主义"，虽然她从来没有使用第一个称呼自称过，而且相当厌恶第二个称呼。
③ Rand, A.（1964）. Man's Rights. The Virtue of Selfishness. New York: Signet, 89.
④ 桥本祐子：『リバタリアニズムと最小福祉国家』，劲草书房 2008 年，185 頁。
⑤ Rand, A.（1964）. The Ethics of Emergencies. The Virtue of Selfishness. New York: Signet, 44.

没有必要局限于生命权，有充分的可能推导出具有更丰富内容的权利——最小福利权利"①。

　　那么生命权的具体表现——财产权的情况又如何呢？罗斯巴德是自然权论无政府资本主义的代表之一，他认为权利来源于自然事实，人类通过劳动使自然资源按照自己的目的变为有形物，并可以持有、自由交换；也可以按照自由意志拥有自己的身体，这些都是人类生存和幸福的必要自然事实。这种自然法具有普遍性，跨越时代与地域的界限，适用于任何人。如果不能满足这一条件，伦理的自然法就不能与科学的自然法则拥有同等地位。

　　罗斯巴德用"不能把享受一日三餐的权利作为自然权"②的例子来证明，自己的观点，即保障全世界所有人的福利权利有悖于自然事实，无法满足普遍性要求，也就不能成为自然权利，具有普遍性的权利只有财产权。在无政府资本主义社会，道路、场馆等所有的土地和场所都被私有化，因此所有权利最终都可以归结为财产权的问题。

　　桥本表示无法理解罗斯巴德对自然权的推导过程，认为现实中有一些人无法保障基本的一日三餐，只能说明在现有社会制度下并非所有人都能享受一日三餐，这并不是自然事实。她批判罗斯巴德的论证"忽视了社会制度对事实的影响"③，因为"要否定人们享有足够食物的权利，就必须先证明'全球粮食总量恒久低于人均需求'这一自然事实的存在"④。所以，她认为罗斯巴德试图从自然事实出发否定福利权利的论证是失败的。

　　桥本认为，上述否定最小福利权利的议论本身其实隐藏着肯定最小福利的因素。如兰德的"经营自己的生活"、罗斯巴德的"生存与繁荣"、诺齐克的"有意义的人生"，在以他们所认同的消极权利（兰德的"对生的权利"、罗斯巴德的"财产权"、诺齐克的"自我所有权"）为基础的同时，这些权利就已经不

　　① 　橋本祐子：『リバタリアニズムと最小福祉国家』，勁草書房 2008 年，190 頁。
　　② 　罗斯巴德的原文为："如果有人认为，每人都有享受一日三餐的'自然权利'，很显然这是一个伪自然法或自然权利理论；因为在大多数时候或者地点，为所有人，甚至为大部分人口提供一日三餐都是不可能做到的。因此这不能被列举为是某种'自然权利'。"（［美］穆瑞·罗斯巴德：《自由的伦理》，吕炳斌、周政、韩永强等译，复旦大学出版社 2008 年版，第 89—90 页。）
　　③ 　橋本祐子：『リバタリアニズムと最小福祉国家』，勁草書房 2008 年，195 頁。
　　④ 　橋本祐子：『リバタリアニズムと最小福祉国家』，勁草書房 2008 年，195 頁。

再仅仅是消极的权利了。① 桥本认为上述论点之所以失败，是因为他们所主张的都是一维的权利观，只有采用多维的权利观，在多个权利之间进行调整，才是证明最小福利权利必要性和合理性的方法。

（二）最小福利权利的必要性

桥本祐子认为，只要不是极端的自由至上主义者，就不会主张完全废除社会保障制度，如"古典自由至上主义者虽然批判福利国家的弊端，却也认可社会保障制度——福利国家的基础的存在"②。也就是说，在承认社会保障制度的必要性和有用性的同时，对现行的福利国家制度提出异议，并非对社会国家本身的不认可。对福利国家体系冗余的批判，不能作为否定最小福利国家的理由。

M·弗里德曼曾提议用负的所得税制度替代当时的福利国家体制，其理由是政府根据家长主义而采取行动。他在书中写道："包括补充私人的慈善事业和私人家庭对不论是疯人还是儿童那样的不能负责任的人的照顾——这样的政府显然可以执行重要的职能。在思想上不自我矛盾的自由主义者并不是无政府主义者。"③ 桥本质疑所谓的"显然"从何而来，她认为弗里德曼以妨碍个人努力会滋长依赖性为理由批判福利国家，又单凭家长主义的理由就认可政府的再分配职能的合理性，这是自相矛盾的。

关于哈耶克对社会保障制度的认可，桥本指出，如果没有社会保障制度，疏于自我防备的人会拖其他人后腿——这只是一个消极的理由。桥本大胆推测，更有力的依据是其对人类生存的价值。她认为，无论是弗里德曼还是哈耶克，都是从结果主义的角度考虑并论证社会保障制度的必要性，而这样的论证是不充分的，因为"他们的论证中没有将人们享受社会保障视作权利问题"④。桥本指出，结果主义的考虑"具有极权主义的倾向，忽略了人的个体性"，并进一步解释道："我并不认为结果主义的考虑是完全无用的，也并不认为需要完全排除这种考虑，而是认为对个人的最小福利的保障应该与个人主义关系更密切，不

---

① 橋本祐子：『リバタリアニズムと最小福祉国家』，劲草书房 2008 年，198 页。
② 橋本祐子：『リバタリアニズムと最小福祉国家』，劲草书房 2008 年，199 页。
③ ［美］米尔顿·弗里德曼：《资本主义与自由》，张瑞玉译，商务印书馆 2004 年版，第 40 页。
④ 橋本祐子：『リバタリアニズムと最小福祉国家』，劲草书房 2008 年，206 页。

应被结果主义的考虑所左右。"① 这表明桥本并不认为权利概念与结果主义的考量是完全不相容的，这与她提出的从多维角度论证最小福利国家的必要性是一致的。

（三）最小福利权利的基础

桥本祐子从古典自由主义的立场探讨了最小福利权利的论据——道义的关切、功利主义和项目追求。

道义的关切是森村进对最低限度生存权认可的依据，桥本不否认这种道德直觉，但是她认为道义的关切并不是证明最小福利权利合理的决定性论据。因为不是所有的道德直觉都能够被人们接受，人们对道德直觉的感受也各不相同。道义的关切所涉及道德救济对象的范围也会因为人们道德直觉水平的不同而有所差异。因此，"很难说道义的关切是最小福利权利的合理性的关键依据"②。

日本宪法学家阪本昌成从功利主义的角度出发，批判了福利国家的合理性，指出当前法学界对福利国家的概念缺乏明确界定。③ 在阪本看来，"生存权只有在保障日常生活需要时才成立"④，而保障生存权被纳入宪法，是因为有保障比没有保障更能增加社会的一般福利。桥本指出，这是一种规则功利主义的观点，作为生存权保障的理由是具有局限性的。在不认可生存权的制度下，如果社会福利有所增加，规则功利主义就无法证明生存权的合理性。即使规则功利主义能够成为某一制度保障生存权的理由，它也不是人们应当相互尊重生存权的理由。

桥本本人是主张生存权的合理化与社会全体福利总量无关的，她指出，按照规则功利主义的观点，如果在不保障生存权的制度下社会福利的量更多，那么生存权就不被承认。在这样的情况下，如果规则功利主义还能够坚持保障生存权，那么一定是出于功利主义之外的考量。⑤ 桥本表示，出于对古典自由主义实现个人追求自由活动的考虑，她赞成将权利主体视为"项目追求者"的罗马

① 橋本祐子：『リバタリアニズムと最小福祉国家』，勁草書房 2008 年，207 页。
② 橋本祐子：『リバタリアニズムと最小福祉国家』，勁草書房 2008 年，213 页。
③ 阪本昌成：『憲法理論Ⅲ』，成文堂 1995 年，285-292 页。
④ 阪本昌成：『憲法理論Ⅲ』，成文堂 1995 年，312 页。
⑤ 橋本祐子：『リバタリアニズムと最小福祉国家』，勁草書房 2008 年，215-217 页。

斯基（Loren E. Lomasky，1940— ）①的大部分观点。这些观点包括：批判功利主义忽视个性的价值标准，重视个人的个性；对个人目的的追求有利己主义倾向，但与他人的福利和善并不排斥，权利的存在使得个人在追求自己的项目时不妨碍他人对各自项目的追求；各项目追求者认为自己成为权利主体的世界是具有价值的，同时应尊重他人成为权利主体或曰项目追求者的自由；基本权利包括不受他人干预的自由权，以及不完全否认最小福利权利的积极权利。

罗马斯基明确表示，在最低生活都无法实现的贫困状态，人们是不能够成为项目追求者的。因此，就必须将最小福利作为基本权利。②但是，桥本认为单凭罗马斯基的这些观点不能充分证明最小福利权利的合理性。因为，"罗马斯基关于自由权这一消极权利与最小福利权利这一积极权利都是基本权利的论证并不明晰。最小福利权利的性质包含了相关义务的请求权，而自由权并不包括对他人的相关义务。因此，如果承认最小福利权利，其相应的义务，即提供最小福利的义务就落到了他人身上，这很明显与不受他人干涉的消极权利相冲突"③。

综上所述，桥本祐子认为政府承担保障最低限度生活之责的理论基础不是分配的平等主义，而是充分性观点。但是，仅凭充分性观点又不足以证明最小福利国家的合理性。最小福利权利的合理性论证应该在项目追求的行为主体属性的基础上，增加道义的关切和功利主义的多元化考量。而且，在依靠最小福利国家保障最小的福利权利的同时，也需要市场和共同体等民间力量通过自发的活动加以补充。

第四节　简　要　评　价

自由至上主义在日本的起步较晚，直到 20 世纪 90 年代才开始兴起。这一学

---

① L. 罗马斯基，现任美国弗吉尼亚大学政治哲学教授，自诩稳健的自由至上主义者。罗马斯基关于"项目追求者"的详细论述参见 Lomasky, L. E.（1987）. *Persons, Rights, and the Moral Community*. New York：Oxford University Press。

② Lomasky, L. E.（1987）. *Persons, Rights, and the Moral Community*. New York：Oxford University Press, 126.

③ 桥本祐子：『リバタリアニズムと最小福祉国家』，劲草书房 2008 年，233 頁。

派实质上属于对小泉内阁实施的新自由主义结构改革进行伦理支持和道德辩护的主要流派。森村进和桥本祐子的观点继承以诺齐克为代表的自由至上主义，当然，他们也结合日本实际国情，对西方自由至上主义进行了日本化改造。

首先，从论证方法上来看，森村进继承了诺齐克反驳功利主义的论证方式，是符合自由至上主义的原则要求的。诺齐克依据康德（Immanuel Kant，1724—1804）的道德理论对功利主义进行了批判，并称之为"康德式原则"。他这样描述这一原则："个人是目的而不仅仅是手段；他们若非自愿，不能够被牺牲或被使用来达到其它的目的。个人是神圣不可侵犯的。"[①] 诺齐克在这一原则的基础上提出了"边际约束"概念："与把权利纳入一种目的状态相对照，人们可以把权利作为对要采取的行动的边际约束（side constraints）来看待，即在任何行动中都勿违反约束。他人的权利确定了对你的行动的约束。"[②] 也就是说，每个人的权利都应当受到尊重，任何人在行使自己的权利时必须以不侵犯他人的正当权利为前提。这种权利具体表现为财产权，包括个人对身体和劳动的绝对自我所有。与诺齐克一样，森村认为人拥有若干自然权利，包括生命权、自由权和财产权，这些权利从根本上不应受到他人（包括国家）的侵犯、干涉或强制。

其次，从主张内容上来看，森村和桥本祐子的观点与诺齐克为代表的自由至上主义存在一定差异。森村不像诺齐克那样反对任何形式的再分配，他认可基于人道主义的最低生活保障的再分配。他也不像诺齐克那样主张古典自由主义所谓"守夜人"式的国家，他认可政府活动的正当性，如国家应当提供诸如司法、警察、国防等公共服务以及市场无法充分提供的公共财产，甚至居民最低限度的文化生活的实现也应当由政府承担。在税制上，森村主张比例税制（flat tax），因为这一税制对每个人征收的比例相同，从个人权利来说比累进税制更为平等，而税收的目的则是为了维持政府的上述司法、警察、国防等功能。[③]

桥本从公共财富生产的角度论证政府存在的必要性，主张"有限政府"拥有课税权；而诺齐克认为，"有限政府"之所以存在，是因为要保护个人的"权

---

① ［美］罗伯特·诺齐克：《无政府、国家与乌托邦》，何怀宏等译，中国社会科学出版社 1991 年版，第 39 页。

② ［美］罗伯特·诺齐克：《无政府、国家与乌托邦》，何怀宏等译，中国社会科学出版社 1991 年版，第 37—38 页。

③ 森村進：「リバタリアンな相続税」，『一橋法学』2007 年第 3 号，1158 页。

利"，保护个人的财产权。诺齐克指出，"有限政府"的形成是从超弱意义国家发展到最弱意义国家的过程。超弱意义的国家有一种对所有强力使用的独占权；最弱意义上的国家，"是在超弱意义上的国家之外，再加上一种（明显是再分配的）弗雷德曼式（Fried manesque）的有岁收在财政上支持的担保计划。在这一计划下，所有人或有些人（例如那些需要保护者）得到一种以税收为基础的担保，而这种担保，他们在一个超弱意义的国家中只能通过自己的购买保险获得"①。这种担保，是为了有效地保护个人权利。桥本认为："所谓课税，是政府为实现不能通过个人所有权的自发交换实现的财富（公共财富）的供给，对个人实施的'强制交换（forced exchange）'的一种形态。……公共财富的供给，就是对被剥夺的私有财产权的补偿。"② 由此可见，桥本认为国家是为保证公共财富生产顺利进行的具有强制力的机构，并通过税收来实现。此外，与森村相同，桥本也主张"有限政府"实行比例税制，因为累进税率在其决定过程中不免受到政治权益的影响而具有任意性。

最后，从研究视角上来看，用福利权利来论证社会保障存在的必要性，是桥本的创造，开拓了自由至上主义的研究视角与路径。诺齐克描绘了一种有意义的生活，即"一个人按照某种全面的计划塑造他的生活，也就是在赋予他的生活以某种意义。只有一个有能力如此塑造他的生活的存在者，能够拥有或者努力追求有意义的生活"③。桥本认为诺齐克所描绘的有意义的生活，单凭其所谓的不可侵犯的，在洛克自然权的基础上得出的个人对自己的生命、身体、自由和财产所拥有的消极权利——自我所有权是无法实现的。因为如果一个人连生存都不能够保证，毋庸说有意义的人生，就连无意义的人生都无法实现，所以，如果将有意义的人生作为权利的依据，那么至少要保证生存的权利，即最小福利权利。

此外，关于桥本的"最小福利国家论"是否算是自由至上主义的主张，也依赖于对古典自由主义的理解。因为按照艾思奇的分类，古典自由主义的国家

---

① ［美］罗伯特·诺齐克：《无政府、国家与乌托邦》，何怀宏等译，中国社会科学出版社 1991 年版，第 35 页。

② 桥本祐子：『リバタリアニズムと最小福祉国家』，劲草书房 2008 年，60 页。

③ ［美］罗伯特·诺齐克：《无政府、国家与乌托邦》，何怀宏等译，中国社会科学出版社 1991 年版，第 60 页。

在最小国家论承认的职能外，还允许"提供货币的供给、少数的福利活动等服务"。但是，艾思奇并没有具体说明是怎样的活动以及允许的服务程度，这就模糊了古典自由主义与扩大化国家之间的界限，而这一界限的规定是十分必要的。

第三章

日本平等主义经济伦理思想

"平等"是现代人普遍认同的概念和理念，如美国《独立宣言》中的"人生而平等"，福泽谕吉在《劝学篇》开篇所说的"天不生人上之人，也不生人下之人"，都意在说明人天生是平等的，没有贵贱之分、上下之别。但是，"平等主义"在伦理范畴中却是一种极其复杂的观念，正如我们一直所困惑的：人究竟在什么方面是平等的？阿马蒂亚·森《什么的平等?》一文发表后立即在英语圈的政治哲学、经济伦理领域引发了人们对应该追求怎样的平等的大讨论，这也成为平等自由主义的一大论题。如德沃金、阿内森（Richard J. Arneson）和柯亨等学者的研究，都区别了自主选择不幸遭遇（即坏运气），主张每个人对自己的选择负有责任，而只有因坏运气带来的利益损失才能够得到社会补偿。本章将对日本平等主义的平等观和经济伦理思想进行探讨。

第一节　日本平等主义的发展及现状

"平等主义"是战后日本人的一大特点，在 20 世纪六七十年代，"一亿国民皆中流"成为日本国民的普遍意识。而"平等主义"也成为 20 世纪 70 至 90 年代大多数日本企业人事制度的理论基础，最典型的人事制度即年功序列和职能资格制度。

20 世纪 90 年代初，随着泡沫经济破灭后管理层年薪制的导入，平等主义逐渐被"合理主义"所取代，日本"格差社会"的问题日渐突显。REM 研究会（Radical Egalitarian Membership 研究会，又称为"根源平等主义派研究会"）就成立于这一时期，每年举行 4—6 次讨论会，研究议题以平等为中心，具体涉及企业主义、开发主义、现代帝国主义，保守主义和新自由主义的政策原理，哈耶克和诺齐克的思想，市民主义、新社会运动和公共哲学，18 至 19 世纪的自由主义、新自由主义和多元主义，罗尔斯和阿马蒂亚·森的自由主义、传统民主主义，教育理论和青年论的新动向，尊严死论和自我决定论，历史的资本主义论和马克思主义思想，以及平等概念和平等思想等。

平等主义的人事制度下人工费的暴涨加重了企业负担，迫使企业寻求经济合理性更高的人事制度改革。1997 年的亚洲金融危机加速了"平等主义"向"合理主义"的转向，最终导致日本劳动市场的巨大变革——日本型雇佣体制的解体，这一年也成为日本劳动者工资的分水岭。非自愿性失业人员、低工资非正式员工和派遣员工的增加进一步加剧了日本的现代贫困。随着不平等的扩大，"平等""格差"和"福利"成为各学派之间争论的焦点。

2005 年，REM 研究会的竹内章郎、中西新太郎、后藤道夫、小池直人和吉崎祥司等五名成员出版了论文集《平等主义将拯救福利：脱"自我责任=格差社会"的理论》（青木书店），围绕社会保障、社会福利和福利国家议题，批判了现代社会平等主义的最强对手——新自由主义和自由至上主义，以及跨国企业化和"结构改革"的现状，构筑了新的平等理念和平等概念，从平等主义的立场探讨了福利国家的问题。针对他们所研究的平等，竹内章郎在序言中表示："本书所考虑的平等是包括差异性在内的平等，而不仅仅局限于同一性，但又更加重视消除差别和压制的平等，尽管很难将其具体化。"[1]

竹内章郎出生于神户，现任岐阜大学地域科学学部教授，社会福祉法人いぶき福祉会理事，一直致力于能力与平等问题研究，从早期作品《关于能力与平等的视角》（见《权威的秩序与国家》，东京大学出版会，1987）就开始了对能力主义的批判。《"弱者"的哲学》（大月书店，1993）关注在能力主义和效率万能主义标准下的"弱者"在社会和文化中的地位和意义，强调人的能力不是一种属性，而应当是社会构成的一部分。在《现代平等论导论》（青木书店，1999）和《通向平等论哲学之路》（青木书店，2001）中，竹内重新探讨了平等的意义，为其平等主义哲学体系的构建奠定了基础。在《新自由主义的谎言》（岩波书店，2007）一书中，竹内批判了新自由主义重视的自我责任，即基于个人能力的

---

① 竹内章郎、中西新太郎、後藤道夫など：『平等主義が福祉をすくう：脱「自己責任=格差社会」の理論』，青木书店 2005 年，Ⅳ 頁。

商品交易在等价交换市场通过货币交换构成个人生活的基础。他认为：一方面，市场交换建立在社会分工的基础之上，故市场本身就是一种依赖他人的体制；另一方面，市场上出现的个人能力不仅是技术劳动，也包含了他人的教育劳动，而且，正如电脑操作能力的发挥依赖于电脑硬件和网络环境，个人能力的发挥也依赖于市场的外部条件即社会文化环境。在此基础上，竹内进一步批判了新自由主义的经济思想——市场原理主义，以及货币与劳动交换的不平等。《平等的哲学》（大月书店，2010）则是竹内平等主义哲学体系初步形成的标志，他在书中全面阐述了其能力平等和机会平等的主张。除上述论著外，竹内还出版了《生命的平等论：现代优生思想批判》（岩波书店，2005）一书，批判了现代优生思想，主张对生命伦理的尊重。

中西新太郎是日本文化社会学者，横滨市立大学名誉教授，他的研究最早关心的是知识与消费社会的关系问题，如《信息消费型社会与知识结构：学校、知识与消费社会》（旬报社，1998）；后来转而关注儿童和青年成长，如《战胜青春期危机的孩子们》（遥书房，2001）、《年轻人都发生了什么》（花传社，2004），并重点研究了生活艰苦的根源与年轻人的现状，如《“生活艰难”的根源在哪儿？格差社会与年轻人的现状》（前夜，2007）和《“生活艰难”时代的保育哲学》（Hitonaru 书房，2009）。《社会系的想象力》（岩波书店，2011）则通过分析20 世纪 90 年代中期至今的轻小说，探究引起当今年轻人共鸣的元素，将学校里学生成绩的竞争、班级地位的斗争等视为社会矛盾的缩影。至于这种社会现象的根源，中西认为是能力的不平等，他在书中写道：“即便是在‘和平’的环境下成长，因为实力的优劣，原本平凡平稳的关系也会面临分裂危机。‘社会’就这样渗透进每个人的日常生活，使得生活艰难常态化。”[1]

后藤道夫，日本社会学者，现为都留文科大学名誉教授。他初期是马克思主义者，在 20 世纪 90 年代以前主要研究马克思和恩格斯，并尝试修正马克思主义以适应现代社会。他还致力于理论研究，以理解日本社会特殊的社会结构，试图将帝国主义的概念应用于现代社会，以此形成“现代帝国主义的新阶段”[2]。近年来，后藤将研究的重心放在了“工作贫民”和“日本型雇佣的失败”的研

---

① 中西新太郎：『シャカイ系の想像力』，岩波书店 2011 年，143 页。
② 後藤道夫：「国際環境への対応と 6、70 年代型社会・政治構造の改編：新自由主義、『帝国主義』、新たなヘゲモニーブロック　上」，『労働法律旬報』1994 年第 1335 号。

究上，对现代日本社会贫困问题的解决提供了建议。他在代表作《工作贫民原论》（花传社，2011）中反对将现代年轻人的失业原因归结为年轻人资质的"自由打工者论"，认为20世纪90年代后大量年轻人贫困的原因是日本型雇佣制度的解体和日本社会保障制度的薄弱，由此，他强调企业劳动市场的完善及其相应的社会保障制度的必要性。后藤在各种讲座、研讨会和演讲中分析了以日本型雇佣的解体为代表的社会结构变化，及其伴随而来的高失业率、非正规雇佣人员的增加、"工作贫民"大量出现的现状，并提出相应的新的福利国家构想。①

小池直人，名古屋大学副教授，研究社会思想、社会文化论，是日本研究丹麦福利制度的专家。其较早的著作有《寻找丹麦》（风媒社，1999），书中详细介绍了丹麦的环境政策和社会福利制度，并将丹麦视为日本的理想社会形态。随后，小池翻译了丹麦学者哈尔科赫（Hal Koch，1904—1963）② 的《生活形式的民主主义：丹麦社会的哲学》（花传社，2004）和《格伦特维：丹麦民族主义及其扬弃》（风媒社，2008），出版了《福利国家丹麦的城市规划：共同市民的生活空间》（鸭川出版社，2007），对丹麦的住宅政策、地方自治措施等进行了详细考证。近些年，小池又翻译出版了被誉为"丹麦孔子"的思想家格伦特维（Nikolaj F. S. Grundtvig，1783—1872）③ 的《世界人》（风媒社，2010）和《生的启蒙》（风媒社，2011）。

立岩真也，日本社会学家，立命馆大学先端综合学术研究科社会学教授。

---

① 参见后藤道夫：「記念講演 現代日本と新たな福祉国家の構想」，『東京』2012年第337号，2-28頁；後藤道夫：「座談会 非正規労働の増大と労働契約改正法などをどうみるか」，『いのちとくらし研究所報』2012年39号，31-46頁；後藤道夫：「青年雇用の状態悪化の背景と高失業社会」，『全労連』2012年第187号，1-12頁；後藤道夫：「講演 日本型生活保障システムの崩壊と新たな運動の方向性」，『民主主義教育21』2013年第7卷，43-66頁。

② 哈尔科赫（原名Hans Halard Koch），出生于丹麦，1932—1937年任哥本哈根大学教会史教授，1940—1946年任丹麦青年协会的主席，领导了针对纳粹德国占领行动的和平的文化的抵抗运动。战后曾任政府青年委员会主席、丹麦皇家科学院校长。作为神学者，哈尔科赫在研究教会史的同时，又作为民主主义思想的年轻代表参加政治活动，并尝试将丹麦皇家科学院打造成为"共同市民的学校"。

③ 格伦特维，丹麦著名牧师、政治家、教育家和诗人，曾任丹麦国王议会议员。批判传统的路德派神学，是觉醒神学的倡导者，主张将信仰向世俗直觉领域开放。他的思想不仅影响了丹麦近代历史的发展进程，还深刻地影响了以丹麦为首的北欧诸国教育思想和社会文化的形成，塑造了现代丹麦人的思想和行为方式，在丹麦社会中一直发挥着无人能及的巨大作用。

他早期研究生存学，曾任立命馆大学生存学研究中心《生存学》杂志、网络期刊 Ars Vivendi Journal、介绍学术专著的网站 arsvi. com 等媒体的编辑。与经济伦理学相关的研究主要体现在《私的所有论》（劲草书房，1997）和《自由的平等》（岩波书店，2004）中。《私的所有论》由生活书院于 2013 年再版发行，立岩在书中指出，人类拥有两种情感，一种是对他人自我决定的尊重，另一种是对自我决定的器官买卖和自杀等行为的抗拒感。因此，他批判了"自我所有"的依据，从个人决定的条件否定了对自己所有物的随意处分权，并提出用"将他人作为他人来尊重"的拥护自我决定的原则来代替"自我所有"原则。他的这一观点也体现在批判森村进劳动所有原则的《自由不支持自由至上主义》（《法哲学年报》2005 年第 2004 卷）一文中。在《自由的平等》一书中，立岩批判了"自由对自由的剥夺"、自由至上主义的机会平等，探讨了按需分配的理论依据，提出了另类的"自由的平等分配"观，为经济伦理学的讨论提供了新的视角。

西口正文在《立岩真也"自由的平等"构想的触发力》[1] 一文中，深入探讨了立岩真也关于"自由的平等"构想。他指出，该构想的核心在于"仅作为人的存在"，即基于人类生物学的存在条件与心理法则（含伦理法则），而不受社会现有的自我中心的利害得失或对存在价值优劣评价的影响。此构想建立在承认"存在的自由"平等性的基础之上，并以此作为资源与财富无差别分配的依据，确保分配与"存在的自由"认可度相一致。通过这一系列相互关联行为的积累，个体能够构建自尊情感，并在相互关系中丰富存在的意义，最终实现真正的能力平等。

第二节　竹内章郎的经济伦理思想

竹内章郎将罗尔斯以前的平等论称为"传统的平等论"，将之后的平等论称为"现代平等论"，并把自己在对现有的各类平等论进行详细分类和归纳的基础上提出的平等主义平等论称为"新现代平等论"。虽然竹内多次使用"新能力平等

---

① 西口正文：「立岩真也による〈自由の平等〉構案の孕む触発力」，『椙山女学園大学研究論集.社会科学篇』2008 年第 39 巻。

论"和"新机会平等论"来概括他的"新现代平等论",但二者并不是两个独立的部分,而是基于相互交织、相互影响的两个不同的研究视角对"平等"这一核心问题的探讨。

一、传统平等论的局限性

竹内章郎将平等论分为研究"谁的平等(平等的人的范围)"的平等主体论、研究"什么是平等(平等主体的所有物)"的平等客体论以及研究主体与客体之间关系的平等关系论三大类。他认为:"可以说平等主义在一定程度上就是按照这三大类展开的,但同时也是按照这三大类背离平等主义的,可谓是'与不平等一体的平等'。"[1] 竹内在此基础上进行了更为细致的类别划分,分析了传统平等论中平等的意义及其局限性。

(一)平等主体论

所谓"平等主体论"研究的是"哪些人或群体(包括阶层和阶级)是平等的,以及会出现怎样的同一平等主体"[2] 的问题。竹内认为,传统的平等论中涉及的平等主体基本都是特定的,而其他的主体则被默认为不平等,例如在古希腊,只有男性自由人,即免于经济活动的族长,才被视为平等主体。由于近代以前的身份制使得人类的差异成为理所当然,故近代以前没有正式的平等主体论。[3] 竹内将近代以后的平等主体论划分为以下七类:

① 与血缘、身份、财产无关的平等

② 与人种、民族无关的平等

③ 与宗教、门第无关的平等

④ 与思想信仰无关的平等

⑤ 与性别无关的平等

⑥ 与阶级、权利无关的平等

⑦ 与能力无关的平等

众所周知,在上述平等论中,①—④类平等在相当程度上已经得以实现,

---

① 竹内章郎:『平等の哲学:新しい福祉思想の扉を開く』,大月書店 2010 年,70 頁。
② 竹内章郎:『平等の哲学:新しい福祉思想の扉を開く』,大月書店 2010 年,70 頁。
③ 竹内章郎:『平等の哲学:新しい福祉思想の扉を開く』,大月書店 2010 年,70 頁。

而⑤之后的平等，竹内是这样解释的——直到现代仍毫无进展，具体来说，"尽管与性别无关的平等曾经发生过激烈的冲突，也爆发过女权主义运动，在雇佣机会、劳动工资上也实现了一定的男女平等；与阶级、权利无关的平等是理论研究的对象，但在现实的政治和生活中还远未实现；与能力无关的平等甚至都不是研究的对象"①。

（二）平等客体论

竹内章郎将平等客体论细分为如下几类：

① 市民权的平等——市民的（权利的）平等

② 政治权的平等——政治的（权利的）平等

③ 社会权的平等——社会的（权利的）平等

④ 经济权的平等——经济的（权利的）平等

⑤ 能力的平等

⑥ 阶级、权力的平等

⑦ 价值的平等——权威、地位、尊敬等的价值的平等

上述①—④又可统称为权利的平等，这是因为平等客体论多与权利的概念密不可分。具体而言，近代以后的大多数权利在本质上均被视为平等的客体，正是权利概念使得平等客体合理化。② 在传统的平等论体系内，能力往往被狭隘地视为个人还原主义的体现，或者将能力局限于个人自我所有物的范畴。如何突破这种局限，将能力本身作为一种共同性来对待，正是能力平等论的意义所在。③

通过忽略属性和状态的"否定性"而不断被扩大范畴的平等客体，现在正不断缩减。这种趋势是由新自由主义的实施造成的，它否定了经济权的平等，缩减了社会权的平等。这也是 21 世纪初的社会现实，即允许平等的大敌——经济格差存在的政权兴起，以及格差和贫困导致的不平等的扩大④。

现代的平等主义，批判对社会权平等的否定，坚决反对平等客体的缩减，

---

① 竹内章郎：『平等の哲学：新しい福祉思想の扉を開く』，大月書店 2010 年，76 頁。
② 竹内章郎：『平等の哲学：新しい福祉思想の扉を開く』，大月書店 2010 年，85 頁。
③ 竹内章郎：『平等の哲学：新しい福祉思想の扉を開く』，大月書店 2010 年，90 頁。
④ 竹内章郎：『平等の哲学：新しい福祉思想の扉を開く』，大月書店 2010 年，92-93 頁。

同时也面临平等客体的维持和扩大的课题。①

（三）平等关系论

竹内章郎将平等关系论细分为以下六种：

① 绝对的平等与相对的平等

② 形式的平等与实质的平等

③ 矫正（补偿）的平等（与报复的平等相对）

④ 比例的平等

⑤ 机会的平等与结果的平等

绝对的平等通常与平等主体的市民权的平等有关，相对的平等是在绝对平等的实现出现困难时所采取的一种减少不平等的策略。但是，相对平等也掩饰了绝对平等难以达成的现实。②

法律条文中规定的男女平等等形式的平等往往与选举权平等等现实的实质的平等直接相关，但现实的实质的不平等却往往被法律条文和表面的语言所描绘的形式的平等所掩盖。③

报复的平等论是将犯罪行为中的被害者使用与加害者相同的暴力手段报仇合理化的理论，即以牙还牙，以眼还眼。矫正（补偿）的平等论是为了克服报复的平等而产生的，其目的是挽回被犯罪侵犯的正义。④

比例的平等是指对不同程度的能力所有者按照比例分配相应的待遇和教育资源，既涉及马克思所设想的共产主义阶段的"各尽所能，按劳分配"的分配原则，又涉及市场纯粹的能力主义原则。不过，比例的平等也可能就是使按劳分配的不平等合理化的"与不平等一体的平等"论。⑤

在传统的平等理论中，机会是指在外部环境中，为实现个人某一目的而存在的某种客观契机，即英文的chance。利用机会取得的成果，一般被认为是个人能力和努力的直接体现。然而，当过分重视机会的平等时，就会出现个人能力和私有财产导致的不平等，即结果的不平等。目前，大多数机会平等论最大的

---

① 竹内章郎：『平等の哲学：新しい福祉思想の扉を開く』，大月書店 2010 年，96 頁。

② 竹内章郎：『平等の哲学：新しい福祉思想の扉を開く』，大月書店 2010 年，102-105 頁。

③ 竹内章郎：『平等の哲学：新しい福祉思想の扉を開く』，大月書店 2010 年，105 頁。

④ 竹内章郎：『平等の哲学：新しい福祉思想の扉を開く』，大月書店 2010 年，107 頁。

⑤ 竹内章郎：『平等の哲学：新しい福祉思想の扉を開く』，大月書店 2010 年，108-110 頁。

问题，是平等主义为造成不平等结果的机会平等冠以"平等"之名，而机会平等在"平等"的名义下将结果的不平等合理化。①

二、新现代平等论

如上所述，竹内章郎的"新现代平等论"从"新能力平等论"和"新机会平等论"两个视角探讨"平等"。"新能力平等论"是对平等主体中与能力无关的平等论和平等关系中能力平等论的进一步发展，其目的是克服能力主义导致的差别，而并非简单地将个人的能力同一化。"新机会平等论"则是上述机会的平等与结果的平等的综合发展。竹内强调自己的机会平等论是"改变传统的平等论和日常意识中认为的仅仅是主体之外的契机的机会概念的一种尝试"②，换言之，在他看来，"机会"更接近以往的"结果"的概念，与主体的能力关系更加密切，是丰富机会概念内涵的一种机会的平等。

（一）机会平等的四个阶段

竹内章郎认为机会平等在理论上可分为形式的机会平等和实质的机会平等，这两种机会平等的实现又分别需要经过两个阶段。如此，真正机会平等的实现至少需要经历四个阶段，才能够从最初的"与不平等共存的平等"状态，逐步迈向平等主义的理想境界。

1. 形式的机会平等 A——近代以前的阶段

竹内定义的形式的机会平等的 A 阶段，是指："任何个人都是平等的主体，与性别和身份无关，它不受包括封建陋习在内的他人和外部环境的干预，甚至在某些时候无论经济状态如何都必须保障人们能够参与社会活动。"③ 这种不受他人干预的机会平等，是一种消极的机会平等。例如，义务教育的机会平等，与民族、家庭背景、性别等无关，甚至无论当事人如何贫穷，都能平等地接受义务教育。但是，竹内指出，义务教育保障了教育机会的均等，不过由于餐费和学杂费等需要自费费用的存在，就学仍旧面临很大困难④。换言之，即使形式的机会平等 A 已经实现，如果对经济条件的不平等置之不理，那么在这

---

① 竹内章郎：『平等の哲学：新しい福祉思想の扉を開く』，大月書店 2010 年，110-112 頁。
② 竹内章郎：『平等の哲学：新しい福祉思想の扉を開く』，大月書店 2010 年，119 頁。
③ 竹内章郎：『平等の哲学：新しい福祉思想の扉を開く』，大月書店 2010 年，130-131 頁。
④ 竹内章郎：『平等の哲学：新しい福祉思想の扉を開く』，大月書店 2010 年，131 頁。

一意义上，形式的机会平等 A 实际上反而使得教育机会的不平等成为一种正常现象。

除义务教育的机会平等外，竹内认为市民权的平等也属于这一范畴，如人们拥有搬家和居住的权利，这种权利不受权力和他人的干预。但是，在行使搬家的自由这一市民权时，对不具备必要财力和能力的人而言，这种机会平等就只能停留在理论上的"可行使"层面，即在形式的机会平等 A 的阶段难以真正实现。这些事例都证明机会的平等是受到多种条件制约的，是一个具有多重含义的平等概念。

2. 形式的机会平等 B——近代的实现阶段

形式的机会平等 B 阶段是指"机会概念考虑经济条件等因素，为任何人都能够参与到社会性经营活动而提供充分的客观条件"① 的阶段。在上述义务教育的案例中，通过在经济上为贫困儿童和学生提供学费资助和无息助学贷款、免除学费等特定方式实现平等的阶段，即形式的机会平等 B 阶段。与消极的形式的机会平等 A 相比，形式的机会平等 B 已经扩充了机会平等的含义。

但是，竹内发现这种形式的机会平等 B 忽视了能力因素，与日本宪法第26 条第 1 项规定的教育机会均等（平等）——"按能力同等受教育的权利"并不相符，甚至可以说是"认可了以能力差异为理由的差别对待，是剥夺了'低能力者'受教育机会的不平等论"②。

3. 实质的机会平等 C——由近代到现代的阶段

实质的机会平等 C 是"克服了上述两种形式机会平等的缺陷的机会平等"③，具体到教育机会的问题上，即必须具备完善的与个人不同能力发展相适应的平等的教育体制。除此之外，满足个人生活需求的看护等社会福利的机会平等也应当达到实现实质的机会平等 C 的程度。

这种实质的机会平等 C 尽管在很大程度上可谓是与平等主义相匹配的机会平等，但竹内发现在一些方面仍存在不平等，如以健康人与残疾人的能力差异为由的差别对待（不平等）等。能力主义差别所引发的此类问题尚待解决④。

---

① 竹内章郎：『平等の哲学：新しい福祉思想の扉を開く』，大月書店 2010 年，132 頁。
② 竹内章郎：『平等の哲学：新しい福祉思想の扉を開く』，大月書店 2010 年，135 頁。
③ 竹内章郎：『平等の哲学：新しい福祉思想の扉を開く』，大月書店 2010 年，137 頁。
④ 竹内章郎：『平等の哲学：新しい福祉思想の扉を開く』，大月書店 2010 年，138 頁。

4. 实质的机会平等 D——现代阶段

实质的机会平等 D 是上述形式的机会平等 A、B 和实质的机会平等 C 的进阶形态，是高于这三种机会平等的理想的机会平等。它与竹内的"能力的共同性论"相关，"有关能力的新平等论，是超越能力主义的机会平等论，……能力本身即社会、文化等环境中接受他人补偿的机会，在这一意义上能力等于机会平等"①。即他人的支援和补偿与能力和财力一样，是一种可能的机会，而能力等于机会就意味着个人价值和目的实现的平等。因此，原本是个人问题的能力差异，由于能力的共同性，就不再是个人所有的能力差异的问题，能力主义的差别也不再成立。

也就是说，随着实质的机会平等 D 的实现，以往认可结果不平等的机会平等，也转而对其展开批判，并逐渐向结果的平等靠拢。

在竹内看来，随着历史的发展，机会平等已从最初的"法律面前人人平等"这一法律条文形式的平等，发展为（不完全的）市民权平等这一实质性平等。然而，大部分关于"机会平等与结果平等"的论述已沦为为结果不平等辩护的不平等论，并受到新自由主义者等不平等主义者的支持。因此，有必要建立新的平等论。

（二）能力的共同性论

竹内章郎指出："相较于自由理论在上个世纪的显著进步，平等理论显得较为沉寂。特别是与能力相关的平等理论，除马克思主义的部分论述外，鲜有突破性发展。然而，自罗尔斯提出以不平等原则为基石的能力分配与资产联合理论后，自由主义和分析马克思主义领域开始在一定程度上涉足并讨论此平等理论。"② 简而言之，在机会平等的各个探讨阶段，人们对"能力（不平等）"的考量尚显不足。

一方面，随着近代平等观念的兴起，基于能力的差异日益显著。法国大革命时期的标志性文件《人权和公民权宣言》（简称《人权宣言》）第 6 条的后半部分明确指出："所有公民在法律面前一律平等，并有权依据自身能力获得荣

---

① 竹内章郎：『平等の哲学：新しい福祉思想の扉を開く』，大月書店 2010 年,139 頁。

② 竹内章郎：「優生思想を含む能力主義を廃棄しうる新たな平等思想の契機」，『中部哲学会年報』2019 年,69 頁。

誉、职位及公职，唯德行与才能是选才之标准，排除其他一切差异。”这一条款明确否定将能力以外的任何人类差异作为评判标准。"基于能力（尤其是劳动能力）的差异，成为推翻封建所有制、构建现代社会的关键所在。因此，现代社会不仅容忍，更是积极肯定这种基于能力的差异。”①。

另一方面，在罗尔斯之后涌现的各类平等理论逐渐将基于能力的差异视为问题核心，但正如竹内所说，每种理论都有其局限性。罗尔斯主张，出生与先天素质的不平等是不公正的，应予以补偿。然而，鉴于个人能力的天然差异，他并不追求能力的绝对平等，而是提出以经济补偿作为对能力不平等的间接纠正手段。值得注意的是，能力本身并未成为再分配的直接对象。此外，在罗尔斯的理论框架中，残疾人群体往往被置于讨论的边缘。

德沃金将个人的能力视为一种资源，并主张能力本身可作为共同资产进行重新分配。然而，由于能力无法被直接操纵或转让，它们并不等同于应被平等分配的"物品"。因此，他转向了一个更为温和的立场，即强调平等考虑与平等尊重的重要性。

在确定能力差异时，阿马蒂亚·森敏锐地洞察到其与财富及环境的紧密联系。因此，原本仅被视为个人所有权范畴内的"弱者"能力问题，逐渐被重新定位为财富与环境不足的制度性议题。森的论点从个人及其"外部"环境的视角出发，对能力本身进行了深刻的再审视。然而，尽管他洞察了人与财富之间的关系，却未能充分把握"弱者"与他人之间的关系，换言之，森"没能把握在交流层面的'可行能力的平等'，特别是忽略了情感与价值取向作为能力构成的重要方面"②。为弥补这一不足，亟需构建一种"能力的共同性"理论。

竹内将罗尔斯和德沃金的理论中关于能力内在于个人的观点，精炼地概括为"个人能力观"。他进一步提出的"能力的共同性"概念，深刻揭示了个人"自然性"（涵盖遗传等先天条件）与其所处环境（社会、文化等）之间不可分割的相互作用。此理论之精髓，在于其强有力的反驳能力，能够有效挑战并否定那些基于能力差异所构建的不平等观念。

---

① 竹内章郎：「能力に基づく差別の廃棄」，『哲学』1998 年第 49 号，16 頁。
② 竹内章郎：「日常的抑圧を把握するための一視角：個人還元主義・個体能力観の根深さについて」，尾関周二、後藤道夫、佐藤和夫編，『ラディカルに哲学する 4 日常世界を支配するもの』，大月書店 1995 年，164 頁。

为使人们更清晰地理解"能力的共同性"，竹内提供了两个例子①。第一个是婴儿的例子：若怀抱婴儿的母亲因故身体僵硬，婴儿亦会随之僵硬——此行为作为对他人行为的回应，展现了一种同构性，即婴儿在此情境中获得了相应的身体能力。这种表现亦可被视为互补性，婴儿因被母亲拥抱而发展出抱紧母亲的能力，表明婴儿与母亲的身体能力之间存在着紧密的联系。换言之，通常被视为"自然性"乃至私有物属性的身体能力，实则源自与他人的相互关系（即能力的共同性）。

第二个例子聚焦于知识与精神层面。竹内指出，他撰写书稿的行为看似为个人能力的展现，实际上这种能力是在环境与他人影响下形成的，故可将其视作共同能力的体现。具体而言，写作能力得益于他大学时代恩师的悉心指导与不断要求其修改推敲的过程；而即便疲惫仍能坚持工作的体力，则归功于他青年时期参与的体育团体活动及教练的训练。

根据竹内的"能力共同性"理论，可推得以下几点结论。第一，能力不再构成压迫或损害个体的不平等基础。换言之，以能力差异为由进行不公平对待的合理性已不复存在。这进一步印证了在共同存在性的框架下，无论个体被视为"弱者"还是"强者"，其能力本质上具有共同性，从而确保了所有个体在本质上的平等性（或称为"同一性"）。

第二，针对将"平等主体仅视为拥有能力"的消极观点，进一步探讨能力的"丰富化"等议题，在平等主义框架下积极构建其理论意义显得尤为重要。具体而言，私有制理论往往将能力简单视为"拥有"的附属品，而忽视了能力在人类存在中的核心地位。然而，作为"个人自然性与环境（社会、文化）相互作用"的产物，共同能力不仅关联着社会、文化的维度，更根植于人的存在本质之中，甚至可能界定人的存在意义。因此，对共同能力的理解应与促进能力本身的丰富、扩展等积极的个人行动相呼应。

第三，即便将能力视为私人财产，若以此为基础构建能力的公共理论，则会衍生出一种超越单纯能力私人占有范畴的新理论。例如，当作为个人私有财产的能力失效时，若公共理论——即能力与环境及他人（社会与文化）之间相互关系的理论——得以确立，则环境的局限性无法弥补这种失效。因此，人们终将认识到能力不足的普遍事实。也就是说，原本被视为个人私有财产的问题，很快便显

① 竹内章郎：『平等の哲学：新しい福祉思想の扉を開く』，大月书店 2010 年，161-162 页。

现出其超越个体的本质，成为整个社会和文化的共同议题。由于偶尔的能力补充被视为实现原始公共能力的一部分，这一议题便不再局限于特殊的道德范畴。

此外，竹内特别强调，在不批判能力主义差异的前提下，假定人们普遍具有群体性和公共性，实际上具备误导性。它在无形中肯定了那些接纳并强化能力主义差异的群体性的存在。"原因在于，无论动机如何，差异本质上削弱了真正的共同性，而无视能力主义差异的共同性构想，仅是空中楼阁。尽管世界上存在诸多关于共同性与公共性的理论，但我们必须直面一个事实：若忽视个人能力差异这一核心共性，终将落入将不平等视为常态的共性理论误区。"①

然而，"能力的共同性"这一概念本身就不是很清晰，难以充分实现其预期效果。竹内所列举的实例，实际上从反面凸显了森所提出的可行能力的至关重要性。因为可行能力的不平等，本质上体现为获取和发展这些能力所需条件的不平等，如医疗、教育资源的分配不均，乃至更广泛领域如食物、营养等资源的获取障碍。

（三）"新现代平等论"的基本构成

竹内章郎的"新现代平等论"可粗略分为平等的分配意向和平等的关系意向两部分，这两部分与平等的标准化、平等的机会化、平等的责任概念化和平等的样态化一起构成平等论的六要素。

1. 平等的分配意向

平等的分配意向是指"将平等视为可以通过某种分配机关进行分配的事物"②。因此，"新现代平等论"重视福利国家等分配机关。竹内章郎认为，私有财产包括财货和劳动能力，而市场等价交换受私有财产多寡的影响，这种等价交换如果没有福利国家（即社会保障体系）的介入，通过分配和再分配来平衡，单纯依靠劳动和消费的分配，就会加剧阶级差异引起的剥削带来的不平等，并成为社会的负担。③ 与此同时，还有必要防止福利国家分配机关的官僚化。因此，将社会权视为平等的客体来拥护，也需要构建新的福利国家分配机关。④

---

① 竹内章郎：『平等の哲学：新しい福祉思想の扉を開く』，大月書店 2010 年,166 页。
② 竹内章郎：『平等の哲学：新しい福祉思想の扉を開く』，大月書店 2010 年,168 页。
③ 竹内章郎：『平等の哲学：新しい福祉思想の扉を開く』，大月書店 2010 年,171 页。
④ 竹内章郎：『平等の哲学：新しい福祉思想の扉を開く』，大月書店 2010 年,175 页。

2. 平等的关系意向

平等的关系意向是指无论是平等的主体还是平等的客体，任何平等都是由主客体之间的关系决定的，既是同一性的平等又是非同一性的平等，也是超越某一时刻的在某一系列时间内必须实现的平等，更是基于不同主体相互间差异的得到相互承认的平等。① 即"依据什么平等并没有统一的唯一的决定因素，……对个人的差异及其相互关系的重视才是平等成立的标志"②。这是个人主体、自由和个性的平等论，与以往的平等论和平等主义对个人主体性和自由的妨碍有着本质的区别，因此，这也是"新现代平等论"需要解决的难题之一。

3. 平等的标准化

平等的标准化实质在于认为所有平等的事物不存在任何差别。但是，"这种极为理所当然的事情并没有被传统的平等论贯彻到底"③，因此从平等主义的立场来看，剔除平等中隐藏的不平等，将平等标准化，对"新现代平等论"的构建非常必要。所有与契约自由有关的平等、社会保障等社会权的平等都需要有一定的限制条件。此外，竹内还指出，所有人都是平等论的主体这一平等的标准化倾向，应该是平等主义理论不证自明的大前提，也没有必要对这一问题进行再探讨④。

4. 平等的机会化

平等的机会化重视对机会概念的深化和拓展。竹内认为，传统的平等论混淆了机会平等和市场竞争，并将能力主义的差异作为这一理论的推动力，实际上是一种不平等论。为消除这种不平等主义，就必须以上述实质的机会平等 D 为核心，使机会平等接近结果的平等，而不是将结果的不平等合理化。⑤

5. 平等的责任概念化

平等的责任概念化即近年来盛行的"运气均等主义"，重视个人自我责任的影响。抽象地说，与个人责任无关的运气所决定的事物，都是公共分配机关实施平等保障的对象，而由个人的自由选择决定的具有个人责任的事物则不受公

---

① 竹内章郎：「平等主義にたる平等論を！」，『司法書士』2011 年 5 月号，6 頁。
② 竹内章郎：『平等の哲学：新しい福祉思想の扉を開く』，大月書店 2010 年，185 頁。
③ 竹内章郎：『平等の哲学：新しい福祉思想の扉を開く』，大月書店 2010 年，189 頁。
④ 竹内章郎：『平等の哲学：新しい福祉思想の扉を開く』，大月書店 2010 年，190 頁。
⑤ 竹内章郎：『平等の哲学：新しい福祉思想の扉を開く』，大月書店 2010 年，196 頁。

共平等保障。"通常，个人的自我责任论是不平等主义发展的原动力，也是当今日本不平等主义的理论依据。"① 但是，竹内强调平等的责任概念化与个人的行为无关，而与个人的控制能力有关。② 因此，表象上的个人行为，如果是超越个人控制能力范畴的行为，那么也不需要追究自我责任。③

6. 平等的样态化

平等的样态化重视与能力等样态相关的平等，意味着"作为个人的自我所有物，每个人不同的样态（能力、偏好等）的满足、个人差异相应的平等的实现，以及能力样态的平等的实现"④。样态的平等，是通过他人和环境对个人能力等样态的补偿来实现的，如近视者通过眼镜（产品）的补偿来获得与健全者同样的正常视力（能力）。这说明，能力本身并非孤立存在，而是与他人的相互关系有关的、共同的能力。⑤

三、自我所有权的局限性

竹内章郎在一定程度上是承认自我所有权的，他认为自我所有权是指对"自己的东西""自己拥有的东西"的所有权，这些"东西"既包括有形的物体，如食物、衣服等，也包括无形的成果和能力，如数学题的正确答案和踢足球的技能。⑥ 正如日本宪法第29条所规定的"财产权不得侵犯"，个人对自我所有物拥有权利，同时具有不侵害他人所有物的义务。在现实生活中，个人所有是通过财产权和自我所有权这两种权利的正当化来实现的，而社会对个人自我所有权的认定是通过市场和市场商品交换实现的，即个人的自我所有物是可以自由消费的。但是，竹内认为自由至上主义自我所有权具有明显的局限性，具体表现在如下几个方面。

首先，证明自我所有权正当性的依据不可靠。如前所述，自由至上主义将自我所有权的正当性诉诸道德直觉，竹内对"道德直觉"作为评判标准的可靠

① 竹内章郎：『平等の哲学：新しい福祉思想の扉を開く』，大月書店2010年，209页。
② 竹内章郎：『平等の哲学：新しい福祉思想の扉を開く』，大月書店2010年，198页。
③ 竹内章郎：『平等の哲学：新しい福祉思想の扉を開く』，大月書店2010年，208页。
④ 竹内章郎：「平等主義にたる平等論を！」，『司法書士』2011年5月号，6页。
⑤ 竹内章郎：『平等の哲学：新しい福祉思想の扉を開く』，大月書店2010年，210页。
⑥ 竹内章郎：『新自由主義の嘘』，岩波書店2007年，2页。

性提出了质疑。他表示，如果这种道德直觉是由生产、交换、交流的状态决定的，那么仅凭道德的直觉判定自我所有权的正当性，并将自我所有权视为整个社会和人类的绝对规范，是难以获得认同的。因为，"通过这一方法被确立的自我所有权的正义，最终只是某一特定社会的生产（包括人类的再生产＝生殖）、交换、交流的特定状态的正当化。只能证明生产、交换、交流等特定状态正当性的自我所有权，是不能证明整个人类和社会存在状态的正义的"①。这就导致"自我所有"在现代生活中的大部分情况下只不过是一种幻想。

竹内对劳动能力的自我所有问题进行了解释："逐渐被人误认为是个人所有物的劳动能力在很多情况下也并非受该所有者的意识和自由所控制，很难说劳动能力是个人所有物。"② 如大多数人做着与自己意愿不符的工作，劳动能力的发挥不受个人自由意愿的支配。因此，劳动能力因受个人自由控制而被认为是个人所有的说法是不成立的。

竹内还指出，自我所有权在某种程度上已经被确认是客观成立的，如上述劳动能力的自我所有在民法等市民法的范畴内，以及在劳动契约等限定范围和社会关系中是成立的。但是，"这并不意味着，直觉的不证自明的自我所有权是整个人类和社会普遍的、正当的绝对规范"③。

其次，"身体自我所有"缺乏理论依据。竹内认为，"身体自我所有"的前提是身体、生命、能力等"活着的存在"，这些存在不是仅凭个人就能够成立的，也不是仅凭市场秩序和市民法（权）就能得以维持的，而是在以保障生存权为嚆矢的社会法（权）和他人存在的前提下，才具备了成立的可能性。即人首先是基于集团性的社会法（权）下的权利主体，其次才能享有对身体、生命和能力的所有权。因此，"主张个人拥有对自己身体、生命和能力的私有权，或者说个人是这些权利的主体，个人还原主义的身体、生命、能力的自我所有

①　竹内章郎：「『反私的所有（権）論』序説」,竹内章郎、中西新太郎、後藤道夫など，『平等主義が福祉をすくう：脱「自己責任＝格差社会」の理論』,青木書店 2005 年,200-201 頁。
②　竹内章郎：「『反私的所有（権）論』序説」,竹内章郎、中西新太郎、後藤道夫など，『平等主義が福祉をすくう：脱「自己責任＝格差社会」の理論』,青木書店 2005 年,201 頁。
③　竹内章郎：「『反私的所有（権）論』序説」,竹内章郎、中西新太郎、後藤道夫など，『平等主義が福祉をすくう：脱「自己責任＝格差社会」の理論』,青木書店 2005 年,201 頁。

（权）论［市民法论］不足以成为其他观点的出发点"①。

换言之，自我所有（权）的成立离不开社会和制度的认可与支持。身体、生命和能力的自我所有的主体，一旦失去了社会和制度的背景就不再是权利主体。竹内还提到，洛克对所有权的定义和美国《独立宣言》中所提及的个人对身体、生命和能力的自我所有权，并非普遍适用于所有人，亦非基于自然状态。洛克所有权的主体是一定财产的持有者，而美国《独立宣言》中"没有开化的印第安人"也被排除在自我所有的主体之外。因此，"人们之所以能够成为身体、生命和能力自我所有的主体，是建立在使其成为可能的社会法的秩序成立的基础之上的。故身体、生命和能力的自我所有（权）没有社会和制度的许可是不能成为先验性主张的"②。

而且，从历史的角度来看，"自我所有"也只是事实，而不能成为其他权利正当性的理由。竹内援引了马克思对私有财产的一段说明来佐证自己的观点："私有财产的真正基础，即占有，是一个事实，是无可解释的事实，而不是权利。只是由于社会赋予实际占有以法律的规定，实际占有才具有合法占有的性质，才具有私有财产的性质。"③

最后，自我所有权具有历史相对性。私有权产生于特定的社会，因此不能通过人类的自然性和道德直觉来证明其正当性，也不能用法律规定对其进行说明。竹内指出，若用马克思主义的观点来看，"自我所有（财产所有）只不过是历史的产物，具有历史的相对性"④。这一观点借助马克思对土地所有权的相关说明更容易理解："从一个较高级的经济的社会形态的角度来看，个别人对土地的私有权，和一个人对另一个人的私有权一样，是十分荒谬的。"⑤ 也就是说，

① 竹内章郎：「『反私的所有（権）論』序説」，竹内章郎、中西新太郎、後藤道夫など，『平等主義が福祉をすくう：脱「自己責任＝格差社会」の理論』，青木書店 2005 年，203 頁。

② 竹内章郎：「『反私的所有（権）論』序説」，竹内章郎、中西新太郎、後藤道夫など，『平等主義が福祉をすくう：脱「自己責任＝格差社会」の理論』，青木書店 2005 年，204 頁。

③ 中共中央马克思恩格斯列宁斯大林著作编译局：《马克思恩格斯全集（第一卷）》，人民出版社 2002 年版，第 382 页。

④ 竹内章郎：「『反私的所有（権）論』序説」，竹内章郎、中西新太郎、後藤道夫など，『平等主義が福祉をすくう：脱「自己責任＝格差社会」の理論』，青木書店 2005 年，206 頁。

⑤ 中共中央马克思恩格斯列宁斯大林著作编译局：《马克思恩格斯全集（第四十六卷）》，人民出版社 2003 年版，第 878 页。

现在人们所认为理所当然的对身体、生命、能力和土地的私有权，从较高级的社会形态的角度来看是十分荒谬的，因此是暂时性的。

第三节　立岩真也的经济伦理思想

立岩真也的平等主义观点主要体现在他对三个核心概念的主张：一是关于自由，他认为平等与自由并非对立的概念，自由主义所追求的自由反而剥夺了人们的自由；二是关于自我所有，他认为个人对劳动所有不应享有绝对权利；三是关于政府职能，他认为政府的职能范围应该缩小至仅负责所得再分配。

一、自由主义对自由的剥夺

一般来说，自由主义批判福利国家通过实行国家干预侵犯了个人自由，而平等主义则批判自由主义过度尊重个人自由，导致了结果的不平等。可见，无论是哪一方，都将自由和平等置于对立的角色，采取非此即彼的态度。立岩真也认为这种对立的结构是错误的①，并认为自由主义所追求的自由，在某种程度上反而剥夺了人们的自由。

首先，如果自由是所有人都普遍认同的，它就应该支持分配。用立岩的原话来说，"若主张自由，那么就应当支持以自由为目的的分配。对此的批判，如批判其混淆了积极的自由和消极的自由的说法也是无效的"②。这里涉及积极的自由和消极的自由的问题，立岩所说的"做自己想做的事情"按照自由至上主义的观点来看是"积极的自由"。但是，立岩认为消极的自由和积极的自由没有明显的区别，而且对"消极的自由是好的，而积极的自由不好"提出了异议。他指出："如果'想做的事情不受妨碍'是消极的自由，那么假设存在这样的情况：因为欠缺做想做的事情的'能力'，所以才做不成某事或者不能做出选择。如此一来，在实际中不能做的事情，如果不是因为他人故意的干涉，便认为他

---

① 立岩真也：「分配する最小国家の可能性について」，『社会学評論』1998 年第 3 号，427 頁。

② 立岩真也：『自由の平等』，岩波書店 2004 年，4 頁。

也是自由的。这太荒诞了。"①

其次,劳动产品的私有意味着个人对该物的生产和控制,同时也体现了生产者的价值,由此一来,个人的自由反而受到了劳动产品的限制。产品与劳动者在事实上是紧密相关的,产品通过生产成为"个人人格"的一部分。但是,立岩强调,这种关系最初是由人的意识所决定的,工作(劳动)的意义也因此多种多样,可以是一种享受,可以是生活手段,也可以是受使命感驱使等。当产品成为个人价值的体现,生产和产品就被神圣化了,工作不再是享受,生产也不再是生存的必要条件,它们将主体(人)推到了某一特定高度的位置,且使其无法逃脱,不得不受其控制。② 尽管如此持续下去会增加生产,但却限制了自由。

最后,自由至上主义的财产所有不能保证所有人的自由,或者说,其在保障某个人的自由的同时妨碍了他人的自由,所以并非对所有人都是正义的。立岩在《自由的平等》一书中阐述了自己的理由:"假设 A 对自己生产的东西拥有所有权和处置权,B 不能对其占有。这并不能从自由的角度将其正当化。有人认为'我拥有我的东西'的状态就是自由,或与自由相关,这是一种误解。因为在这种情况下,A 是自由的,B 不是自由的。B 不能做自己想做的事情,他的自由受到了限制。这种观点(财产所有)并非自由的观点,而是'私有派'的观点。从自由的立场来看,财产的自我所有是非正义的。"③

二、劳动所有的不正义

立岩真也同意自由至上主义"身体自我所有"的观点,却反对个人对劳动成果享有绝对权利,他从以下几个方面对自由至上主义的劳动所有进行了批判。

其一,立岩承认人与人的行为与该行为实现的生产所得之间存在一定关系,但不认为这就代表个人对产品享有绝对权利,即自由至上主义从"身体所有"推导出"劳动所有"的做法缺乏合理的依据,因为"对身体的权利和对其产物的权利是不同的概念","对身体的权利并不能得出对该身体可能的行为或行为

① 立岩真也:『自由の平等』,岩波书店 2004 年,45 页。
② 立岩真也:『自由の平等』,岩波书店 2004 年,64-65 页。
③ 立岩真也:『自由の平等』,岩波书店 2004 年,40-41 页。

结果的权利"①。例如，个人对眼睛的所有，不表示对使用自己眼睛而产生的成果拥有权利。虽然我们承认个人对自己的眼睛有所有权，并且不允许眼睛的强制移植，但这并不意味着双眼健全的人可以独占通过健全的双眼进行生产——包括广义的所有行为——所产生的财富。② 他强调，自由至上主义者在为劳动所有的正当性进行辩护时，只是说"因为身体是自我所有的，'所以'"由身体创造的劳动也是自我所有的，而并没有对"所以"的依据进行说明③。这样简单地把两者联系起来，是一种"泛灵论"的思想，是不被认可的。④

其二，反对再分配的观点之一认为辛勤劳作却与未付出努力者获得相同报酬是不公平的，因此提出了业绩原理，即按照劳动成果获取收入。立岩则认为，按辛劳获得收入与按业绩（劳动成果）获得收入尽管存在一定联系，但二者却是不同的两件事，因为现实生活中付出与所得并非完全对应，付出了辛劳，有可能取得的业绩（劳动成果）并不多⑤。社会环境的差异，个人资质和天赋的差异，供求关系和供给、消费的形态也有可能使劳动价值偏离预期。例如，有的人在同一时间段可以与很多客户接洽，按照业绩原理，他可以获得多的报酬，但实际上，媒体的发达使得复制变得容易，其所付出的劳动与劳动的结果并不完全对等。因此，劳动所有不能简单等同于劳动产品所有。

其三，反对再分配的另一观点认为应当按个人的贡献程度获得报酬。立岩则认为，按贡献获得报酬的"感觉"，与对产品（劳动成果）的绝对所有权是不同概念⑥，对产品的所有权既非不可侵犯的权利，亦非最优先的权利。他强调："反对个人对劳动产品的私有权，是从存在和存在的自由的立场对劳动私有权所带来的难以接受的后果的反对。"⑦ 如果贡献者对自己的贡献带来的成果具有权利，那么就必须承认贡献者对受助者（与贡献相关的部分）享有某种权利。同样，如果只有在某物的生产过程中做出贡献的人对该物享有权利，而对该物生产没有贡献的人无法享有权利，那么就是对后者存在的侵犯。所以，立

①　立岩真也：「自由はリバタリアニズムを支持しない」，『法哲学年報』，2004 年。
②　立岩真也：『自由の平等』，岩波書店 2004 年，60 頁。
③　立岩真也：「自由はリバタリアニズムを支持しない」，『法哲学年報』，2004 年。
④　立岩真也：『自由の平等』，岩波書店 2004 年，258 頁。
⑤　立岩真也：『自由の平等』，岩波書店 2004 年，66 頁。
⑥　立岩真也：『自由の平等』，岩波書店 2004 年，68 頁。
⑦　立岩真也：『自由の平等』，岩波書店 2004 年，69 頁。

岩认为"我们之所以不能支配和独占（劳动成果——笔者注），是因为……对人的存在和自由的认可应当优先于贡献"①。

三、最小分配国家

从结果主义的立场来看，立岩真也并不反对一般意义的私有，而是反对生产者享有垄断产品的权利，即特殊形态的私有结构。因此，他不主张国家统一管理产品的生产、流通和消费，而是强调国家应该且仅该承担对产品的分配责任，以达到结果公平的目的，这也是立岩最小分配国家的主张。

立岩还认为，"自由的平等"与人的能力和努力无关，它是一种"存在"的平等，这种"存在的平等"通过"所得的平等"得到保障。我们在日常生活中往往依据地位、财富、努力、学历等属性来判断他人，但是如果按照这一尺度，属性差的人就必然会受到社会的排挤，最终出现"不劳者不得食"的局面。如果"自由"具有价值，那么它对于所有的人都应当是等量的价值。因此，立岩提出，为实现这样的价值，应该把总收入按照人数平均分为若干份，平等分配给所有人，理想的社会就是这样一种将所得机械地均等分配的社会。

关于所得分配问题，人们一般讨论的主题是"小政府"与"福利的完善"的选择，而立岩认为真正的对立是"生产的政治"与"存在的政治"之间的对立。"生产的政治"根据促进国家经济成长的目标调整税率，"存在的政治"主张国家应对分配所得进行再分配，反对为增加国家财富而实施的各种国家政策。② 由此可见，立岩更重视结果的平等，而不是大多数平等主义所追求的机会和资源的平等。

立岩主张结果平等的理由有二：其一，市场竞争的出发点、过程和结果均具有不确定性，我们无法确保出发点的平等，竞争双方或某一方的利己的或利他的行为都会导致不同的结果③；其二，为防止人们之间产生嫉妒、羡慕、仇恨等负面情绪，有必要使人们的所得尽可能地接近平等④。需要注意的是，一味地追求"结果的平等"有可能使能工作的人和努力工作的人有所损失。立岩对

---

① 立岩真也：『自由の平等』，岩波书店 2004 年，70 页。
② 立岩真也：『自由の平等』，岩波书店 2004 年，20-22 页。
③ 立岩真也：『自由の平等』，岩波书店 2004 年，4 页。
④ 立岩真也：『自由の平等』，岩波书店 2004 年，92-93 页。

这一问题的解释是"基本上与个人能力无关，只要每个人拥有差不多就行，因此只生产必要的就行"①。

立岩认为国家是再分配的唯一主体②，这是因为生存是人的基本权利，保障此权利则是人的义务。如果这一义务是现实中必须实现的义务，则需要有强制力限制违反这一义务的行为，而拥有强制力的只有国家。立岩是如此解释国家的这种唯一性的："因为不存在双重权力状态，所以同一情境下权力或强制力的实现只有单一的主体。固然可以设定比国家更大的单位，但这种单位目前还未出现，故国家为唯一可行选择。"③

尽管具体的分配制度不会如此简单，还需要考虑其他因素，但立岩坚持制度改革的方向应该是将政府职能缩小为只提供所得的平等分配服务，不再涉及现有的福利事业，即主张最小国家论④。因为政府的职责是"尊重他人的存在"，而他人不在某种特定的关切产生的共同性之中，所以公立学校和公立医院等公共服务一律不需要提供。尽管所得的平等是理想的结果，但是也存在负面影响，如人们会产生懒惰思想及行为，一味地追求社会地位，或利用自己的权力将无法再分配或不可转让的资产占为己有。所以立岩认为，为防止政府权力的膨胀及腐败，必须精简政府的职能，只具备机械性分配所得收入功能的最小国家形态才是实现人类存在自由的最优体系。

第四节　简要评价

与自由至上主义相反，日本的平等主义和马克思主义是反对新自由主义改革的。相较于欧美的平等主义，日本的平等主义形成了更为激进的思想与主张。

第一，在对新自由主义所主张的"自由"的批判方面，他们从"自由"本身的含义和要求出发，得出了"自由主义所追求的自由反而剥夺了人们的自由"

---

① 立岩真也：『自由の平等』，岩波書店 2004 年，140 頁。
② 立岩真也：「分配する最小国家の可能性について」，『社会学評論』，1998 年第 3 号。
③ 立岩真也：「分配する最小国家の可能性について」，『社会学評論』，1998 年第 3 号。
④ 立岩真也：『自由の平等』，岩波書店 2004 年，16-18 頁。

的结论。其论证思路和途径更加接近于马克思主义的"异化"思想。如竹内章郎在批判劳动能力的自我所有时，认为劳动能力在大多数情况下不受本人的意识和自由的控制，这正是马克思式的不自由。马克思认为，人类的生命活动应当是自由的、有意识的活动，如"劳动力占有者要把劳动力当做商品出卖，他就必须能够支配它，从而必须是自己的劳动能力、自己人身的自由所有者"①。但是，异化劳动却导致了人与自己的类本质相异化和人与人相异化等后果。这就使得劳动不再是自愿的、自主的，而是被迫的、强制的；不再是快乐的、自在的、自我肯定的，而是痛苦的、不自在的、自我否定的。

第二，他们为"防止人们之间产生嫉妒、羡慕、仇恨的情感"更加强调结果平等，而不像欧美平等主义者那样更加看重机会平等，这又与美国左翼平等主义者德沃金的"妒忌检验"思想十分类似。

第三，立岩真也认为自由至上主义的财产所有不能保证所有人的自由，或者说，其在保障某个人的自由的同时妨碍了他人的自由，所以并非对所有人都是正义的。此论证存在瑕疵，对自由至上主义的私有财产权构不成任何威胁。无论洛克还是诺齐克，当他们用"自我所有"指向私有产权时，就否定了垄断与浪费，因此"假设 A 对自己生产的东西拥有所有权和处置权，B 不能对其占有"这一说法，实际上是对自由至上主义的一种误解。

第四，他们用"福利权"和平等的负面作用来论证不平等存在的必要性，这与罗尔斯的"差别原则"所支持的不平等存在很大的差异。罗尔斯发表《正义论》后，欧美国家的社会、政治、经济学界在对正义进行大讨论之时，日本却鲜有人对罗尔斯平等主义的立场进行真正的研究②。竹内章郎曾在文章中指出，在20 世纪八九十年代，日本只有极少数平等主义者从平等论的视角评价罗尔斯③，或将德沃金视为比罗尔斯更具有平等主义精神的平等主义者④，除此之外，即使也有学者对罗尔斯给予关注，亦不乏介绍罗尔斯哲学的文章，"却几乎没有人关

---

① 中共中央马克思恩格斯列宁斯大林著作编译局：《马克思恩格斯文集（第五卷）》，人民出版社 2009 年版，第 195 页。

② 竹内章郎：「平等の構想に向けて第一部」，『岐阜大学教養部研究報告』1996 年,1 頁。

③ 吉崎祥司：「J・ロールズの平等論について：平等論の再生について」，『北海道教育大学紀要（第一部）社会科学編』,1986 年第 1 号,49-63 頁。

④ 長谷川晃：「平等・人格・リベラリズム」，『思想』1989 年第 1 号,53-94 頁。

心他文章中的平等概念和平等构想的理论"①。究其缘由，竹内章郎归纳了如下4个因素：

（1）无论是在大学讲坛还是人们的日常生活中，当时脍炙人口的思想都是作为平等理论旗手的马克思主义，尤其是在经济高速增长期之后，人们更是忽视了平等理论的发展；（2）伍德（Allen W. Wood，1942— ）对马克思平等观的评价"马克思并不认为社会的平等本身是好的"② 在日本得到普遍接受，进一步削弱了对平等理论的探索；（3）在知识界，当时的很多学者倾向于认为日本基本已经实现了平等，但同时忽视了自由，学界和民众也就此达成共识，对平等也渐渐失去关心；（4）能力主义（反平等主义）在当时的日本大行其道，在这一背景下，广义的福利国家的脆弱与企业社会的牢固形成鲜明的对比，加剧了社会对平等议题的忽视。

事实上，REM 研究会的成员均来自日本唯物论学会，后藤道夫更是该学会的会长，可见日本的平等主义受马克思主义的影响之大。

综上，无论是自由至上主义者还是平等主义者，他们在对"自我所有"的论证上都具有庸俗化的倾向，如森村进把动物的活动等同于人的劳动，忽略了人类劳动的主观能动性本质；立言真也将人的目力所及视为眼睛的"劳动"，忽视了劳动对现实世界进行物质性改造的内涵，这些观点无疑将成为马克思主义者批判的目标。

---

① 竹内章郎：「平等の構想に向けて第一部」，『岐阜大学教養部研究報告』1996 年，1 頁。
② 竹内章郎：「平等の構想に向けて第一部」，『岐阜大学教養部研究報告』1996 年，2 頁。

第四章

日本马克思主义经济伦理思想

外国学者往往惊讶于马克思主义在日本这样一个资本主义国家，竟能对人们的知识生活产生如此广泛的影响。尽管现代经济学居于主流地位，马克思主义经济学至今仍然是日本大学经济学专业的必修科目。正如美国公认的日本问题专家埃德温·赖肖尔（Edwin O. Reischauer，1910—1990）所说："日本的马克思主义已证实犹如生命力极强的植物，尽管它不符合 20 世纪的历史事实，比如日本正在展开的那些事实，但并没有使它枯萎。……尽管日本的土壤如此贫瘠，马克思主义还是苗壮成长起来。"①

第一节　日本马克思主义经济思想的发展及现状

马克思主义经济思想传入日本后，经历了萌芽、发展、成熟和复兴的多个阶段。在此过程中，围绕价值理论、地租问题以及日本资本主义性质展开的三次重大论战催生了"劳农派"和"讲座派"两大流派。二战结束后，形成了"正统派""宇野派""市民社会派"和"数理经济学派"四大主要学派，涌现出众多杰出的研究成果。进入 20 世纪 90 年代后，随着全球化和环境等现实议题的日益凸显，旧有学派逐渐向多元化发展，而新兴学派不断涌现，呈现出一种无序却又充满活力的学术景象。

---

① Reischauer, E. O. (1947). Japan: Past and Present（3rd edn.）. London: Duckworth, 225.

一、明治初期日本马克思主义经济思想萌芽

1868 年，明治维新开启了日本紧闭多年的国门，来自欧洲的各种经济思想和社会思想开始如潮水般涌入日本。这一时期日本翻译出版了大量相关著作，内容广泛，既有英国古典自由主义，也有德国历史学派的国家主义；既有法国的天赋人权等自由民主思想，也有马克思的社会主义。可以说，日本的社会主义思想启蒙几乎是与资本主义的发展同步进行的①。

日本学者普遍认为最早提及"社会主义"和"共产主义"的著作是政治学家加藤弘之为天皇侍讲天赋人权思想时所著的《真政大意》（1870），只不过当时日语中还没有这两个词，而是直接将其音译为"ソーシャリズム"和"コミュニズム"。随后，西周在 1872 年末至 1873 年初向天皇进讲西方政治思想的手记中将"通有之学（Communism）"与"经济学"做了对比，认为前者主张将一切财富进行平均分配，后者则把贫富差距归结为个人才能差异的结果。在完成于 1879 年左右的社会主义思想学说《社会党论之说》② 中，西周还介绍了欧洲空想社会主义的各个流派，不过文章没有提及马克思主义。1881 年 4 月，日本基督教领袖小崎弘道（1856—1938）在《六合杂志》（第 7 期）发表《论近世社会党之起源》一文，这是日本第一篇详细介绍社会主义思想的文章。而作为汉字词汇的"社会主义"是由福地源一郎（1841—1906）于 1878 年在报纸《东京日日新闻》上首次使用的。

随着社会主义在日本的传播，其特点也日益凸显——初期日本社会主义的思想基本是从马克思主义以外的渠道汲取养分，主要有两个思想源泉：一个是以中江兆民（1847—1901）、幸德秋水（1871—1911）、酒井雄三郎（1860—1900）为代表的自由民权思想；另一个是以安部矶雄（1865—1949）、村井知至（1861—1944）、片山潜（1859—1933）、山川均（1880—1958）为代表的基督教社会主义。按照日本经济学家日高普（1923—2006）的看法，自由民权主义的社会主义倾向的影响远不如基督教社会主义。自由民权主义的斗士们虽然做出了以生命为代价的巨大牺牲，但终究未能构成日本社会主义运动的主流，日本早期

---

① 张忠任：《马克思主义经济思想史（日本卷）》，东方出版中心 2006 年版，第 11 页。
② 西周：『西周全集（第二卷）』，宗高书房 1961 年，420-432 页。

社会主义潮流的主导权掌握在基督教社会主义的手里①。

起源于 19 世纪 70 年代的日本自由民权运动，是由旧武士发起的反对藩阀政治、要求扩大人民权利和自由的政治运动，很快在日本全国蔓延开来，并赢得了人口占比很大的农村人口的支持。其核心诉求包括减轻地税、修改不平等条约、开设国会及制定宪法，左派活动家中也有人强调平均分配财富②。1897 年 4 月，由 200 多名进步知识分子组成的日本最早的社会主义研究团体——"社会问题研究会"在东京成立，中村太八郎（1868—1935）、樽井藤吉（1850—1922）和西村玄道（1858—1897）任干事，幸德秋水和片山潜等人也参与其中。这一团体以"理论与实际相结合研究社会问题"为宗旨，试图有组织地、系统地传播社会主义思想，研究的问题也包括普通选举、土地国有、教育费用的国库支出等。但是，由于团体中不仅有社会主义者，也有激进的自由民权者、基督教徒、国家主义者、自由主义经济学者等，该会仅存续一年多便解散。1898 年 10 月，安部矶雄、片山潜、幸德秋水、河上清（1873—1949）、堺利彦（1871—1933）、木下尚江（1869—1937）、西川光二郎（1876—1940）等对社会主义理论研究有所关心的人创立了"社会主义研究会"，由村井知至任会长，他在 1899 年 7 月出版的《社会主义》（劳动新闻社）一书，是日本最早的社会主义理论著作，将社会主义与基督教相结合，认为社会主义在经济上主张"变私有资本为共有资本"。1900 年，"社会主义研究会"更名为"社会主义协会"，研究对象主要是路易·勃朗（Louis Blanc，1811—1882）、普鲁东（Pierre-Joseph Proudhon，1809—1865）、圣西门（Henride Saint-Simon，1760—1825）、傅立叶（Joseph Fourier，1768—1830）、拉萨尔（Ferdinand Lassalle，1825—1864）、马克思等人的思想。时任会长安部矶雄的思想可从其《社会问题解释法》（东京专门学校出版部，1901）一书窥见一斑。安部认为，经济不平等和贫困等社会问题是由"分配不公平"造成的，为消灭这些不平等，应该效仿德国社会主义，采用社会改良的方法，走议会主义道路。很明显，这种观点受到了以拉萨尔为代表的德国社会民主党的影响，而事实上，这也正是当时日本社会主义的基本状况。

---

① 日高普：『日本のマルクス経済学：その歴史と論理』，大月書店 1967 年。

② Bowen, R. W. (1980). *Rebellion and Democracy in Meiji Japan: a Study of Commoners in the Popular Rights Movement.* Berkeley：University of California Press.

1903 年，幸德秋水发表出版《社会主义神髓》（朝报社），该书与片山潜的《我的社会主义》（社会主义图书部，1903）并称为日本明治时期社会主义启蒙的"双璧"，对马克思主义在日本的传播起到了巨大作用，被公认为当时社会主义理论研究的基石。在日本近代思想史上，"这两部著作，表示出明治年代社会主义者们所达到的社会主义理论的最高水平，是历史上值得纪念的功绩，但是，两者在理论上的分歧，又却在它同工人运动的结合上表现出的差异。……《神髓》一书，在读书界博得远远高出《我的社会主义》的好评"①。

幸德秋水将自由、平等、博爱的法国革命核心理念与儒家思想中的"仁"和"义"等同起来②，并且将"正义、和平、自由平等的理想信仰的涵养"③ 作为其批判现实的思想基础。作为日本第一部系统介绍社会主义的著作，《社会主义神髓》考察了产业革命带来的生产力发展和贫富分化问题，指出其根源在于分配的不公平，是由生产资料的少数人垄断造成的，要解决这一问题，必须实现生产资料的公有。书中还介绍了马克思的唯物史观和剥削理论，尖锐地指出社会生产与资本家所有之间的矛盾，论证了资本主义社会不是永存的，强调了社会主义的优越性。尽管如此，幸德书中对社会主义运动中劳动者的阶级斗争和无产阶级权力的意义论述甚少，对剩余价值理论等经济理论的理解也较为浅显，此外，还表现出机会主义和进化论的倾向，这些思想特征最终引导他走上无政府主义的道路。

片山潜的《我的社会主义》阐述了他当时对社会主义的认识和理解，对资本主义社会的形成、发展到消亡从理论上进行了分析和批判，在此基础上从经济、社会、文化、政治等方面说明了社会主义制度的优越性，探讨了资本主义向社会主义转化的问题，表明了社会主义的理想。他在书中提出"社会必将发生革命"，但是，这种革命并非武力，因为"警察权在资本家手里，法院也根据为资本家制定的法律进行判决，军队、警察都不惜为维护资本家制度而屠杀工

---

① ［日］近代日本思想史研究会：《近代日本思想史（第二卷）》，李民、贾纯、华夏等译，商务印书馆 1991 年版，第 67 页。

② 幸德秋水：『予は直言す.幸德秋水全集（第五卷）』，日本图书センター 1994 年，321 頁。

③ 幸德秋水：『松の内の国民.幸德秋水全集（第二卷）』，日本图书センター 1994 年，163 頁。

人"，所以，在这种情况下，"工人最终所有的权力是劳动，工人可以选择劳动或不劳动，从而与资本家做斗争，……而且在宪法下的人民确实享有此种权利"，因此，"社会革命应以同盟罢工（特别是政治性的）来实现"，而不是通过武力。①

此外，1903 年还涌现出大量社会主义相关的著作和译著，如安部矶雄的《社会主义论》、西川光二郎的《财富的压制》、木下尚江的《社会主义与妇人》、山口孤剑②（1883—1920）的《破帝国主义》（铁鞭社）、美国文学家贝拉米（Edward Bellamy，1850—1898）的《百年后的新社会》（《百年一觉》一书的摘译）、德国经济学家桑巴特（Werner Sombart，1863—1941）的《十九世纪的社会主义与社会运动》等，社会主义开始流行起来。

1904 年 11 月 13 日，幸德秋水和堺利彦在《平民新闻》第 53 期上联合翻译并发表了日本最早的《共产党宣言》译本（缺少第三节），"在日本社会主义思想发展史上揭开了光辉的一页③。1906 年，堺利彦补译了第三节，将其与之前的译文一起刊载在《社会主义研究》（第 1 期）上，这是《共产党宣言》的第一个日文全译本。接着，1906 年 7 月 5 日，堺利彦在《社会主义研究》第 4 期上刊登了恩格斯的《社会主义从空想到科学的发展》。这一时期，尽管已经有幸德的《社会主义神髓》和片山的《我的社会主义》，日本学界已经开始在理论上关注马克思主义，但社会运动依然以无政府主义为主流思想。人们还不能够很好地理解无政府主义和马克思主义的区别，导致理论和思想仍旧处于混乱状态。

1907 年 11 月，鸡声堂出版了堺利彦与森近运平（1881—1911）合著的《社会主义纲要》，该书详细地介绍了马克思主义政治经济学，不仅在日本马克思经济学研究史上具有重要意义，更与前述《社会主义神髓》和《我的社会主义》一起被誉为"明治社会主义史上最重要的文献"④，且"该书的理论水平远远超

① 片山潜：『都市社会主義・我社会主義』，实业之日本社 1949 年，305 页。
② 山口孤剑，日本的报纸、杂志记者、评论家、社会运动家。本名山口义三，出生于山口县，在东京政治学校上学时受了基督教的洗礼，后出于对社会问题的关心而加入了平民社，反对日俄战争。因参与散发大杉荣（1885—1923）的反战海报被投入狱。
③ ［日］近代日本思想史研究会：《近代日本思想史（第二卷）》，李民、贾纯、华夏等译，商务印书馆 1991 年版，第 72 页。
④ 饭田鼎：「明治の社会主義(3)」，『三田学会雑誌』1977 年第 1 号，38 页。

过其他两本"①。而关于劳动力剥削的问题，森近运平"赞同普鲁东的观点，认为现行法律认可的某些财产形式实为盗窃的合法化。但是这并不是说金钱、机械、房屋、船舶是富豪们直接偷来的，如果是直接偷取，即使是一个火盆、一片面包——这些与饥饿者性命攸关的东西，在法律上也是有罪的。但是，若盗取生产财富的根本力量、外部不存在的力量，即通过某种方式盗取人类的劳动力，将不会受到法律的制裁，也不会受到道德的谴责……。如今掠夺劳动力被视为资本家的权利，反对者反而被冠以盗贼或恶人之名"②。至于剥削劳动力的方法，森近指出，"尽管人们的工作量大于生活费用，但劳动者得到的工资却仅有最低生活费用，其余部分都变成了资本家的利得。而劳动者想要得到与自身生产力相当的报酬则是不可能的"③。由此可见，森近并没有意识到普鲁东主义与马克思主义之间的区别与联系。

1907 年，山川均在《大阪平民新闻》（8—10 月，6—9 期）上连载了《马克思的〈资本论〉》，介绍了《资本论》的写作过程和内容结构，将《资本论》中的大量概念引入了日语，其中部分概念已成为日本马克思主义文献中引用的规范术语。岸本英太郎（1914—1976）教授甚至认为，"森近的《社会主义纲要》有可能是读了山川的《马克思的〈资本论〉》以后完成的"④，不过这已无从考证。

同一时期，身为社会政策学会成员的福田德三对当时日本社会主义运动所处的矛盾状态进行了强烈批判，指出若不能明确马克思主义与无政府主义的区别，陷入二者的矛盾之中而不自知，社会主义运动将无法开展。可见，福田的马克思经济学研究已初具雏形。不过，福田的日本社会主义批判不可避免地带有无政府主义的倾向，尽管他对站在马克思主义经济学立场上的幸德秋水和堺利彦等学者的批判非常贴切，但是，19 世纪末，在大部分学者还没有弄清楚帝国主义欧洲经济学的研究情况以及帝国主义和劳动运动的关系的背景下，他的观点无法

---

① ［德］李博：《汉语中的马克思主义术语的起源与作用：从词汇-概念角度看日本和中国对马克思主义的接受》，赵倩、王草、葛平竹译，中国社会科学出版社 2003 年版，第 87 页。

② 森近運平：『労力の掠奪.資料日本社会運動思想史（5）』，青木書店 1968 年，467-468 頁。

③ 森近運平：『労力の掠奪.資料日本社会運動思想史（5）』，青木書店 1968 年，470 頁。

④ 飯田鼎：「明治の社会主義(3)」，『三田学会雑誌』1977 年第 1 号，43 頁。

被人们理解。

日俄战争期间和战后，日本国内的经济危机激发了大规模的工人运动，政府出动了警察和军队进行镇压。1908 年 6 月，借庆祝盟友山口孤剑出狱之机，社会主义直接行动派（强硬派）举行了游行，其原意为刺激议会政策派（温和派），最终却与警察发生冲突，引发"赤旗事件"（因欢迎会在东京神田锦辉馆召开，又称"锦辉馆事件"），堺利彦等 14 人因此被捕入狱。1910 年 5 月下旬，日本长野县明科锯木厂的一名工人因携带炸弹到工厂被查出，4 名强硬派社会主义者遭到逮捕，并被指称意图谋杀天皇，这一事件被称为"明科事件"。随后，当局以参与天皇谋杀计划为由逮捕了幸德秋水等 22 名社会主义者和无政府主义者，经过秘密审讯后将其罪名定为"大逆"。1911 年 1 月，幸德秋水和森近运平等 12 人被处以绞刑，另外 12 人被判无期徒刑。经过这次"大逆事件"（又称"幸德事件"），言论、集会、结社的自由被完全剥夺，日本社会主义运动受到了严重打击，走向低潮，进入了"严冬时代"。[1]

二、两次世界大战期间日本马克思主义走向成熟

一战期间，日本工业的发展、无产阶级队伍的壮大，为日本马克思主义的发展积蓄了力量。贫富差距的增大、劳资纠纷的出现以及农村危机的突显，促进了马克思主义经济学与日本的政治实践的结合。俄国十月革命的爆发更是引起了人们对马克思主义的兴趣，促进了马克思主义思想在日本的传播。这一时期的日本学者不断深化对马克思主义经济理论和思想的理解，并试图运用它们来解释一些实际的社会经济现象。在马克思主义与现代经济学的外部论战和马克思主义的内部论战中，日本马克思主义经济思想逐渐走向成熟，而论战也成为日本马克思主义经济思想发展的一大特点。

这一期间发生了两次激烈的大论战：一是马克思主义阵营内部关于日本资本主义的论战，由此形成了日本马克思主义两大学派——"讲座派"和"劳农派"；二是马克思主义经济学与现代经济学之间关于价值理论和地租理论的论战。

---

① ［日］近代日本思想史研究会：《近代日本思想史（第二卷）》，李民、贾纯、华夏等译，商务印书馆 1991 年版，第 82—83 页。

日本第一位著名的马克思主义经济学家河上肇，是最早思考经济与伦理关系的日本马克思主义者。他在 1913—1914 年留学英国和德国期间对欧美资本主义进行了考察，回到日本后于 1916 年发表连载论文《贫乏物语》并因此名声大噪。这本书也是河上肇早期经济伦理思想的代表作。

河上肇在书中以翔实的统计材料披露了在英国等欧美资本主义国家，伴随着生产力快速发展与社会财富不断增加，大多数人却愈加贫穷的现状，批判了当时流行的针对这一问题的两种解释。首先，他反驳了马尔萨斯关于生产力扩大带来的收益被人口增长抵消的观点，指出这些工业国家的生产力发展速度在过去的 100 多年里比人口增长快得多，更何况这一理论也无法解释少数人富裕而多数人贫穷的原因①。其次，第二种解释认为这是由财富分配的不平等造成的。河上认为这种观点没有理解现代商品经济的真正作用，因此是肤浅的②。在批评上述两种解释的基础上，河上对为什么存在经济不公平这一问题给出了自己的解释，他认为"生活必需品生产的不足，缘于生产力过度集中于奢侈品的制造。因为一旦生活必需品的生产量稍大于穷人可以支持的需求，这些商品的价格就会下跌，进而使利润下降，所以商人便限制这类商品的生产。在我看来，这就是在现今文明国家多数人贫穷的主要经济结构原因"③。河上从孟子"无恒产者无恒心"的伦理角度强调消除贫困的必要性。按照河上的观点，社会问题即伦理问题，只有将经济行为与伦理相结合，问题才能真正得到解决。具体而言，其一，富人应该停止追求奢侈生活，将剩余利益施舍给穷人，这样才能解决社会问题，国家才能够实现真正的安定与和平——这与德川思想家熊泽蕃山的主张相同。其二，他还提出了工业国有化和国家管理福利的建议——这与德川时期佐藤信渊的平等主义国家主义观点如出一辙。河上所提出的解决方法体现了其将经济学分析与儒家道德思想相结合的特点，说明这一阶段他的经济伦理观源于儒学传统，是对江户时代以来"经世济民"思想的继承。

在《贫乏物语》中，河上将马克思誉为"19 世纪最伟大的思想家"④，不过，他对马克思主义经济学的理解仍然是在与儒家思想的比较中进行的。他将

---

① 河上肇：『貧乏物語』，岩波文庫 1965 年，77-78 页。
② 河上肇：『貧乏物語』，岩波文庫 1965 年，80 页。
③ 河上肇：『貧乏物語』，岩波文庫 1965 年，87 页。
④ 河上肇：『貧乏物語』，岩波文庫 1965 年，122 页。

马克思的经济观点解释为经济的发展是决定法律、政治、思想、道德和文化的基础，进而指出这一观点与"仓廪实而知礼节，衣食足而知荣辱"的儒家思想在本质上是相同的，即人类只有在物质需要得到满足后，行为才能符合道德要求。这种比较是对马克思辩证唯物史观的过分简单化，没有抓住马克思主张的生产资料公有制的本质，仅在分配方面探讨财富，是对马克思主义的曲解，但这正是河上经济学观点的独特之处。对河上而言，经济学的最终目的是使人类更加完善，而不是仅研究财富的生产和分配。他将贫困视为罪恶，因为它使穷人在低于人类生活标准的环境下生活；他也不相信财富本身可以带来幸福，甚至认为过度的财富和过度的贫困一样是痛苦之源。①

1922年，山川均《无产阶级运动方向的转换》的发表，标志着社会主义思想由学术性的传播开始转向政治实践。在弟子栉田民藏（1885—1934）的影响下，河上对马克思进行了更加深入的研究，包括对《资本论》的翻译以及大量经济学论著的发表。河上在1923年出版的《资本论入门》的长序中表明，他"仍在为将自己的个人道德观同马克思认为人类历史不是个人的活动而是最终由经济结构的发展来决定的观点协调一致做着努力"②。1927年，河上发表了题为《再论马克思的社会意识形态（兼答福本和夫的批判）》的文章，表明他开始接受并掌握了马克思的唯物史观和辩证唯物主义思想，认为人类历史上的变革都是由被统治阶级针对统治阶级发起的阶级斗争，并将这一观点的改变视为其自身学识的进步和深化。

大正后期，日本政府开始加强对持不同政见者的压制，众多政治活动家遭到逮捕。1928年，文部省下令各大学驱逐"左翼教授"，河上因在当年的总选举中支持了激进派候选人而被京都大学解聘。4年后，河上加入共产党③，却也因此在1933年受人检举违反治安维持法而被捕，于1937年出狱后度过了艰苦的后半生。在战后很长一段时间里，日本马克思经济学者都认为河上的思想轨迹是脱离伦理主义转向科学马克思主义的觉醒过程。④ 而他本人直至晚年都坚持自己

---

① 河上肇：『貧乏物語』，岩波文庫1965年，42页。

② ［英］泰萨·莫里斯-铃木：《日本经济思想史》，历江译，商务印书馆2000年版，第91页。

③ 共产党在当时的日本为非法党派。

④ 山脇直司：『経済の倫理学』，丸善株式会社2002年，46页。

是一个保持伦理思想的马克思主义者。

除河上肇外，高畠素之（1886—1928）也对《资本论》在日本的传播做出了巨大贡献。1919 年 5 月，卖文社以《资本论解说》为题出版了高畠素之翻译的考茨基（Karl Kautsky，1854—1938）的著作《卡尔·马克思的经济学说》（1887 年）。1920 年开始，高畠素之又陆续出版了《资本论》三卷的全译本（大镫阁，1920—1924）。1925—1926 年，新潮社出版了全面改订本，这一版的译文较前者有较大的改变。1927—1928 年，改造社出版定本，收入该社战前出版的《马克思全集》中。

然而，1927 年的金融危机（又称"昭和金融危机"）和 1928 年的世界经济大萧条，加深了日本的经济危机，工人运动重新高涨，冲击了政府的统治。于是，20 世纪 20 至 30 年代期间，日本政府采取了对政治活动家的逮捕和对政治争论的限制措施，严重阻碍了日本马克思主义经济思想的发展。部分马克思主义者开始意识到，脱离工人的、不合法的共产党起不到什么作用，应该创建一个以工人和农民为基础的群众性组织，最后发展成推翻资本主义的革命力量。在共产国际的帮助下，1926 年，日本共产党正式重建，并于 1927 年发表了"1927 年纲领"，纲领将推翻天皇制的资产阶级民主主义改革定为先于社会主义革命的目标，即主张"二阶段革命论"。

围绕这一"二阶段革命论"，日本马克思主义内部展开了论战，并逐渐形成了两个派别。以山川均、河上肇、铃木茂三郎（1893—1970）、向坂逸郎（1897—1985）、土屋乔雄（1896—1988）、猪俣津南雄（1889—1942）等人为代表的部分学者对"二阶段革命论"持反对态度，主张"一阶段革命论"，即直接进行推翻资产阶级的社会革命。这部分学者离开了共产党，因在 1927 年创立了《劳农》刊物，被称为"劳农派"。劳农派的阵地除《劳农》外，还有《大原社会问题研究所杂志》和《先驱》等。

日本共产党的"1932 年纲领"① 由于强调日本封建统治的特殊性，引起了论战的进一步激化，与劳农派对立的一部分人于 1929 年从共产党中分离出来，形成了"讲座派"——因 1932 至 1933 年间连续发行多卷本《日本资本主义发展

---

① 1932 年 5 月共产国际制定的《关于日本形势与日本共产党任务的纲领》，简称"1932 年纲领"。

史讲座》（共七卷）而得名。其主要代表人物有野吕荣太郎（1900—1934）、山田盛太郎（1897—1980）、平野义太郎（1897—1980）、大塚金之助（1892—1977）、小林良正（1898—1975）、服部之总（1901—1956）、羽仁五郎（1901—1983）、山田胜次郎（1897—1982）等，代表作有野吕荣太郎的《日本资本主义发展史》（1930）和《日本资本主义发展的历史条件》（1928 年 3 月—1929 年 3 月连载于《马克思主义讲座》）、服部之总的《明治维新史》（《历史科学》1933 年 4—7 月期）等。讲座派的理论阵地主要是杂志《经济评论》《历史科学》《唯物论研究》等，此外，《改造》和《中央公论》也是两派论战的主要阵地。

1933 至 1937 年间，两派围绕日本资本主义的性质问题展开了激烈的论战，论战的中心问题是"如何依据《资本论》中的原理来揭示日本资本主义的历史特点"。讲座派强调日本的后进性和特殊性，认为日本资本主义中存在封建残余，因此社会结构和政治结构的演进可以走不同于马克思在资本主义分析中描绘的道路，坚持"二阶段革命论"。而劳农派也认识到日本的发展不能直接照搬欧洲的资本主义模式，但他们认为讲座派夸大了日本资本主义与欧美资本主义的差异，没有充分意识到两者的共同点，更忽视了日本资本主义内部的动力和变化，只选择对自己有利的理论根据，脱离了现实。

在马克思主义内部展开大论战的同时，由于日本的各大高校与欧美各国的学术交流的增加，欧美新古典经济学的最新成果也能够很快被日本学者所了解，因此日本也出现了类似于欧洲的马克思主义经济学与现代经济学之间交锋的两场论战。关于价值理论的论战始于小泉信三（1888—1966）于 1922 年 2 月在《改造》杂志上发表的题为《劳动价值说和平均利润的问题：对马克思价值说的批判》的文章。曾留学欧洲的小泉对价值问题的认识承袭了奥地利经济学家庞巴维克（Eugen von Böhm-Bawerk，1851—1914）的观点，他认为马克思《资本论》第一卷的价值理论和第三卷的生产价格论是矛盾的，并且陷入了循环论证。最先对小泉发起反击的是山川均，但后来栉田民藏的论证更加深入。栉田指出，两个理论分别适用于资本主义的不同阶段，《资本论》第一卷的价值理论对应的是资本主义以前的简单商品生产阶段，第三卷的生产价格理论对应的是发达资本主义阶段。不过，这场论战不久就转化为马克思主义内部栉田与河上肇之间的论战，后来又发展为河上与福本和夫（1894—1983）之间的论战。后人对以小泉和栉田为中心的这番论战评价并不高，如英国著名的日本史专家泰萨·莫里斯-铃木认为，争论双方只不过重复了当年在欧洲的那场论战，没有多少新意，自己的创见又往往不正确。"不过这场论战的历史意义却不可低估，因为正是从那时开始，价值理论成了日本经济学的中心课题"①，"为 20 世纪 50 年代的宇野弘藏迄止 70 年代的森岛通夫的战后经济学取得重要的理论进步奠定了基础"②。

另一场围绕马克思差级地租理论的论战，从 1928 年 4 月持续到 1933 年 1 月。反对方以近代经济学者土方成美和二木保几（1892—1934）为代表，认为马克思的"平均原理"和"边际原理"是矛盾的，差级地租则是"虚假的社会价值"，而不是剩余价值。对此，以猪俣津南雄、栉田民藏和河上肇为代表的马克思经济学者认为，农产品的市场价值由最差条件下的边际价值决定，这是方法论上由抽象到具体的分析方法问题，与平均理论并不矛盾，并坚持认为差级地租是剩余价值。同样，这场论战最后也变为马克思主义内部的论战并不了了之。

从三大论战的情况不难看出，20 世纪 20 至 30 年代，马克思主义经济学在日本占据主流地位。对此，泰萨·莫里斯-铃木做出了如下解释："首先，20 世纪 20 年代和 30 年代前半期日本的经济环境是严重的农村萧条与财富集中于一小撮财阀同时并存，正如马克思经济学批评新古典派的那样，这很不符合乐观的自由经济的景象。第二，许多日本经济学家（河上肇就是一个突出的例子）明显受到马克思著作中洋溢的道德热情的吸引，如我们将要看到的，河上肇明确地将这种经济观当作对不公正的讨伐而与明治以前日本的伦理思想和经济思想的传统联系起来。第三，由于日本的经济学与德国的经济学有紧密的联系，日本学者不可避免地会接触到围绕马克思主义思想的重要争论。因为马克思主义在欧洲大陆国家的学术论文中所起的作用远比它在英国和美国重要。"③

然而，从 20 世纪 30 年代中期至二战结束之前，由于日本国内军国主义的猖獗以及国际政治局势的紧张，日本对马克思主义学者进行了新一轮的镇压。

---

① 张忠任：《马克思主义经济思想史（日本卷）》，东方出版中心 2006 年版，第 45 页。

② ［英］泰萨·莫里斯-铃木：《日本经济思想史》，厉江译，商务印书馆 2000 年版，第 105 页。

③ ［英］泰萨·莫里斯-铃木：《日本经济思想史》，厉江译，商务印书馆 2000 年版，第 83 页。

1936 年 7 月，讲座派由于所谓的"共产科学院事件"被镇压，而劳农派也因 1937 年 12 月和 1938 年 2 月的"人民战线事件"受到牵连，包括大内兵卫、宇野弘藏（1897—1977）和有泽广巳在内的 38 名教授遭到逮捕，日本资本主义论战被迫中断，马克思主义经济学研究再次陷入停滞状态。

三、日本马克思主义经济思想的复苏和发展

二战后，一方面，由于战争的失败及其造成的经济混乱，社会主义无论是在政治上还是学问上都对许多日本人产生了吸引力，马克思主义者在日本国民中的威望也大大提高。20 世纪七八十年代，日本著名经济学家宇泽弘文在回忆当时的情形时写道："大约四十年前我还是一个学生，没有一个词像'社会主义'那样富有魅力。社会主义将人们从剥削、不平等、文化堕落等资本主义内在的各种矛盾中解放出来，其合作、平等、文化提升的特征使人们感到社会主义确实代表了日本前进的方向。"[①]

另一方面，美国占领当局对日本进行了一系列的政治、经济、文化和军事民主化改革，创造了较为宽松的学术环境，再次赋予了日本马克思主义发展的土壤，马克思主义作为一种理论和意识形态获得了合法的地位。在战争期间失去职位的左翼学者重新出现在日本大学和学术机构，并很快恢复了自己的研究工作。学者们通过对战前重要研究成果的总结，结合日本经济和社会结构的变化展开研究，使得日本马克思主义得以复苏并取得了长足的发展，马克思主义经济学对日本知识界的影响在二战后的几年间达到了顶峰。在不断的论战和研究中，日本马克思主义逐渐形成了以东京大学为代表的关东学统和以京都大学为代表的关西学统，以及"正统派""宇野派""市民社会派""数理经济学派"四大学派。按照不同时期研究的关注点和时代背景的特点，二战后日本马克思主义经济思想的研究可分为以下三个阶段。

（一）第一阶段：二战结束至 20 世纪 70 年代中期

这是二战后日本经济重建和高速发展的时期，也是日本马克思主义传播和研究的黄金时期。这一时期，马克思主义经济学在日本学界尤其是大学里居于主流地位。1946 年初，全国性学术团体"民主主义科学家协会"成立，并创办

---

① 宇沢弘文：『近代経済学の転換』，岩波書店 1986 年，315 頁。

会刊《理论》。1947年，"唯物论研究所"成立，创办《唯物论研究》。二战前讲座派和劳农派之间关于日本资本主义的争论，在战后重新燃起战火。不过，论战中的派别对立不再像战前那么明显，因为日本的封建土地问题已经解决，争论的范围也不再限于日本资本主义的性质问题，而是将焦点放到了马克思主义经济学原理在日本资本主义具体发展阶段的运用上，涉及日本是否应当从属于美国、垄断资本是否会重生等问题。

然而，随着改革的推进，战前日本资本主义分析的基础本身发生了变化。加之冷战的不断深化，以及"倒退路线"的实施，工人运动一度出现了高涨势头，美国当局害怕高涨的马克思主义热潮会引起日本内部革命，开始对其进行镇压。1950年，许多报纸、广播公司等媒体及其他行业领域的民间企业、公有公司在最高司令官的压力下，被迫清除那些疑似共产党同情者的员工，日本共产党的活动因此不得不转入地下，与加入日本社会党或其他政治团体的马克思主义者之间的思想分歧也进一步加深。外部环境的制约使得20世纪50年代日本马克思经济学的研究出现了远离政治的纯学术化倾向，宇野弘藏、越村信三郎（1907—1988）和置盐信雄是这一倾向的代表人物。

宇野弘藏的分析层次理论（以下简称"宇野理论"）是20世纪50年代日本马克思主义经济学中最重要且最有争议的新思想，尤其对与劳农派有关的马克思主义经济学者产生了极大的影响[1]，在20世纪80年代的欧美学术界也受到了一些学者的关注[2]。到20世纪80年代初，在日本最大的经济学会——理论经济学会中，属于宇野学派的成员占比超过五分之一，这说明"宇野理论"在学术界有比较广泛的群众基础。

宇野认为，"尽管是马克思主义，但是其政党实践的基准和学术的基准是不同的，如果学术基准受到政党基准的制约，那么学术就不可能得到充分的发展，甚至还会损害马克思主义"[3]。他将马克思经济学区分为"原理论""阶段论"和

---

① ［英］泰萨·莫里斯-铃木：《日本经济思想史》，厉江译，商务印书馆2000年版，第135页。

② 宇野弘藏的代表作《经济原论》的英文版于1980年出版，即 Uno, K.（1980）. *Principles of Political Economy: Theory of a Purely Capitalist Society*, Sussex：Harvester Press。针对宇野理论的相关评论可参考 Albritton, R.（1986）. *A Japanese Reconstruction of Marxist Theory.* London：Macmillan。

③ ［日］马渡尚宪：《河上肇与宇野弘藏》，金德泉译，《国外社会科学》1984年第2期，57页。

"现状分析"三个层次，认为劳农派和讲座派的经济学家关于日本资本主义的分析之所以混乱，正是因为没有区分这三个层次，而他的理论目的便是将马克思主义经济学者从已陷入的逻辑学、语义学的泥潭中解救出来。

第一个层次即"原理论"，主要研究纯粹资本主义经济的一般理论，将《资本论》的体系分为"流通论""生产论"和"分配论"，这三论与价值规律、人口规律和利润率平均化规律一起构成了《资本论》最基本的内容。第二个层次是建立在第一层次基础之上的"阶段论"，宇野认为，资本主义可以分为商人资本、产业资本和金融资本三个阶段，与此相对应的，资产阶级的政策也分为重商主义、自由主义和帝国主义三种，对各个阶段的论述或多或少与纯粹资本主义有些接近。第三个层次"现状分析"是经济学的最终目的，且必须建立在"原理论"和"阶段论"的坚实的基础之上[1]，因为"现状"是不断变化的，所以不能用某种固定的模式或公式来解释处于不同历史发展阶段的资本主义经济，同时要考虑其时代背景，避免僵化解释。尽管在现实生活中，宇野理论中纯粹的资本主义经济制度并不存在，却为研究现实世界资本主义多样化形式提供了一种基本的依据。而他对后人更深远的影响则在于其纯粹的治学理念，日本现代著名思想家柄谷行人（1941—　）曾经在一次访谈中提到："宇野的影响，对我来说不在其经济学的方面，而是他强调《资本论》只是科学。"[2]

二战后初期日本马克思主义经济学的另一革新，是数理经济学派的诞生。这一学派成立的最初目的是利用边际学派的方法武装自己，来抵抗边际学派影响力的扩张，并主张将数学应用于马克思的价值理论当中。他们利用数学方法及其分析结果，证明劳动价值并非市场均衡价格的决定要因，劳动剥削也并非正利润的唯一源泉，而资本家获得正利润意味着在私有制前提下，能够生产剩余产品的资本相对社会劳动总人口而言具有稀缺性，这一观点也并非不合理。最早引入数学方法的是柴田敬（1902—1986），而后形成了以越村信三郎、置盐信雄和森岛通夫为代表的数理经济学派，该学派在国际上取得了很高的声望，其中，置盐信雄和森岛通夫都曾经获得过诺贝尔经济学奖的提名。

越村信三郎在1956年出版的《再生产论》（东洋经济新报社）的序言中明确

---

[1]　宇野弘藏：『経済原論』，岩波書店 1964 年，12-13 页。
[2]　柄谷行人、高澤秀次、鎌田哲哉：「文学と運動：2001 年と 1960 年の間で」，『文学界』2001 年 1 月号，169 页。

指出，应该把数学导入马克思主义经济学，因为数学已经成为证明经济学命题的普遍理论方法。他试图运用线性代数的方法（如矩阵）将马克思的再生产理论和循环经济理论扩大为反均衡的危机论。置盐信雄最主要的贡献则在于利用数学方法归纳了马克思的基本定理，构建了包括转形模型、马克思的经济增长模型在内的多个经济学模型。森岛通夫的贡献与置盐接近，他同样用数理方法建立了马克思经济学的一般均衡模型，包括价值理论模型、再生产理论模型和价值转形理论模型，以此证明马克思经济学的内在逻辑已经严密到完全可以用数学语言进行重述与深化。

1959 年 5 月，经济理论学会成立，于 1969 年发行机关杂志《现代经济学丛书》①，为马克思主义经济学研究增加了新的阵地。进入 20 世纪 60 年代中期，马克思主义经济学派进一步发生分化，并逐渐形成了四大流派。除上述数理经济学派外，还有正统派、宇野派和市民社会派。

正统派是指传统的马克思主义经济学派，他们反对资本主义制度，反对资本家的剥削和由此带来的贫富分化，并将从 20 世纪 60 年代后期开始涌现的通货膨胀、城市人口过密、环境污染等问题归咎于资本主义制度。

宇野派是指宇野弘藏的追随者，致力于宇野理论的进一步完善和发展，以东京大学的大内力（1918—2009）和大岛清（1913—1994）为代表。他们试图结合当时日本资本主义经济和政治的现状，为日本经济高速增长的原因找到马克思主义的解释，以此来弥补宇野"现状分析"过于简略的缺陷。

市民社会派是在继承二战前古典经济学的基础之上，以平田清明（1922—1995）为中心形成的学派，在理念上强调个人，重视市民社会论，反对斯大林教条主义。该学派的研究被称为"市民社会论"，是 20 世纪 60 年代后期马克思主义研究的新方向。平田在《市民社会与社会主义》（岩波书店，1969）一书中正式将马克思的社会理论问题作为研究对象，他认为，市民社会并不是指人类历史发展的某一特殊阶段，而是特殊的西欧社会形成本身，也是对此历史进行理论性把握的方法概念本身。同一时期的日本马克思主义学者望月清司（1929—2023）在他的著作《马克思历史理论的研究》（岩波书店，1973）中，通过对马克思关键文本的解读和严谨的逻辑推演，实现了与唯物史观教义体系的决裂，

---

① 1970 年更名为《经济理论学会年报》，2004 年改为季刊，再次更名为《季刊经济理论》。

构建了新的马克思市民社会历史理论——马克思的历史理论，即研究市民社会发展历史的理论。

在纪念《资本论》第一卷发行 100 周年之际，日本也出版了一系列学术著作。如经济学史学会编撰的《〈资本论〉的形成》（岩波书店，1967）一书，从史学角度将《资本论》的形成过程与同时代其他经济学流派著作相比较，并对其影响力进行了探讨。这一时期，日本马克思主义经济学者也开始将目光投向日本马克思主义学说史，如日高普等编著的《日本马克思经济学（上、下）》（青木书店，1967）构建了从堺利彦到宇野弘藏的近代日本马克思主义经济学谱系，为学界提供了宝贵的参考框架。守屋典郎的《日本马克思主义理论的形成和发展》（青木书店，1967）主要阐述了马克思主义经济理论在日本的演进历程，为理解日本马克思主义经济学的发展提供了丰富的历史资料。久留间鲛造编写的《马克思经济学词典（全六卷）》（大月书店，1968—1985），以其全面性和权威性，在日本马克思经济学研究史上树立了新的里程碑，成为马克思研究领域不可或缺的工具书。

20 世纪 70 年代，受国际学术界围绕转形问题开展的世界性大论战的影响，日本出版了大量相关著作。有介绍国际动态的，如伊藤诚等编译的《论战：转形问题》（东京大学出版会，1978）；有介绍新的研究成果的，如数理派森岛通夫的 Marx's Economics：A Dual Theory of Value and Growth （Cambridge University Press，1973）和置盐信雄的《马克思经济学：价值与价格的理论》（筑摩书房，1977）；有普及马克思主义经济学的，如宇佐美诚次郎等人编写的《马克思主义经济学讲座》（新日本出版社，1971），岛恭彦等人编著的《新马克思经济学讲座（全六卷）》（有斐阁，1972—1976），佐藤金三郎等人编撰的《学习资本论（全五卷）》（有斐阁，1977）等。

（二）第二阶段：20 世纪 70 年代中后期到 90 年代初期

这一阶段是日本经济稳定增长的时期。1968 年，日本成为仅次于美国的世界第二大经济体，社会阶级矛盾开始缓和，进入大众消费社会全面发展的阶段。时任日本首相中曾根康弘提出"战后政治总决算"路线，同时，新自由主义对日本经济领域的影响力逐渐增强，使得左翼力量在政治和经济领域的影响开始减弱。苏东剧变更使日本马克思主义受到沉重打击，马克思主义研究也被边缘化，进入低谷期。

不过，在马克思主义研究日渐凋落的 20 世纪 80 年代，仍然有马克思主义经济学相关著作不断发表，如见田石介编著的《马克思〈资本论〉研究（上、下）》（新日本出版社，1980）和小林升等编写的《讲座·资本论研究（全五卷，别卷一卷）》（青木书店，1980—1982）可以说是这一时期马克思经济学领域难得的巨著。而 1983 年，在马克思逝世 100 周年之际，日本也出现了马克思主义著作的出版热，如铃木勇的《市场社会主义和马克思主义》（学文社，1983）、向坂逸郎的《马克思经济学和我》（社会主义协会出版局，1983）、清水正德和降旗节雄合著的《宇野弘藏的世界：马克思经济学的再生》（有斐阁，1983）、伊藤诚的《价值论的新展开》（社会评论社，1983）等，均体现了学者们的持续探索。此外，川口武彦的《日本马克思主义的源流：堺利彦和山川均》（Aries 书房，1983）和大庭治夫的《社会科学和价值理念：马克思、韦伯与凯恩斯的比较研究》（文真堂，1982）分别是日本马克思主义研究史和马克思相关比较研究的代表。

1989 至 1991 年，东欧剧变，苏联解体，日本马克思主义学者进入了短暂的彷徨期。马克思主义、共产主义与马克思的关系，"社会主义的失败"与马克思的"责任"，市场社会主义的可能性等，一度成为研究马克思时不可避免的问题。[1] 降旗节雄认为，这时日本马克思主义学者面临的问题是从马克思主义、列宁主义的"思想和理论的大杂烩中，提炼出纯粹社会科学的马克思理论，作为现代社会分析的标准进行再构成"。[2] 虽然这一主张最后以对宇野理论的再肯定而告终，因而被认为是一种向原理主义的倒退[3]，降旗仍然坚持认为马克思主义"如今在东方一隅，将以马克思等于宇野理论的形式延续生命，并将迎来 21 世纪"[4]。

日高普认为，多样的普遍的现实构成了生产力发展的基础，"一方面形成了社会主义体制的表象，一方面孕育了资本主义福利社会的实质"[5]。他还指出，当时的主要问题是牺牲资源和环境换来的过度富裕化社会与第三世界国家贫困

---

[1] 植村邦彦：「社会主義体制の崩壊とマルクス思想」，『経済学史学会年報』1996 年，105 頁。

[2] 降旗節雄：『生きているマルクス』，文真堂 1993 年，25 頁。

[3] 植村邦彦：「社会主義体制の崩壊とマルクス思想」，『経済学史学会年報』1996 年，106 頁。

[4] 降旗節雄：『生きているマルクス』，文真堂 1993 年，31 頁。

[5] 日高普：『マルクスの夢の行方』，青土社 1994 年，58 頁。

的对立，要解决这一问题需要重新思考"计划经济"，不过在世界范围的再调整过程中，如果不得不降低先进资本主义国家的生活水平，就违背了马克思的设想。他的这种观点与世界体系论和从属理论相近，为马克思主义思想和理论注入了新的血液。

木原武一（1941— ）在《我们的马克思》（筑摩书房，1995）中强调"异化劳动"的概念，重视马克思主义思想对"没有异化和剥削的富裕世界"的追求。他将马克思定位为"一个伟大的乌托邦思想家"，认为"马克思的所有著作都将世界视为值得生存的世界，并为了实现这一世界不断尝试"。植村邦彦（1952— ）指出，这种对马克思思想内容的理解偏向了存在主义的解读，是一种倒退①。

苏联解体引发的另一论题，是对市场经济和市场社会的讨论，日本经济理论学会就将"市场与计划"定为 1991 年年度大会的共同论题。经济思想领域也出现了不少相关著作，如宫崎犀一（1924—2009）和山中隆次合编的《从思想史看市场社会》（Linroport 出版社，1992），平井俊显和深贝保则编写的《市场社会的检验》（密涅瓦书房，1993），冈村东洋光、佐佐野谦治、矢野俊平共同编著的《制度·市场的展望》（昭和堂，1994），中村广治的《市场经济的思想面貌》（九州大学出版会，1994）等，这些作品从不同角度探讨了市场经济与市场社会的理论与实践。

（三）第三阶段：20 世纪 90 年代中后期至今

一般而言，日本马克思主义经济学在西方并没有受到很高的评价，20 世纪80 年代，劳森（Bob Rowthorn，1939— ）在《现代日本主义的逻辑：对立抗争与通货膨胀》（新地书房，1983）一书的日文版序言中写道："日本的马克思主义者根本没有接受过正统的经济学训练，即使有一点也少得无济于事。"② 该评价一针见血地指出了日本马克思主义经济学者的弱点。左翼评论家约翰·李（John Lie）也认为，大多数日本马克思主义经济学者在宇野理论的影响下，忽视了对现代资本主义的分析，"与政治运动相脱离，对广泛的学术思潮一无所知，在原

---

① 植村邦彦：「社会主義体制の崩壊とマルクス思想」，『経済学史学会年報』1996 年，106 頁。

② ボブ・ローソン：『現代資本主義の論理：対立抗争とインフレーション』，藤川昌弘訳，新地書房 1983 年。

理论的神秘世界作茧自缚"①。

尽管这些论断有欠公正，但随着世界经济陷入萧条，日本经济泡沫破灭，发展停滞。同时，日本新自由主义结构改革虽然不断深入，日本国内经济仍不景气，失业率急剧升高，贫富差距扩大，各种社会问题频现。因此，日本马克思主义学者越来越意识到《资本论》的文本解释并不重要，怎样利用其来分析现实问题才是关键。北原勇、伊藤诚和山田锐夫合著的《怎样看待现代资本主义》（青木书店，1997）一书，就强调现实分析已经成为马克思主义各学派共同存在的基础，各学派应当在这一基础上展开跨学派合作。同时，觉醒的日本马克思主义经济学者们还积极吸收其他学科的研究成果，在研究方法和研究视角上不断创新，使得日本马克思主义经济学研究取得了新的进展，呈现出多元化的特点，表现在如下几个方面。

1. 马克思原著的出版及研究

在日本，马克思主义经济学经典著作的出版一直受到重视，主要的出版机构有新潮社和大月书店等。1997 年 11 月，日本 MEGA（Marx Engels Gesammte Ausgabe）编辑委员会成立，大谷祯之介承担了新 MEGA 第 Ⅱ 部第十一卷第二分册（《资本论》第二部，第Ⅲ—Ⅷ稿）的编写任务，以大村泉为代表的研究组承担了第十二、十三卷（《资本论》第二部，恩格斯编辑的原稿）的编写任务。在 1997 年底发行的新译本《资本论》的第二、三卷中，译注部分还收录了与阿姆斯特丹社会史国际研究所（IISG）合作调查得到的《资本论》草稿及其与恩格斯版本的异同点。另外，新日本出版社连续出版了两个版本的《德意志意识形态》日文译本，一版是由服部文男监译的《新译〈德意志意识形态〉（第一卷第一章）》（新日本出版社，1996），增加了之前没有收录的手稿及最新研究，并将《关于费尔巴哈的提纲》以附录的形式补充进译本；另一版本是由涩谷正编译的《草稿完全复原版〈德意志意识形态〉》（新日本出版社，1998），以珍藏在 IISG 的原始手稿为底本，弥补了文本表述上缺失的部分，通过对过去各种版本的手稿的解读，再现了马克思、恩格斯思想错综复杂的记载状态，可谓是科学社会主义研究领域的一个里程碑式的新文本。2002 年，岩波书店又出版了由广松涉

---

① Lie, J. (1987). Reactionary Marxism: The End of Ideology in Japan?. *Monthly Review*, 38 (11), 48.

编译、小林昌人补译的《新编辑版〈德意志意识形态〉》（岩波文库）。研究基础的完备标志着日本马克思研究站在了新的起跑线上。

1998 年，亦即《共产党宣言》出版 150 周年之际，日本掀起了新一轮的马克思研究热潮。许多杂志特设了马克思相关专题，如《思想》（第 894 卷"共产党宣言 150 年"），《情况》（第二辑第 9 卷第 7 期，别卷特辑"《共产党宣言》与革命的遗训"），《社会评论》（第 24 卷第 4 期，特辑"马克思·恩格斯《共产党宣言》150 周年"），《经济与社会》（第 12 期，特辑"《共产党宣言》150 周年"）等。影山光夫的《宇野学派的经济学》（拳书房）、筱原敏昭和石塚正英编著的纪念论文集《共产党宣言：解释与革新》（御茶水书房）也于同年出版。此后，面向普通大众的单行本普及读物与工具书也相继出版，如今村仁司主编的《思想读本 马克思》（作品社，2001）、柄谷行人与浅田彰等合著的《马克思的现在》（非常便利出版部，1999），以及两部工具书《马克思·范畴事典》（青木书店，1998）和《新马克思学事典》（弘文堂，2000）。季报《唯物论研究》分别于 2005 年和 2007 年发行特辑"21 世纪的马克思"和"新 MEGA 与 21 世纪的马克思、恩格斯研究"，持续推动了马克思理论的深入探讨。

2. 宇野经济理论的研究

2007 年 12 月 1 日，"宇野弘藏逝世 30 周年研究集会"在武藏大学召开，研究会由当代宇野派继承人樱井毅、山口重克、柴垣和夫和伊藤诚组织发起，参会者多达 160 人，会议主题为"现代社会如何活用宇野理论"。有四位学者发表了基调演讲：镰仓孝夫在《宇野理论的真髓：现状分析的有效性》中指出，原理论作为宇野理论的核心，是现代现状分析的理论和方法论的前提和基础；大黑弘慈在《宇野理论形成的思想背景》中回顾了宇野理论在形成之初如何受到日本资本主义特殊性的影响——一方面认为现实中存在资本主义的纯粹化过程，一方面又做好无法纯粹化的心理准备，故而只能构想出一个"纯粹资本主义"的假想体，这种矛盾的二重构造，受到了日本近现代工农业二重构造、货币二重性和"经济人"二重性的影响；小幡道昭在《被阶段论孤立的原理论：宇野原理论的问题点》中指出阶段论与原理论分离的目的是解释资本主义随历史发展形成的不同形态，而宇野的发展阶段中所描绘的资本主义如今再度面临转型，我们需要重新考虑由商品转换的货币是否是金银货币、商品流通中的资本是否为个人资本、资本主义生产方式是否是机械大工业、经济周期是否以突发危机为媒介这四个问题；马场宏二则认为宇野原来对资本主义历史阶段的划分由于一战的发生而终止，新的以美国为中心的资本主义应该分为古典帝国主义、大众资本主义、全球化资本主义三个阶段，新的原理论应当包括土地市场、股票市场、虚拟商品价格的投机机制等，他还预测美国过剩富裕的后果将扩展到全世界，地球环境破坏将导致人类灭亡，资本主义也随之消亡。

以此次研究会为契机，"现代社会如何活用宇野理论"网站①得以成立，接受各方投稿，以 Newsletter（电子报）的形式刊载投稿论文，迄今为止已经发表两辑。第一辑（共计十二期）中的部分成果由研究会负责人樱井毅、柴垣和夫、伊藤诚、山口重克等整理出版为论文集《宇野理论的现状与论点：马克思主义经济学的展开》（社会评论社，2010）。第二辑也已经刊载至第 30 期。这些成果体现了马克思主义经济学与产业经济学、劳动经济学、金融学、可持续经济学、世界经济学的融合，及其分析并寻求实际经济问题的解决方法的决心与努力。

3. 经济伦理相关问题的关注

如前所述，现代社会的危机状况和价值观的多元化发展使得人们在思考社会新发展方向的时候，不得不考虑"社会应该是怎么样的？"这一问题。在这一背景下，日本马克思主义经济学者们也开始聚焦于马克思主义经济学的规范研究。在国际上声望最高的日本数理马克思经济学派在 20 世纪 90 年代以后，就开始利用现代数学方法研究马克思主义经济学中的社会公正与社会伦理的问题。

最具代表性的是当代数理马克思主义经济学者、一桥大学教授吉原直毅，他利用数学的方法对剥削理论进行了验证，探讨了现代经济背景下剥削理论的正义性。他在《马克思派剥削论再探讨：70 年代转形论战的终结》（《经济研究》2001 年第 52 卷第 3 期）中，通过回顾 20 世纪 70 年代数理马克思经济学的发展历程，从现代社会科学的角度考察了马克思剥削理论内涵转换的迫切性。他利用数理马克思经济学的反证法检验并否定了置盐信雄归纳的"马克思的基本定理"，进而得出了马克思主义古典剥削理论也不能成立的错误结论。他指出，劳动价值并非决定市场均衡价格的要因，劳动剥削也完全丧失了"利润的唯一源泉"的意义，而在"私有制前提下，具有生产剩余产品可能性的资本与社会总劳动人口相比具有稀缺性的背景下，资本家获取利润不能说是不

正义的"①。他的这一结论遭到了时任久留米大学经济学教授的松尾匡的激烈批判。在《劳动剥削的福利理论序说》（岩波书店，2008）一书中，吉原更是提出应将马克思的剥削理论与罗尔斯的正义论和阿马蒂亚·森的福利经济学相融合，构筑一种新的作为福利原理的劳动剥削概念。

吉原的马克思主义规范研究在很大程度上受到了美国分析马克思主义学派的代表约翰·罗默的影响。吉原曾在《基于分析马克思主义的劳动剥削理论》中指出："数理马克思经济学对劳动剥削理论的关注热潮至少有两件事值得一提，一件是 20 世纪 70 年代以置盐信雄和森岛通夫等的贡献为中心展开的对马克思基本定理的研究，另一件是 20 世纪 80 年代约翰·罗默对'剥削与阶级的一般理论'的研究。"②

西方的分析马克思主义于 20 世纪 90 年代后期传入日本，最早是作为克服社会主义理论危机的新社会科学的理论被引入和介绍的，具体包括调价理论、社会储蓄结构理论、后马克思主义理论等。③ 其标志是 1996 年时任大阪产业大学副教授的高增明（1954—　，现为关西大学教授）、富山大学松井晓副教授（现为专修大学教授）等创立的日本分析马克思主义研究会。1999 年，高增和松井主编出版了《分析马克思主义》（中西屋出版）一书，对分析马克思主义的研究进行了全面介绍。

围绕价值理论和剥削理论，数理学派马克思主义者和分析马克思主义者之间曾展开长达一年之久的论战④。这场论战起源于 2001 年 4 月高增明在御茶水书房出版的《季刊 Associé》第 6 期上发表的《分析马克思主义》一文。当年 9 月，榎原均首先针对高增"马克思主义经济分析不需要劳动价值"⑤ 的观点提

---

① 吉原直毅：「マルクス派搾取理論再検証：70 年代転化論争の帰結」，『経済研究』2001 年第 3 号，253 頁。

② 吉原直毅：「アナリティカル・マルクシズムにおける労働搾取理論」，『経済学研究（北海道大学）』2006 年第 2 号，63 頁。

③ 参考芳賀健一：「欧米経済学・国家論」，馬渡尚憲編，『経済学の現在：マルクスの射程から』，昭和堂 1989 年。

④ 这场论战原本是在榎原均的网页"论争的 page（经济）"（http：//homepage1. nifty. com/office-ebara/ronsouk. htm）中进行的，2001 年网址变更为 http：//www. office-ebara. org/modules/xfsection03/index. php，网页主人本名竹内境毅，自由职业者，榎原均是笔名。论战中吉原直毅的文章可参考 http：//www. ier. hit-u. ac. jp/~ yoshihara/rousou/ronsou. htm。

⑤ 高増明：「アナリティカル・マルキシズム」，『アソシエ』2001 年第 6 号，115 頁。

出了异议，指出高增所说的"劳动价值"有与"劳动的价值"混淆之嫌，而马克思价值理论中所说的劳动是作为价值实体的劳动，因为劳动本身是没有价值的。接着，榎原强调，高增对劳动价值的定义是"生产单位商品的直接、间接必要劳动时间"①，没有与社会化过程挂钩，因此是抽象的私人劳动，与马克思的价值概念不是一回事。高增用数学方法证得生产过程中的价值增殖是劳动力商品与一般商品之间的"劳动价值"差，他认为正是这一"价值差"被剥削了。榎原指出，按照高增对劳动价值的定义，社会必要劳动时间可以随意设定，这就使得原本在交换过程中由社会决定的商品价值缺少了社会属性，因此会得出"不存在剥削"这一偏离现实的结论。

吉原则认为，置盐信雄等人的劳动价值说是基于斯密和李嘉图（David Ricardo，1772—1823）等古典经济学派的理论导出的，其出发点与马克思是一致的，不能简单断定两者之间毫无关系。吉原还强调，生产正的剩余产品的可能性是正利润的充分必要条件，并不能由此推导出资本家对利润的占有是不正义的。紧接着，一位名为惠②的学者继续质疑把社会必要劳动时间还原为古典派的直接或间接投入的劳动时间的问题，而吉原在回答中坚持认为马克思的社会必要劳动时间可以以各种商品生产中投入的劳动时间为统一尺度或度量标准。同时，尽管榎原已经开始正视马克思命题在形式逻辑层面可能存在的问题，并强调在缺乏对交换过程深入分析的情况下直接论证劳动价值公式和剥削理论是不妥当的，但吉原认为，在简化条件下的论证足以用来判断马克思剥削命题的正确性，对交换过程的分析并非必要，因为这一命题尚未得到成功的论证。③ 随后，松尾匡也加入论战，对吉原的剥削理论进行了批判。对此，吉原再次强调自己并非否认资本主义经济中劳动剥削的存在，而是主张马克思的基本定理无法证明劳动剥削是利润的唯一源泉。

这次争论主要围绕置盐信雄的价值理论模型展开，究其根源，还是在于劳动价值论的数学模型还不够完善，对马克思本意的理解存在偏差。除上述争论

---

① 高增明：「アナリティカル・マルキシズム」，『アソシエ』2001 年第 6 号，118 頁。

② 惠，同样为笔名，按照日本人的名字习惯判断应为女性，但是吉原直毅在反论中称其为"彼"（日语中男性第三人称代词），故此人应为男性。

③ 吉原直毅：「惠氏のコメントについて」，https://www. ier. hit-u. ac. jp/~ yoshihara/rousou/ronsou-3. htm（2024 年 10 月 13 日訪問）。

外，高桥一行在《交换的正义论》中也讨论了马克思主义的正义论，他指出，马克思在《资本论》中对等价交换的论述是一种无限的判断，等价交换在实现正义的同时，也必然包含剥削这一不正义，而考虑到交换的（货币的）正义的特殊性，这种不正义必须加以纠正①。田上孝一在《马克思的分配正义论》一文中指出，马克思没有像罗尔斯那种体系性的正义论，但在形成他分析资本主义的前提条件的异化论中包含了分配正义论，"马克思的正义论不单单是道德上的责难，形成他的正义论核心是'劳动的异化'这一概念"②。

日本分析马克思主义的另一代表松井晓从 2006 年开始连续发表了《马克思与自我所有原则》（《立命馆经济学》2006 年第 55 卷第 2 期）、《马克思与正义》（《专修经济学论集》2007 年第 42 卷第 2 期）、《马克思与功利主义》（《专修经济学论集》2008 年第 43 卷第 2 期）、《马克思与社群主义》（《专修经济学论集》2009 年第 44 卷第 1 期）、《异化论与正义论》（《专修经济学论集》2010 年第 44 卷第 3 期）、《马克思与平等主义》（《专修经济学论集》2010 年第 45 卷第 2 期）、《马克思与自由》（《专修经济学论集》2011 年第 46 卷第 1 期）等多篇文章，从多个角度讨论并研究马克思主义的规范理论。松井最终将论文结集出版，即专著《自由主义与社会主义的规范理论：价值理念的马克思主义分析》（大月书店，2012），系统分析了马克思主义的价值理念以及自由主义与社会主义的相互关系及异同，并在此基础上将自由主义的价值理念引入社会主义的理论中，创造性地提出了"自由社会主义"。

此外，《季刊经济理论》第 41 卷第 4 期（2005 年 1 月）设置了特辑"经济学的规范理论"。佐藤隆的《剥削、分配的正义、所有权》从剥削概念的实证与规范的关系入手，探讨了现代分配正义论中的责任与运气问题，并以所有权为切入点阐述了基本所得、市场社会主义等另类社会理论。山口拓美的《剥削论与环境、生命伦理》首先考察了剥削的概念及其道德规范的意义，提出了利润剥削的新概念，在此基础上讨论了环境保护、动物保护、生活质量等环境伦理学和经济伦理问题。青木孝平在《作为社群主义的宇野理论》中发现，在人们通常认为的与规范最无缘的宇野经济学中，也存在规范理论，他指出，与马克思

---

① 高橋一行：「交換の正義論」，『政経論叢』2013 年第 5・6 合併号，193-220 頁。

② ［日］上田孝一：《马克思的分配正义论》，黄贺译，《国外理论动态》2008 年第 1 期，第 53 页。

的劳动价值说中所包含的自由主义的要素相对，通过对宇野价值理论的规范理论进行重构，可以得出社群主义的社会观。赤间道夫的《功利主义与马克思》则循着古典功利主义到近代功利主义变化的轨迹，考察了它们与马克思理论的关系，他强调，尽管马克思主义基于马克思对边沁的批判，认为自己的立场是与功利主义格格不入的，但事实上，功利主义是范围很广的规范理论，应当重新进行探讨。守健二在《经济与伦理的讨论：德语圈经济伦理学说的新进展》中对德语圈三位代表性论者的经济伦理学进行了归类并分析其各自的特点，他指出在现代规范理论研究领域，日本重点关注英美圈主流经济学的讨论，而被学者们忽视的非英美圈的规范理论将是今后研究的重点课题。

4. 对"格差社会"问题的研究

"格差社会"问题是日本马克思主义经济学者关注的经济伦理相关的社会问题。2007 年，经济理论学会第 55 次大会的主题为"如何看待'格差社会'"①，大会讨论了贫富差距的本质，分析了在国际化和现代资本主义背景下造成社会贫富差距的原因，为政府制定缩小贫富差距的方针政策提供了参考。日本驹泽大学的大石雄尔以《"格差社会"的深化与市场主义经济学》为题对日本的"格差社会"进行了考察。他指出，日本的"格差问题"是在 20 世纪 80 年代以后经济全球化和日本新自由主义结构改革的背景下产生的，具体表现为：一方面，大企业经营者和大股东的收入急剧增加；另一方面，贫困家庭和"工作贫民"的数量也在急剧增加，具体原因在于结构改革对派遣制度管制的放松导致非正式雇佣工人人数增加，绩效工资制度的引进导致收入差距扩大，个人所得税的最高税率下降导致富人缴纳的税额减少，最低生活保障水平的下降导致贫困人数增加，等等。作为对策，大石认为应该把目前的非正式雇佣劳工转变为正式员工，提高最低工资水平，贯彻男女同工同酬制度，扩大社会保障的范围，禁止民营化，并主张中央政府通过转移支付缩小地区间收入差距。法政大学的佐佐木隆雄在《20 世纪 70 年代以后美国的收入差距扩大》一文中对美国的收入差距扩大问题进行了实证研究，认为造成这一结果的原因主要在于国际化和全球化使大企业经营者的报酬急剧增加，工会在工资谈判中的作用下降，最低工资水平下降，华尔街的报酬巨额化，社会对收入分配的监督作用下降，等等。京都

① 本次会议发表的论文刊登在 2008 年 4 月发行的《季刊经济理论》第 45 卷第 1 期。

大学的宇仁宏幸则在《日本收入差距扩大的要因》中对日本收入差距扩大的原因进行了实证分析，指出 20 世纪 90 年代以后日本各年龄段的劳动者在收入、消费支出和储蓄等方面都存在差距扩大的问题，从而否定了内阁提出的"日本的收入差距扩大是由于人口老龄化引起的'人口老龄化说'"，并且明确指出"人口老龄化说"是在为小泉政府推行的新自由主义结构改革推脱罪名，而新自由主义结构改革才是造成"格差社会"真正的罪魁祸首。

随后，2008 年 1 月发行的《季刊经济理论》第 44 卷第 4 期，发布了"'格差社会'化与 Alternative"特辑，刊登了围绕"格差社会"问题发表的马克思主义经济与计量社会学、福利经济学和政治哲学领域交叉研究的论文。佐藤嘉伦的《格差社会论与社会阶层论：迎接格差社会论的挑战》从计量社会学的角度对格差问题进行了实证分析，避开经济学关注的收入差距，将视野扩展到了职业、学历等阶层相关领域，并重点关注其中代际间转移的有无及其作用机制。另一方面，佐藤通过分析 SSM 调查数据指出，社会阶层论一直以来都将正规雇佣作为默认前提，忽视了收入差距与正规雇佣和非正规雇佣之间在从业差距上所体现的对应性，其结果，确如格差社会论所指出的，与职业阶层相比，正式雇佣与非正式雇佣明确规定了员工的收入差异。此外，佐藤还指出，SSM 调查数据的分析结果显示，格差社会论所提出的近年来存在格差扩大趋势的说法并不正确，经营者、正式雇佣、自营和非正式雇佣之间的格差反而是在不断缩小的。不过，SSM 调查数据并没有完全涵盖日本的阶层状况和不平等现象，这一点佐藤在文中也有所提及。

桥本健二的《阶级间格差的扩大与阶级所属的固定化》同样是从计量社会学的角度进行分析，并得出了阶级间经济格差扩大以及经济格差整体的阶级间格差比重增大的结论。他将现代资本主义社会划分为资本家阶级、新中间阶级、劳动者阶级和旧中间阶级四个阶级，而这种阶级所属对收入、贫困率、差距扩大的倾向以及代际间转移固定化的倾向都有显著影响。

渡边干雄的《罗尔斯的乌托邦：追求自由的共产主义》从政治哲学的角度分析了"格差社会"问题的规范理论依据。他认为，罗尔斯为了应对规制改革带来的经济竞争市场化，指出了强化所得再分配机制的必要性，这构成了《正义论》最坚实的规范理论基础。尤其是罗尔斯"改善境况最差的人的状态的不平等是正义的"这一"差别原则"的观点，不仅影响了之后的规范理论研究，而且在现代经济学中催生了罗尔斯型社会福利指数，使该指数成为判断经济政策的标准之一。罗尔斯在《正义论》中尝试证明"差别原则"等平等主义的标准作为"无知之幕"下个人合理选择的结果是正义的。但是，这种尝试也受到了很多批判。在这一背景之下，渡边得出了非常大胆的结论，即因为罗尔斯忽视了洛克自我所有权命题中的劳动所有权命题，所以"差别原则"是一种"共产主义"的原则。虽然其论证过程的严密性有待验证，但他的这一批判性推论确实使得致力于在市场经济背景下实现平等主义所得分配机制的人们不得不进一步完善自己的理论。

事实上，1950年成立的经济学史学会从1992年开始，几乎每隔一年或两年都会在年报上发表一篇马克思研究的动向，例如：内田弘的《最近的〈资本论〉形成史》（1992年第30卷）、千贺重义的《近年来欧美马克思经济学的发展》（1994年第32卷）、植村邦彦的《社会主义体制的失败与马克思思想》（1996年第34卷）、正木八郎的《马克思商品、货币论研究的现状》（1997年第35卷）、大村泉的《〈资本论〉形成史研究的新进展》（1998年第36卷）、内田弘的《马克思研究的现状与21世纪的课题》（2001年第39卷）、植村邦彦的《马克思研究的现状》（2004年第45卷）等。而这些文章中所介绍的研究成果绝大多数都是当时欧美关于马克思研究的最新动态。

另一方面，大量日本学者在国际或日本国内期刊上用英文发表了关于马克思主义经济学的研究成果。如冈田元浩的《马克思与瓦尔拉斯关于劳动交换之争》（"Marx versus Walras on Labour Exchange"，《经济学史研究》2011年52卷第2期）、八木纪一郎的《杉原四郎的河上肇研究》（"Sugihara Shiro on Kawakami Hajime"，《经济学史研究》2003年54卷第2期）等。

从上述内容来看，日本马克思主义经济学近年来的研究不仅重视马克思原著的文本研究和马克思主义日本化理论（宇野理论）的研究，更将焦点放在了马克思主义规范理论的研究及其对"格差社会"这一具体社会问题的分析上。这些分析和探讨有如下共同特点：重视原著，使传承与创新有机结合；追求全面，将规范研究与实证研究紧密结合；注重实践，原理探索与应用分析相辅相成；促进交流，秉持批评与借鉴并重的态度。

第二节　松井晓的经济伦理思想

松井晓，现任日本专修大学经济学部教授，是日本分析马克思主义研究会的创始人之一，也是当代日本分析马克思主义的代表。松井曾在著作中提到，他在高中三年级读了马克思的《论犹太人问题》之后就开始对马克思主义经济伦理问题产生了兴趣，他"感到很难否定作者（马克思——笔者注）对自由主义的批判"，而"马克思所谓的共产主义社会构想，……是非常自然的"。① 松井考虑到现代日本以自由主义为社会生活的基本前提，人们在这一社会体系中思考、行动，而从历史上来看，社会主义思想产生于对自由主义抱有质疑态度的人们，因此有必要回到社会主义思想产生的出发点，重新探讨什么是自由主义思想，以及社会主义是如何扬长避短的。他从规范理论的角度分析了马克思主义的价值理念以及自由主义与社会主义的相互关系和异同，并在此基础上将自由主义的价值理念引入社会主义的理论之中，创造性地提出了"自由社会主义"。

一、以自我所有权为基础的所有的正义

"自我所有"原则是柯亨在批判诺齐克的自由至上主义时提出的，是指"每一个人从道德的角度来说都是他自己的人身和能力的合法所有者，因此每一个人都有随心所欲地运用这些能力的自由（从道德的角度来说），只要他没有运用这些能力去侵犯他人"②。学界普遍认为这一原则也是马克思批判资本主义剥削的依据，松井晓也赞同这一观点，但对柯亨提出的马克思在共产主义高级阶段论中肯定了"自我所有"原则的论点持相反意见，他认为，"马克思在以自我所有原则为依据批判资本主义剥削的同时，在其构想的共产主义高级阶段论中否定了自我所有原则"③。

柯亨在《自我所有、自由和平等》一书中对"自我所有"原则做了进一步说明："这一原则说的是，每个人从道德的角度来说都具有对他自己的人身及能力的完整的私人所有权。这意味着，每个人对于自己的身体和能力的使用以及由此产生的后果都具有广泛的道德权利（对于这种权利，这个人所在国家的法

---

① 松井暁：『自由主義と社会主義の規範理論』，大月書店 2012 年，443 页。
② ［英］G. A. 柯亨：《自我所有、自由和平等》，李朝晖译，东方出版社 2008 年版，第81 页。
③ 松井暁：『自由主義と社会主義の規範理論』，大月書店 2012 年，113 页。

律也许承认，也许不承认）。"① 松井认为，这一说明的前半部分是"自我所有"原则概念本身，后半部分则是由"自我所有"原则派生出来的权利相关命题。他指出："这里只规定了使用身体和能力产生的后果，却忽视了如何定义后果的范畴问题。……如果后果的范畴是确定的，那么就可以理解为归身体和能力使用者本人所有。"②

为明确"后果的范畴"，松井归纳了马克思在《政治经济学批判》中对资本主义生产以前的各种形态的本源所有的定义：其一，土地归共同体所有而非个人所有，个人以成员的身份拥有土地，劳动成果的产品归共同所有；其二，在本源所有中，对土地及其产品的所有的来源并非只是劳动，还包括了土地所有在内的生产条件。③ 换言之，在马克思的本源所有论中，对土地的所有是以社会共同体成员身份为基础的，所有自始至终都是在共同体这一社会关系中定义的。而且，产品所有的依据不单单是劳动，还包含了土地在内的生产条件。这一观点与洛克基于无社会约束的个人劳动推导出的私有所有权理论形成了鲜明的对比。于是，马克思从以下三个方面对以洛克为代表的"自我所有"观点进行了批判。

第一，"把语言看做单个人的产物，这是荒谬绝伦的。同样，财产也是如此。"④ 因为财产是在社会关系中规定的，若将其看做是个人的成果，很明显是错误的。

第二，"以交换价值为基础的生产和以这种交换价值的交换为基础的共同

---

① ［英］G. A. 柯亨：《自我所有、自由和平等》，李朝晖译，东方出版社 2008 年版，第 136 页。

② 松井晓：『自由主義と社会主義の規範理論』，大月書店 2012 年，116 页。

③ 松井晓作为依据引用的马克思的原文如下："他的财产，即他把他的生产的自然前提看做属于他的，看做他自己的东西这样一种关系，是以他本身是共同体的天然成员为中介的。"（中共中央马克思恩格斯列宁斯大林著作编译局：《马克思恩格斯文集（第八卷）》，人民出版社 2009 年版，第 140 页。）"在最原始的形式中，这意味着把土地当做自己的财产，在土地中找到原料、工具以及不是由劳动所创造而是由土地本身所提供的生活资料。只要这种关系再生产出来，那么，派生的工具以及由劳动本身所创造的土地的果实，就显得是包含在原始形式的土地财产中的东西。"（中共中央马克思恩格斯列宁斯大林著作编译局：《马克思恩格斯文集（第八卷）》，人民出版社 2009 年版，第 150 页。）

④ 中共中央马克思恩格斯列宁斯大林著作编译局：《马克思恩格斯文集（第八卷）》，人民出版社 2009 年版，第 140 页。

体……会造成一种外观，仿佛财产仅仅是劳动的结果，对自己劳动产品的私有是［劳动的］条件——，以及作为财富的一般条件的劳动，都是以劳动与其客观条件相分离为前提的，并且产生出这种分离。"① 即生产是在客观生产条件及劳动同时具备的前提下才能进行的，若将所有与社会关系相分离，仅将其视为劳动的结果，这样的生产只是一种表象，并没有涉及本质。

第三，对"自我所有"原则的间接批判。"由于私有财产体现在人本身中，人本身被认为是私有财产的本质，从而人本身被设定为私有财产的规定，……由此可见，以劳动为原则的国民经济学表面上承认人，其实是彻底实现对人的否定。"②

基于上述讨论，可以确定马克思对"自我所有"原则的批判态度。但是，松井指出，马克思一方面表示"自我所有"原则"是私有制所派生出来的异化观念，即便暂时将其视为前提条件，也不可能成为不干涉原则的理论依据，因此可以判定自我所有原则在理论上不成立"③；一方面又认为"劳动力占有者要把劳动力当作商品出卖，他就必须能够支配它，从而必须是自己的劳动能力、自己人身的自由所有者"④。即马克思一方面认为"自我所有"原则不成立，一方面又承认了这一原则。

虽然这一主张看起来自相矛盾，但松井坚持认为"自我所有"是一个历史性概念，当它得以存在的土壤消失时，"自我所有"也就会随之消失，也就是说，"在资本主义社会处于支配地位的自我所有原则，在共产主义的第一阶段作用减小，到高级阶段完全消失。这一摆脱自我所有原则的过程从历史发展的角度来看，也可以说是具有连贯性的"⑤。对于自己主张的依据，松井从以下两个方面进行了解释。

第一，资本主义社会对"自我所有"原则的肯定，是由资本主义经济结构

---

① 中共中央马克思恩格斯列宁斯大林著作编译局：《马克思恩格斯文集（第八卷）》，人民出版社 2009 年版，第 163 页。

② 中共中央马克思恩格斯列宁斯大林著作编译局：《马克思恩格斯文集（第一卷）》，人民出版社 2009 年版，第 179 页。

③ 松井晓：『自由主義と社会主義の規範理論』，大月書店 2012 年，124 頁。

④ 中共中央马克思恩格斯列宁斯大林著作编译局：《马克思恩格斯文集（第五卷）》，人民出版社 2009 年版，第 195 页。

⑤ 松井晓：『自由主義と社会主義の規範理論』，大月書店 2012 年，145 頁。

所决定的。"无论马克思主义者是否信奉，自我所有原则都是资本主义社会的基本原则，是以市场经济这一经济结构为基础的上层建筑。因此，自我所有原则是由资本主义经济结构决定的，要改变经济结构则需要变革主体的运动，并最终诉诸主体的意识。在这种情况下马克思并没有从超越的观点否定自我所有原则，而是采取了遵从资本主义社会的内在原则，对其中的不平等进行批判的方法。马克思将自我所有原则作为批判资本主义剥削的前提予以肯定，是且仅限于这种情况，而并没有将其作为超越体制的基本原则加以肯定。马克思是从实践的角度通过对自我所有原则的肯定以说明剥削机制的事实，但并不能因此断定自我所有原则是基本原则。"① 可见，马克思是为了说明资本主义剥削才肯定"自我所有"原则的。

第二，马克思对"自我所有"原则的评价与他对资本主义整体的评价是一致的。"马克思将资本主义视为到达社会主义的必经阶段，从共产主义的角度来看，资本主义社会是落后的，但与近代以前的经济体制相比则是先进的社会。自我所有原则作为资本主义的核心原理，也应得到同样的评价，即与近代以前社会的支配原则相比，自我所有原则是先进的，但从共产主义的立场来看是落后的。"②

基于以上两点考虑，松井虽然同意柯亨提出的观点，即共产主义的最终目标是将"自我所有"原则废弃，但他认为马克思是依据唯物史观并按照历史的发展阶段逐渐放弃"自我所有"原则的③，这一点对当代马克思主义社会改革论而言具有重要意义。

青木孝平认为，松井晓对马克思经济伦理的阐述是"非常具有创新性的有意义的尝试"④，但同时也提出了疑问。他指出，在松井的规范理论框架下，所有权或者自我所有权不论追溯到哪个历史阶段，都不是基于生产方式构建的，而仅是市场运作的一个节点。具体而言，松井的理论认为，只有在资本主义社会中，"自我所有"原则与对自由的偏好才得以成立，交换的等价性才能作为平

① 松井晓：『自由主義と社会主義の規範理論』，大月書店 2012 年，136 頁。
② 松井晓：『自由主義と社会主義の規範理論』，大月書店 2012 年，133 頁。
③ 松井晓：『自由主義と社会主義の規範理論』，大月書店 2012 年，151 頁。
④ 青木孝平：「書評　自由主義と社会主義の規範理論：価値理念のマルクス的分析」，『季刊経済理論』2014 年第 2 号，84 頁。

等的基础，且个人利益的集合才能成为功利主义的支撑。这一立场与塔克（Robert C. Tucker, 1918—2010）和伍德的观点相左，后者主张自由主义的规范根植于商品的等价交换关系之上。

二、作为盗窃的剥削和公正分配的正义

在资本主义社会，随着货币形态的出现，作为资本的货币流通过程可以表示为 $G—W—G'(G+\Delta G)$，这一过程同样适用于劳动力商品。而资本主义的剥削正隐藏在这一公式中。

首先，松井晓认为马克思是在流通过程的层面将资本雇佣劳动关系视为等价交换的，在生产过程中，这一关系并不一定是等价交换。作为依据，松井引用了《资本论》第一卷第 7 篇第 22 章第 1 节"规模扩大的资本主义生产过程 商品生产所有权规律转变为资本主义占有规律"中的如下内容：

"表现为最初活动的等价物交换，已经变得仅仅在表面上是交换，因为，第一，用来交换劳动力的那部分资本本身只是不付等价物而占有的他人的劳动产品的一部分；第二，这部分资本不仅必须由它的生产者即工人来补偿，而且在补偿时还要加上新的剩余额。这样一来，资本家和工人之间的交换关系，仅仅成为属于流通过程的一种表面现象，成为一种与内容本身无关的并且只是使它神秘化的形式。"①

劳动力商品的等价交换与普通商品的等价交换在形式上一样，但由于剩余价值的存在而具有神秘性，这种神秘性掩盖了资本主义剥削。引用松井的原文来说："在此之前的阶级社会中不证自明的剥削关系，在资本主义社会被建立在资本家与劳动者自由协议的基础之上的劳动力买卖形式所掩盖了。"②

其次，松井认为马克思将剩余价值的剥削称为"盗窃"即对其的批判。他分析认为，资本主义经济社会受到基于自我劳动所有的社会规范的支配，在社会主义社会，社会规范则通过按劳分配的形式得以实现。从这一规范理论来看，资本家对劳动者剩余劳动价值的占有，实质上构成了"盗窃"，是不正义的。

但是，如果只有自己劳动生产的产品才能够参与分配，那么要求按需分配的弱者是否有资格呢？松井认为，"剥削理论的主旨是，如果忽略资本家与劳动

---

① 中共中央马克思恩格斯列宁斯大林著作编译局：《马克思恩格斯文集（第五卷）》，人民出版社 2009 年版，第 673 页。

② 松井晓：『自由主義と社会主義の規範理論』，大月書店 2012 年，76 頁。

者之间的能力等内在资产的分配问题，那么两者间资本、土地等外在资本分配的不同是使得产品分配产生不平等的原因，……这里伴随内在资产的分配问题和按需分配原则不在讨论范围内。而对外在资产平等分配的要求与弱者是一致的。……这样，无论是对劳动者抑或是不参与生产的弱者而言，对外在资本的平等分配的要求是一致的，这一点必须注意"①。

最后，松井还指出，马克思批判资本主义不正义时将资本主义剥削称为"盗窃"，却在共产主义高级阶段否定了作为正义标准的"自我所有"原则，这表明马克思认为不存在超历史的正义标准，甚至可以说"马克思原本就主张在共产主义阶段正义不再是社会的第一原则"②。

马克思在《哥达纲领批判》中指出共产主义社会的基本原则是"各尽所能，按需分配"。松井认为这一原则不能被视作一种分配的正义。这是因为，"在共产主义社会'劳动是人的第一需要'，不再是责任或义务，是一种自发性的自我实现。个人享有某种权利的前提是他人有责任或义务，而为了满足人们需要所进行的劳动并不是责任或义务，因此不产生权利关系，所以更没有必要判定这种自发的劳动是否正义"③。

三、正义不是共产主义社会的价值标准

正如诺曼·杰拉斯（Norman Geras，1943—2013）④ 在《围绕马克思与正义的论争》及其续篇中所指出的，学界关于马克思主义与正义的争论焦点主要可以归纳为"马克思是否批判资本主义为不正义"⑤，杰拉斯将其命名为"塔克-伍德命题"（Tucker-Wood Thesis），这一命题的重点是资本主义剥削是否正义。值得注意的是，无论是赞成派还是反对派，都将正义在共产主义中的地位作为己方观点的依据。赞成派（正义说）主张马克思认为共产主义存在正义的标准，反对派（非正义说）则主张不存在这样的标准。

---

① 松井晓：『自由主義と社会主義の規範理論』，大月書店 2012 年，131 页。

② 松井晓：『自由主義と社会主義の規範理論』，大月書店 2012 年，79 页。

③ 松井晓：『自由主義と社会主義の規範理論』，大月書店 2012 年，91-92 页。

④ 诺曼·杰拉斯，英国曼彻斯特大学政府学系荣休教授，英美学界最重要的马克思主义学者之一。

⑤ 参见 Geras, N.（1985）. The Controversy about Marx and Justice. *New Left Review*, I（150），47-85。

松井晓在逐条整理讨论杰拉斯的论点后，认为两派的说法各有优劣。他将"是否认为马克思依据正义对资本主义进行批判"和"是否认为马克思构想的共产主义社会已经实现了正义"两个问题的主张进行了排列组合，得出了四种观点（见表4.1）。

表 4.1　资本主义、共产主义社会与正义、非正义说

		共产主义社会是实现了正义的社会	
		肯定（正义说）	否定（非正义说）
马克思依据正义对资本主义社会进行批判	肯定（正义说）	JJ 杰拉斯	JN 第四假说
	否定（非正义说）	NJ 第三假说	NN 塔克，伍德

资料来源：松井晓『自由主義と社会主義の規範理論』，大月書店 2012 年，96 頁。

上表中，J 代表正义，N 代表非正义，则塔克和伍德的观点是 NN，杰拉斯是 JJ，而简·纳维森从塔克-伍德命题中导出的第三种观点是 NJ。松井在此创新性地提出了他自己的观点——第四假说 JN，即在"马克思是否依据正义批判资本主义社会"的问题上支持肯定派的正义说，在"共产主义社会是已经实现正义的社会"的问题上赞同否定派的非正义说。这一观点具有如下两个显著的特点。

第一，主张马克思对正义的批判具有立体的历史结构。具体而言，即"在对资本主义社会的批判中，正义是市民社会的价值；在社会主义社会，这一市民社会的正义成为现实。于是，以市民社会的价值为依据的社会主义社会就处于一种临界状态，这样就可以从共产主义社会的角度对其进行批判"[1]。松井表示，第四假说之所以看起来前后矛盾，是因为资本主义社会的批判与共产主义社会的构想分别属于不同维度的规范评价体系。

第二，对资本主义社会的批判有三种方法。分别是：在构成资本主义社会基础的简单商品生产社会，从基于自我劳动所有的角度进行批判；从以按劳分配的形式实现了基于自我劳动所有的社会主义社会的角度进行批判；从正义不再是第一价值标准的共产主义的角度进行批判。而这三种批判方式是不能够同时

---

[1]　松井暁：『自由主義と社会主義の規範理論』，大月書店 2012 年，98 頁。

进行的，应该依据历史唯物论的原则，选择与历史发展阶段的进程相对应的方式。

四、自由主义与社会主义和共产主义的关系

松井晓对自由主义与社会主义和共产主义之间复杂而微妙的关系有着独到的见解。在他看来，社会主义社会和共产主义社会在某种程度上都否定了自由主义的核心原则，然而，这种否定并非绝对的断裂，而是一种辩证的转化过程。他认为，社会主义可以被视为自由主义在特定历史条件下发展的一个可能结果，共产主义也可以看作是自由主义原则在更高层次上的延伸和超越。

（一）社会主义是对自由主义的否定

松井晓认为，马克思构想的共产主义社会是否定自由主义的社会，这意味着"以正义为基础的所有、自由、平等和功利等自由主义及其规范原理，在共产主义社会不再占据主导地位"[①]。

在松井看来，正义是自由主义市民社会的价值规范，是以集权存在为前提的，人与人之间的关系通过权力来解决；而共产主义社会是以社群为基础的社会，人与人之间的协同与合作才是社会的基础，因此正义在共产主义社会就失去了其原有的作用。尽管在共产主义社会，基本人权所代表的正义是存在的，但是它已经丧失了社会基本原理的地位。

所有（权），是自由主义正义论最基本的价值。自由主义社会的价值规范是对身体和能力的"自我所有"原则。松井认为在这样的社会中，个人是独立的，甚至是孤立的存在，与社会关系是完全绝缘的。而社会主义是将这种个人的绝缘状态视为异化，并将它们置于社会关系之中的思想和运动。自由主义社会中个人的绝缘是由于个人是"自我所有"的主体，而社会主义的目标和主要任务就是废除私有和自我所有权。所以，社会主义是对自由主义的否定。

关于自由，松井并不同意"传统的马克思主义者认为自由主义社会的自由是虚假的自由，社会主义社会的自由才是真正的自由"的观点，他认为"马克思的社会主义并未将自由本身视为终极价值，也并不追求这种绝对的自由"[②]。

---

① 松井暁：『自由主義と社会主義の規範理論』，大月書店 2012 年，389 頁。
② 松井暁：『自由主義と社会主義の規範理論』，大月書店 2012 年，390 頁。

按自己意愿行动的自由在社会主义社会不具有重要位置，这是因为，社会主义重视人类与自然的共生和个人与社会的共生，人类的自由受到自然的限制，个人的行动也受社群的限制。而且，人类作为一种生命体，本身就不可避免地具备有限性。所以，自由主义社会将个人自由最大化的规范在社会主义社会是行不通的。

至于平等，松井认为马克思的剥削理论可以看作是对平等主义正义的追求，按劳分配和按需分配也可以理解为平等概念的应用，但是，"马克思所追求的，并不是生产资料等外部资产和能力等内部资产的平等分配，而是它们的社会所有"①。这是因为，平等意味着对个人的所有权的平等分配，是以"自我所有"为前提的，是自由主义的，所以平等不是共产主义的终极理念。而且，松井还认为无论平等主义贯彻得多么彻底，都无法解决异化的问题，相反，平等分配的对象范围越广，个人越有可能仅依赖分配所得的资源维持生计，共同的机会就会越来越少。②。此外，他还强调，共产主义社会相互扶助原则的存在会打破平等分配的平衡。因为在共产主义社会，即便某一时刻平等分配是成立的，也会有人主动减少自己的所得贡献给其他人，使得平等失衡。因此，平等主义不能成为共产主义社会的基本原理。

松井是从结果主义、福利主义和总和主义三个方面论证共产主义社会对功利主义的否定的。第一，他认为在共产主义社会，劳动是生命的第一需求，人们随心所欲地行动是个人道德的反映，也是在社会制度层面对结果主义的否定。第二，共产主义社会以社会主义社会为基础，在以劳动本身为目的的按需分配原则的作用下，个人自由的实现即自我实现，故在共产主义社会，福利主义也不是基本原则。第三，共产主义社会的生产力已经达到了实现按需分配的程度，总和主义也失去了优先目标的地位。因此，在共产主义社会，结果主义、福利主义和总和主义都不再是社会的基本规范原则。

（二）社会主义是自由主义发展的结果

松井晓认为，马克思主义的辩证发展，既包括对自由主义的否定，也具有社会主义是通过自由主义的发展而实现的含义。马克思在《政治经济学批判》

---

① 松井晓：『自由主義と社会主義の規範理論』，大月書店 2012 年，390 頁。
② 松井晓：『自由主義と社会主義の規範理論』，大月書店 2012 年，391 頁。

中将人类发展的历史划分为三阶段："人的依赖关系（起初完全是自然发生的），是最初的社会形式，在这种形式下，人的生产能力只是在狭小的范围内和孤立的地点上发展着。以物的依赖性为基础的人的独立性，是第二大形式，在这种形式下，才形成普遍的社会物质变换、全面的关系、多方面的需要以及全面的能力的体系。建立在个人全面发展和他们共同的、社会的生产能力成为从属于他们的社会财富这一基础上的自由个性，是第三个阶段。第二个阶段为第三个阶段创造条件。"① 松井认为马克思所说的第三阶段是社会主义社会，第二阶段即自由主义社会。他所理解的第二阶段社会的特征是："在这一社会，在生产的社会性取得发展的基础上，自由的个人最大限度地追求并不断深化与他人的交流，是真正的正义实现的普遍体系。"② 他认为第三阶段在第二阶段的基础上综合了社会的因素，既是一种超越，也是一种延伸，也可以说社会主义是自由主义发展的结果。

松井通过上述分析认为，社会主义是马克思所构想的自由主义充分发展所达到的社会形态，吸取了自由主义的成果，克服了自由主义的缺陷，是对自由主义的扬弃和发展。因此，马克思的社会主义规范理论中也就不可避免地包含了自由主义的规范理论部分。

（三）共产主义是自由主义延伸的结果

松井晓认为，尽管马克思对自由主义持批判态度，但他同时也将共产主义社会设想为自由主义延伸的结果。他依然从正义、所有、自由、平等和功利等五个方面进行了论证。

在马克思构想的共产主义社会，正义和权利不再是社会的基本价值，这意味着共产主义社会是超越正义至上的社会。因此，马克思从共产主义社会的角度批判资本主义社会的正义，是一种外在的批判。紧接着，马克思又从社会主义社会的角度指出，资本主义应当消灭因生产资料的所有带来的剥削，实现按劳分配。最后，马克思还从资本主义社会内部的立场，立足于简单商品生产社会，基于自我劳动所有的正义来批判资本主义社会。也就是说，马克思为实现

---

① 中共中央马克思恩格斯列宁斯大林著作编译局：《马克思恩格斯文集（第八卷）》，人民出版社 2009 年版，第 52 页。

② 松井晓：『自由主義と社会主義の規範理論』，大月書店 2012 年，396 頁。

超越正义的社会，以正义为基础进行社会批判。松井认为，就这一意义而言，马克思是"在正义发展的前提下，展望否定此类正义的共产主义社会"①。

关于所有（权），剥削理论是马克思资本主义分析的核心理论，是从根本上批判资本主义社会的学说。但是，马克思在批判资本主义社会剥削的阶段，接受了资本主义的"自我所有"原则，并将"自我所有"作为其批判的方法。松井表示，这样的批判方法使得剥削理论能够同时被劳动者和资本家所接受。

在自由问题上，松井认为马克思并不追求自由主义的绝对自由，但也不限制市民的自由。马克思的自由可以分为支配的自由和人格的自由，人格的自由又由发展的自由和共同的自由构成。支配的自由的主体是集团，人格的自由的主体是个人。松井表示，"支配的自由是人格的自由的必要条件，但人格的自由更具有价值，……马克思在自由论中将保证个人不受权力的侵犯视为人格的自由不可或缺的条件"②。由此，松井得出结论认为，马克思追求的自由，是将产生于自由主义社会的市民的自由付诸实践。

松井认为在平等问题上，马克思虽然表示社群主义优先于平等主义，但这并不意味着马克思否定了平等主义。松井列举了如下证据：其一，马克思提出剥削理论，就是为了消除由外部资产所有的不平等造成的所得的不平等；其二，共产主义社会通过内部资产的社会化，消灭因内部资产所有的不平等造成的所得的不平等，保证机会的平等；其三，马克思在按需分配原则的基础上提出了条件的平等，用来矫正机会平等前提下，个人之间条件的不平等。因此，松井认为马克思的社会变革论是一个不断推进机会平等和条件平等的过程，是具有平等主义性质的过程。

至于功利主义，如前所述，在共产主义社会，劳动成为生命的第一需求使得结果主义和福利主义不再是基本原则，总和主义也因为生产力发展到能够实现按需分配的程度，而不再是生产力发展的第一目标。一般认为，资本主义社会的结果主义、福利主义和总和主义都具有功利主义的性质，但松井指出，马克思在资本主义社会阶段是将这三种观点作为摆脱封建主义的束缚、谋求生产力发展和需求解放的价值观看待的。他还强调，在资本主义之后的"过渡社会

---

① 松井暁：『自由主義と社会主義の規範理論』，大月書店 2012 年，393 頁。
② 松井暁：『自由主義と社会主義の規範理論』，大月書店 2012 年，393 頁。

和社会主义社会也追求基于结果判断的自我劳动的所有、与福利相关的福利主义、生产力发展带来的福利的总和的扩大"①。因此，松井认为马克思是在追求功利主义的延长线上展望共产主义社会的。

综上所述，松井认为马克思提出的从资本主义社会到社会主义，再到共产主义社会的社会发展构想，是一个循序渐进的过程，社会主义和共产主义的萌芽产生于资本主义社会的内部，是通过不断发展壮大最终得以实现的。用他的原话来说，即"共产主义社会发展的开端，早在资本主义社会就已经形成了"②。因此，尽管自由主义的规范原理不能成为共产主义社会的基本规范，但它们是人类在发展过程中取得的成果，是共产主义实现的前提条件，从这一意义上来说，"共产主义社会只有建立在自由主义延伸的基础上才能成为可能"③。

第三节　吉原直毅的经济伦理思想

吉原直毅是当代日本著名经济学家，现任一桥大学经济研究所教授，2011 年 5 月获日本世界政治经济协会颁发的"21 世纪政治经济杰出成就奖"，研究方向为数理马克思主义经济学、数理经济学、福利经济学、社会选择理论和博弈论。1996 年，吉原获得一桥大学的经济学博士学位，博士论文题目为《分配正义和激励相容视角下的经济体系福利分析》。他擅长利用数学的方法对剥削理论进行验证，探讨现代经济背景下剥削理论的正义性，代表性论文有：《马克思派剥削论再探讨：70 年代转形论战的终结》、《基于分析马克思主义的劳动剥削理论》、《21 世纪劳动剥削理论的新进展》（《经济研究》2009 年第 3 期）等。他的独著《劳动剥削的福利理论序说》获 2010 年日本首届经济理论学会奖励奖。

一、劳动剥削不是利润的唯一源泉

众所周知，马克思劳动价值论体系由劳动价值理论、剩余价值理论和价值

---

① 松井暁：『自由主義と社会主義の規範理論』，大月書店 2012 年，394 頁。
② 松井暁：『自由主義と社会主義の規範理論』，大月書店 2012 年，395 頁。
③ 松井暁：『自由主義と社会主義の規範理論』，大月書店 2012 年，395 頁。

规律理论构成。马克思在《资本论》中阐述劳动价值理论时，用剩余价值率来表示资本主义条件下工人受剥削的程度，故又将其称为剥削率。吉原直毅认为，在马克思看来，剥削意味着存在剩余价值。他还进一步解释道，"剥削"这一说法本身就意味着以满足个人利益为目的，是对资源的不公正使用，而剩余价值所代表的不公正表现为：在市场正当交易前提下，劳动者获得的工资收入与其提供的劳动等价，但剩余价值的存在意味着劳动者获得的报酬少于其提供的劳动，从劳动价值论的观点来看，就是劳动的不等价交换。①

但是，劳动市场的所有交换都是不等价的观点本身又与劳动价值论相矛盾，因为市场交换是在双方认可交换物等价的前提之下进行的，在劳动市场供给者与需求者之间也需要等价交换理论的支持，如果这一理论不能用劳动价值论进行说明，那么就意味着劳动价值论本身失去了其作为决定市场价格理论的资格。于是，马克思提出了"劳动力商品"的概念来解决这一矛盾。由此一来，在劳动市场进行交换的就不再是劳动，而是劳动力，劳动市场上的劳动力商品交易就是等价交换，而不再与劳动价值论相矛盾。

马克思还讨论了资本家享有的在劳动市场通过劳动力商品的等价交换获得剩余劳动的权利。在这种权利的作用下，资本家在商品生产的过程中同时进行剩余价值的生产。按照马克思的剩余价值理论，被资本家占有的剩余价值就成为资本增殖的唯一源泉。因为在资本主义社会中，资本在财富中占据很大比重，并由资本家占有。故而可以说，财富是资本家无偿占有他人劳动创造的剩余价值的积累。所以，与其说马克思将剩余价值的生产视为劳动的不等价交换，不如说他将其视作一种剥削。也就是说，"社会积累的财富中，由少数资本家阶级作为资本占有的很大比重的部分，是原本属于大多数人的劳动者阶级的被无偿占有的劳动成果，这是不公正的"②。需要指出的是，吉原在得出这一观点时，误解了财富与价值的概念，财富是劳动力与生产资料相结合的产物，而价值是劳动创造的。

马克思在《资本论》中还进一步讨论了剥削的产物即剩余价值在市场社会

---

① 吉原直毅：「マルクス派搾取理論再検証：70 年代転化論争の帰結」，『経済研究』2001 年第 3 号，253 頁。

② 吉原直毅：「マルクス派搾取理論再検証：70 年代転化論争の帰結」，『経済研究』2001 年第 3 号，254 頁。

关系中的表现形式，也就是作为资本家提供物质资本的报酬——利润。吉原认为，剩余价值向利润的转化有两个作用：其一，这一转化将原本在理论范畴内讨论的剩余价值概念与现实世界的范畴建立起联系，从而保证了剩余价值概念的现实性和科学性；其二，通过劳动价值论和剩余价值论的科学论证，强调了边际生产力学说等其他学派学说的意识形态色彩及其对既有体制的维护倾向。劳动价值论中的剥削关系在价值向价格转化的过程中被掩盖了，而其他学派的经济学说起到了助长这一掩盖机能的作用。[①]

此外，由于劳动价值和劳动力商品理论在现实的市场社会中都是看不到的抽象概念，为证明其科学性就必须借助市场可见的价格运动，马克思最后又阐述了价值规律理论。

而数理马克思经济学的主要任务就是对马克思本人没有来得及论证的剥削理论和劳动价值理论的科学性进行验证。置盐信雄、森岛通夫等人在列昂惕夫（Wassily Leontief，1905—1999）投入产出分析法的经济假定下提出了"马克思基本定理"[②]，即"正的剥削率是正的平均利润率的充要条件"。按照这一定理，资本主义经济正利润的唯一源泉是劳动剥削，因此，资本主义社会是统治阶级剥削生产剩余劳动的劳动者阶级的阶级社会，并由此可以证明马克思观点的科学性。吉原则认为，置盐等人的劳动价值说是基于斯密和李嘉图等古典经济学派的理论导出的，其出发点与马克思是一致的，不能认为与之毫无关系。他还强调生产正的剩余产品的可能性是正利润的充分必要条件，并不能由此推导出资本家对利润的占有是不正义的。

首先，在关于"剩余价值率向平均利润率转化"和"价值向生产价格转化"的证明方面，森岛等人用数学方法得出的剩余价值率与平均利润率之间的函数关系，以及价值与价格的对等关系，被传统马克思主义者批判为："没有理解马克思转化论的主旨，单单就是否能解决量的一致问题讨论马克思劳动价值理论

---

① 吉原直毅：「マルクス派搾取理論再検証：70 年代転化論争の帰結」，『経済研究』2001 年第 3 号，254 頁。

② "马克思基本定理"的详细论述参见 Okishio, N.（1955）. Monopoly and the Rates of Profit. *Kobe University Economic Review*, 1, 72-77，以及 Morishima, M.（1973）Marx's Economics: a Dual Theory of Value and Growth. Cambridge：Cambridge University Press。后者的日文版参见森嶋通夫：『マルクスの経済学：価値と成長の二重の理論』，高須賀義博訳，東洋経済新報社 1974 年。

和转化论的正确与否。"① 也就是说，价格与价值在数值上的一致无法证明价值向价格的质的转化。而吉原认为比这一问题更重要的，是通过厘清劳动价值与生产价格之间的关系，证明劳动价值概念的科学性和有效性，使"生产价格是价值的表现形式"的观点有据可依，最为关键的是"价值规律"的证明。而所谓"价值规律"，是指"市场中各商品的价格运动由价值的运动所决定，也可说是资本主义生产过程背后的阶级权力关系和剥削关系决定了市场中的商品关系和价格运动"。他还特意强调："如不能论证价值与价格的决定关系，那么资本主义经济是由阶级权力关系和剥削关系构成的，资本是被剥削的劳动的积累等马克思的观点就只能是意识形态上的托词。"②

其次，在关于"价值规律"的论证方面，吉原强调这一论证如果只是找出价值、剩余价值率、生产价格、平均利润率之间的函数关系是不够的，还必须证明实际工资率的变化在引起剥削率变化的情况下，是否对价格体系产生了符合某种函数关系的影响。这是因为价值规律的核心在于揭示资本主义生产过程中阶级权力关系与剥削关系是如何决定市场上的商品关系及价格变动的。因此，当实际工资篮子或剥削率随着实际工资率的变化而产生波动时，这些波动应被视为影响价格体系的函数变量。具体而言，若剥削率受到实际工资篮子或实际工资率调整的影响，我们需从函数关系的视角审视这一变化是否会对价格体系的决定产生作用。③ 罗默论证了"给定社会剥削水平 e^*，存在一个价格体系使经济达到均衡，在这一均衡下，每一个工人可以消费他们在各自工资约束下所选择的消费束"④。吉原在此基础上得出以下结论：其一，在任意剥削率的条件下，生产价格体系保持不变；其二，随着实际工资的上涨，剥削率单调递减，而平均利润率是剥削率的单调递增函数。⑤

---

① 吉原直毅：「マルクス派搾取理論再検証：70 年代転化論争の帰結」，『経済研究』2001 年第 3 号，256 頁。

② 吉原直毅：「マルクス派搾取理論再検証：70 年代転化論争の帰結」，『経済研究』2001 年第 3 号，256-257 頁。

③ 吉原直毅：「マルクス派搾取理論再検証：70 年代転化論争の帰結」，『経済研究』2001 年第 3 号，257 頁。

④ ［美］约翰·E. 罗默：《马克思主义经济理论的分析基础》，汪立鑫、张文瑾、周悦敏译，上海人民出版社 2007 年版，第 190 页。

⑤ 吉原直毅：「マルクス派搾取理論再検証：70 年代転化論争の帰結」，『経済研究』2001 年第 3 号，257 頁。

但是，吉原认为，这些证明都是在列昂惕夫经济体系的假定条件下进行的，一旦涉及技术选择、固定资本和消费选择等因素，马克思的劳动价值理论就失去了有效性，建立在劳动价值理论有效性基础上的剥削率也进而丧失了剥削的含义。因为劳动价值理论的有效性表现为劳动价值决定了价格，劳动力商品才作为使用价值具有了价值增殖的功能，在这一前提下，剥削率的定义公式才能成为剥削存在的表现形式。劳动者一天的劳动量与必要劳动之间的差别也不意味着劳动的不等价交换，更不意味着社会的不公正，因为"这里的劳动量并不具有价值尺度的功能"①。

在考虑到技术选择、固定资产和消费选择的冯·诺依曼（John von Neumann，1903—1957）经济体系下，现有的证明只能够说明正剥削率与正利润率的等价性，却无法证明正剥削率与正利润率的唯一等价性。例如，在不同消费选择下，马克思基本定理成立时，即便平均增长呈现正的利润率，也仍可能存在劳动者面临负剥削率的情况。在私有制前提下，资本家获得利润是正当的，并且，如果资本家获得利润是出于对地租的考虑，正的剥削率就成立，而劳动剥削的存在并不能说明资本家的利润收入是不正当的。吉原解释认为，此时的利润来源是资本投入生产过程中带来的生产性的提升，并非对劳动者剩余劳动的剥削，而资本出租的供小于求才是资本家获得利润的根据②。

综上，吉原认为"资本主义的正利润的唯一源泉是劳动剥削"的主张并不成立。并且，在私有制前提下，不能说资本家获得正的利润是不正当的，而"劳动剥削的存在"则意味着无法证明资本主义体制的不公正。③ 因此，"如果数理马克思经济学的目的是为了证明马克思理论的正确性，那么只能说结果是失败的"，"数理马克思经济学反映出马克思劳动价值论的局限性"。④ 劳动剥削也完全丧失了"利润的唯一源泉"的意义。在《劳动剥削的福利理论序说》一书中，吉原更是提出应将马克思的剥削理论与罗尔斯的正义论和阿马蒂亚·森的

① 吉原直毅：「マルクス派搾取理論再検証：70 年代転化論争の帰結」，『経済研究』2001 年第 3 号，259 页。

② 吉原直毅：「マルクス派搾取理論再検証：70 年代転化論争の帰結」，『経済研究』2001 年第 3 号，262 页。

③ 吉原直毅：「マルクス派搾取理論再検証：70 年代転化論争の帰結」，『経済研究』2001 年第 3 号，262 页。

④ 吉原直毅：「マルクス派搾取理論再検証：70 年代転化論争の帰結」，『経済研究』2001 年第 3 号，258 页。

福利经济学相融合，构筑一种新的作为福利原则的劳动剥削概念。

二、"基本所得"政策的伦理基础

吉原直毅不仅是数理马克思主义者，同时还是福利经济学的支持者，他分析了新自由主义路线下日本经济政策在资源分配中的现状：通过对大企业及高收入阶层实施优惠减税政策和削减国库的福利支出来改变所得的分配机制，此举直接导致非正式雇佣比例增大，民间工资总额减少，收入差距不断扩大。而这种收入不平等更会导致下一代"机会不平等"日趋严重化的倾向。在这一背景下，吉原还研究了福利国家"基本所得"政策的构想，并进一步探究了与"基本所得"政策相匹配的资源分配原则理论应用的可能性。

所谓"基本所得"政策，是日本学者提出的代替"工作福利"的福利改革方案，是"保证所有市民无条件获得基础所得的构想"[①]。这是因为尽管福利国家制定了各种各样的社会保障制度以防范人们会遇到的共通的风险，但仍有诸多问题不在市场保险制度涵盖的范围之内，如因长期失业、多子女家庭、严重疾病等因素导致生活困难的人很难参与市场和保险，即便参与了也未必能实际享受市场资源分配下的基本福利。以往这些情况都被当作特殊困难，通过实行各种各样的公共扶助措施来给予帮助，吉原认为"基本所得"的构想是从根本上对这些情况进行综合考量。"这一构想的基础是尊重所有人作为市民的资格（citizens' entitlement），并对其给予关照。其目的是超越依存于某一特定制度的价值和评价，满足市民的需求（citizens' needs），而这一构想的实现是社会所有成员的义务。"[②]

"基本所得"政策的规范理论基础，是冯·帕里基斯（Philippe V. Panjis，1951—　）[③] "最大限度保证全体成员实质的自由"[④] 的"公正社会"理论。基

---

①　後藤玲子、吉原直毅：「『基本所得』政策の規範的経済理論」，『経済研究』2004 年第 3 号，230 頁。

②　後藤玲子、吉原直毅：「『基本所得』政策の規範的経済理論」，『経済研究』2004 年第 3 号，231 頁。

③　冯·帕里基斯，比利时人，当代左翼自由至上主义哲学家、政治经济学家，比利时天主教鲁汶大学经济、政治与社会科学学院教授，兼任胡佛经济与社会伦理研究所所长，比利时皇家科学、文学与艺术学院院士，国际哲学学会学术委员。他是基本收入概念的拥护者，同时对语言正义及其与合作正义、分配正义的关系有深入研究。

④　Philippe, V. P.（1995）．*Real Freedom for All: What（if Anything）Can Justify Capitalism*. New York：Oxford University Press, 3.

于这一自由社会的理念，"各人拥有做任何想做的事情的自由，……不允许其他任何人通过强制、威胁、暴力等方式进行妨碍。同时，为了免受这些消极自由的侵害，必须具备确保社会权利和个人自我所有权的前提"①，并且不仅要保证消极自由，更要保障与个人能做到什么程度的事情、为做该事情能利用手段的允许范围有关的实质的自由。换言之，自由社会需要满足三个条件：其一，存在一种结构，能够保证各项权利顺利执行而不受强制和暴力等侵犯；其二，在这一结构下，确保个人的自我所有权；其三，在前两个条件的制约下，保证最大可能的限度的个人按自身意愿行事的机会。② 帕里基斯强调，为避免这三个条件同时成立时相互矛盾，需要采用辞典式优先顺序来加以平衡，而满足这三个条件的"自由的社会"即为"公正的社会"。③

吉原指出，能够实现上述实质的自由社会的制度机制就是"基本所得"制度。"基本所得"是指"该社会政府必须支付给全体社会成员的固定收入：（1）与个人是否参与劳动市场、是否拥有就业意愿无关；（2）与个人贫穷还是富有无关；（3）与个人和谁一起生活无关；（4）与个人居住的地域无关"④。这一制度与最低收入保障制度的区别在于：最低收入保障主要面向出于疾病、残疾、失业（有工作意愿但被迫失业，需有无工作证明）等特定原因无法工作的个体，且要求申请者证明没有其他等同于国家福利的收入来源；至于资助的资

---

① 後藤玲子、吉原直毅：「『基本所得』政策の規範的経済理論」，『経済研究』2004 年第 3 号，231 頁。

② 後藤玲子、吉原直毅：「『基本所得』政策の規範的経済理論」，『経済研究』2004 年第 3 号，232 頁。"最大可能的限度"取决于个人才能和技能的程度，以及所处社会的经济力（技术生产力）和资源分配的方法。

③ 冯·帕里基斯将自己的这种观点称为"真正的自由至上主义"，但吉原直毅认为必须将其与洛克的自由至上主义和以施泰纳（Max Stirner, 1806—1856）为代表的左翼自由至上主义相区别。这是因为，一方面，帕里基斯所谓的"自我所有权"比洛克的"自我所有权"的规定条件弱，更接近于罗尔斯的"正义的第一原则"，即个人意志决定的自由，如政治的自由、职业选择的自由；另一方面，尽管帕里基斯的观点在个人享有均等的外部资源价值上与左翼自由至上主义相同，但左翼自由至上主义是从"自然权"的角度尝试证明外部资源均等份额的正当性，而"真正的自由至上主义"是从最大限度保证实现实质自由的机会集合的视角，将外部资源均等视为经济的物质手段。参见吉原直毅：「『基本所得』政策の規範的経済理論」，『経済研究』2004 年第 3 号，232-233 頁。

④ 後藤玲子、吉原直毅：「『基本所得』政策の規範的経済理論」，『経済研究』2004 年第 3 号，233 頁。

格与额度，还受到申请者家庭结构及居住地区（如大都市、地方城市或偏远地区）的特定条件制约。

"基本所得"制度的财源是土地等初级外部资源，不限于洛克主张的原始占有的自然物，还包括通过人类活动转化为生产资料的资产和资本等。"基本所得"制度的本质，即"外部资源通过经济活动带来的租金属于初级财源，在安全保障和确保自我所有权的制约下，将最不幸人群的机会集合最大化——更准确地说，是基于辞典式最小原则——来分配所得"①。围绕"基本所得"资源分配体系的公式化，吉原探讨了如下两个问题：其一，如何定义个人机会的集合，并有效评估其规模；其二，在除外部资源的租金外，还要通过工资收入的税收来确保财源时，应考虑哪些关键因素。

关于第一个问题，吉原借用了帕里基斯的观点。帕里基斯将机会的集合视为随市场价格变动的个人预算集合，并且假设个人之间才能和劳动技能的差别对此不构成影响，所有个体通过平均分摊外部资源利用所得的租金，达到初始禀赋状态，其实质的自由的机会集合则依据辞典式最小规则进行分配。这一观点的正当性体现在，该初始禀赋状态满足无妒忌原则，并且在此状态下实现的竞争均衡分配又同时满足了帕累托最优和无妒忌原则。吉原还强调："尽管同时满足帕累托最优和无妒忌原则的资源分配，不一定要以外部资源的经济价值的均等分摊为前提才能实现，但是，在假定个人效用函数连续可微分的大型经济体下，同时满足帕累托最优和无妒忌原则的资源分配只能是在外部资源经济价值的均等分摊下实现的竞争均衡分配。"② 而对这种分配的公正性的判断，帕里基斯以德沃金"资源平等"论中"责任与补偿"的观点为依据，认为个人的责任意味着内部资源分配的不幸必须通过获得更多的外部资源来补偿。具体的补偿方式称为"非占优多样性"原则③，这是一种综合考量个人内外部综合资源的社会排名原则，即在某一经济环境下，如果分配方式符合帕累托最优原则，则

---

① 後藤玲子、吉原直毅：「『基本所得』政策の規範的経済理論」，『経済研究』2004 年第 3 号，233-234 頁。

② 後藤玲子、吉原直毅：「『基本所得』政策の規範的経済理論」，『経済研究』2004 年第 3 号，234 頁。

③ "非占优多样性"原则的概念来源于耶鲁大学法学与政治学教授布鲁斯·阿克曼（Bruce Ackerman，1943—　），帕里基斯对这一概念进行了完善并最终将其确定下来。

存在与该分配方式对应的效率价格，并且这一效率价格能够基于个人的劳动技能集合、分配方式对个人的预算集合进行定义，与之对应的个人消费则是该效率价格预算集合中效用最大化的解。① 而吉原指出，按照这一原则，如果在某一初始禀赋状态下，全体社会成员本应一致，却发生了他人的初始禀赋状态比某个人的初始禀赋状态明显得到偏爱的情况，就可以判断这一初始禀赋状态是不公正的分配；反之，如果不会出现明显偏爱的情况，就说明该初始禀赋是公正的分配。②

　　第二个问题涉及的情况是在除劳动以外的外部资源所带来的租金不能够确保基本所得的财源的经济环境下，需要通过工资收入所得税来补充财源。吉原认为，把工资收入所得税的政策体系导入"基本所得"制，需要特别关注劳动技能的差别。因为，在只有外部资源的租金作为财源的情况下，基本所得的分配也建立在初始禀赋的基础之上，个人通过参与市场经济活动积累工资所得。当个人的劳动技能不存在差异时，只需要对外部资源带来的租金进行简单的均等分配；当个人之间的劳动技能存在差异时，就需要考虑"非占优多样性"原则，对外部资源带来的租金进行补偿性分配。在把工资课税纳入基本所得制度的财源之后，再对市场交易后的劳动所得课税，作为一种资源分配原则，其规范性就会发生变化。吉原强调，在这种情况下，个人容易漏报自己的劳动技能，即容易出现所谓的"激励相容"问题，因此，在税制的设置上要充分考虑到这一因素。他还指出，帕里基斯主张的线型比例税是"个人隐瞒劳动技能的诱因，会对事后的资源分配造成一定的影响，将伴随这种税制的基本所得制度与完全竞争的市场机制作为资源分配原则，只不过是一种次优选择"③。

三、福利国家的规范经济学基础

　　吉原直毅提出了超越传统福利主义福利经济学范畴的、能够在多元价值标

---

①　後藤玲子、吉原直毅：「『基本所得』政策の規範的経済理論」，『経済研究』2004 年第 3 号,238 頁。

②　後藤玲子、吉原直毅：「『基本所得』政策の規範的経済理論」，『経済研究』2004 年第 3 号,234 頁。

③　後藤玲子、吉原直毅：「『基本所得』政策の規範的経済理論」，『経済研究』2004 年第 3 号,235 頁。

准体系下整合各价值之间对立主张的社会政策判断机制，并使用"扩张的社会福利函数"对其进行了公式化表达。

吉原将"社会福利函数"定义为"对各政策体系的实施导致的社会状态和经济资源分配进行排名的函数，基于这一排名可以决定社会必须采用的政策体系，属于标准的微观经济学范畴"[1]。他在罗尔斯、阿马蒂亚·森和冯·帕里基斯的规范理论体系基础上，提出了考察政策体系的三个标准[2]。其一，在现代市民社会的背景下，是否能够最大限度地保证个人人生选择的自律性。因为"个人人生选择的自律性是否得以确保实现，是评价一个人是否有'好的生活'的一个重要因素"[3]。其二，该社会中作为个人自律选择和人生目的的"好的生活"能否得以充分实现。诚然，追求和实现"好的生活"依赖于个人的意志和努力，但另一方面，政策的选择也十分重要。一个政策体系能够在多大程度上确保个人自律地追求和实现"好的生活"的机会，涉及资源分配的公正性问题，即分配正义论。其三，是否符合帕累托最优原则。

按照吉原的观点，"扩张的社会福利函数"（extended social welfare function）可以解释为在任意经济环境中，对可实现的、扩张的社会选择之顺序关系进行分配的函数。而"顺序关系"函数则可以解释为：假设有任意两种可实现的、扩张的社会选择，在某一经济环境下，若其中一种可实现的分配 z 按照分配原则 γ 实现纳什均衡的状态，比可实现的分配 z′ 按照分配原则 γ′ 实现的纳什均衡状态更符合顺序函数所体现的社会价值判断，或至少能达到同等程度，那么，只有这一情况下的顺序关系函数才成立。

按照前述三条标准，吉原从劳动主权、非福利主义的分配正义的标准和福利主义经济的效率性标准三个方面介绍了他所主张的扩张的社会福利函数所体现的社会价值判断标准的公理，亦即福利国家的规范经济学基础。

（一）体现个人人生自律性价值的劳动主权的公理

吉原探讨的"劳动主权"也可称为"个人劳动选择权利"，是指"在资源分

---

[1]　吉原直毅：「『福祉国家』政策論への規範経済学的基礎付け」,『経済研究』2006 年第 1 号,78 页。

[2]　吉原直毅：「『福祉国家』政策論への規範経済学的基礎付け」,『経済研究』2006 年第 1 号,78-79 页。

[3]　吉原直毅：「『福祉国家』政策論への規範経済学的基礎付け」,『経済研究』2006 年第 1 号,79 页。

配问题的框架下，个人权利的问题"①，亦即前两章中讨论过的自我所有权原则的问题。吉原本人赞同冯·帕里基斯对自我所有权概念的分解："其一，从生产要素的自由处分、使用权利角度对自我所有权的定位；其二，从生产要素自由处分的结果——经济成果的专有权角度对自我所有权的定位。"② 帕里基斯将权利原则分为"较强意义"和"较弱意义"③ 两种，并把自我所有权定位为"较弱意义"的权利原则，即只满足第一项，而不考虑对经济成果的专有。

吉原也从"较弱意义"的角度，对自由选择权的内容进行了规定。第一，对被分配的个人财产和余暇时间的消费方式选择的自由。吉原主张的选择的自由是一种消极意义上的自由，即除本人外，任何人对被分配的个人财产和余暇时间的处理方式都不具有决定权。这是考察经济资源分配问题的必要前提。第二，被自由主义正当化了的个人权利是劳动强制的自由权。这种自由权是指通过劳动契约自由的方式保证个人的选择权，也即"现代社会中劳动市场所确保的劳动选择权是最低限度的保证"④。并且，由于职业选择的模型过于复杂，吉原将自己的研究限定在劳动时间的选择权上，并且指出，这种以劳动时间的选择权为主的劳动主权的分配原则，其结果的实现与否与是否被预测无关，社会必须采用能够保证劳动主权的经济制度和资源分配原则。吉原强调这一观点是"非结果主义的价值标准"⑤，罗尔斯之正义的第一原则与帕里基斯"较弱意义"的"自我所有"原则，在日本的经济模式下，都处于劳动主权公式所允许的范围内。

（二）基于非福利主义福利概念的分配正义的公理

吉原认为，需要有一种合适的机制来表现分配正义的公理，这种机制建立

① 吉原直毅：「『福祉国家』政策論への規範経済学の基礎付け」，『経済研究』2006 年第 1 号，80 頁。

② 吉原直毅：「『福祉国家』政策論への規範経済学の基礎付け」，『経済研究』2006 年第 1 号，80 頁。

③ "较弱意义"的权利原则，是指"能够把所有权本身视为社会控制变量，能够与为达成一定的分配目标对所有权进行重新限制的定义同时成立"。"较强意义"的权力原则，是指"不能将所有权视为社会控制变量的观点"。（後藤玲子、吉原直毅：「『基本所得』政策の規範的経済理論」，『経済研究』2004 年第 3 号，232 頁。）

④ 吉原直毅：「『福祉国家』政策論への規範経済学の基礎付け」，『経済研究』2006 年第 1 号，81 頁。

⑤ 吉原直毅：「『福祉国家』政策論への規範経済学の基礎付け」，『経済研究』2006 年第 1 号，81 頁。

在某一分配正义的标准之上，通过导入映射对可代替的资源分配进行排序。这一公理可以解释为，在任意的经济环境下，都存在一个可能实现的集合，该集合中存在一定的二元函数。他用这一函数关系对阿马蒂亚·森的"可行能力的平等"、德沃金的"综合资源的平等"以及"福利的平等"进行了解释，并认为这一函数关系是"极为普遍的公式"①。

1. "可行能力的平等"

当个人的效用信息被视为在"能够被独立定义的福利指标"的前提下，体现非福利主义分配正义论的价值判断时，这一映射在一定的经济环境信息中，就只能利用个人客观特性的信息。

2. "综合资源的平等"

个人福利指标不能直接使用效用信息，但在这些福利指标的导出过程中，体现个人主观喜好的描绘性信息是不可或缺的。在体现非福利主义分配正义论的价值判断时，不仅可以利用个人客观特性的信息，个人主观的喜好的信息也是可以利用的。

3. "福利的平等"

在与经济环境有关的信息中，只能利用个人主观喜好的信息。

吉原强调，基于这一函数的公正性"要求任意的两个扩张的选项的评价只能针对各选项所对应的可实现的分配项目，在某一特定的情况下，根据各选项对应的扩张的社会福利函数所做出的评价，必须与基于各分配映射的评价相匹配"，这里的"某一特定的情况"是指"成为比较对象的两个扩张的选项分别相应的分配之间的区别，充其量是产品的分配情况的区别"②。由此一来，扩张的社会的选项的优选性就可以只通过已实现的资源分配的公正性来进行评价，具有不同于劳动主权公式的"结果主义立场"。

（三）注重经济资源分配效率性的福利主义的公理

吉原将帕累托最优原则导入扩张的社会福利函数后，得出了新的基于分配的帕累托标准。这一公理同样要求，在对任意的两个扩张选项进行评价时，只能针

---

① 吉原直毅：「『福祉国家』政策論への規範経済学の基礎付け」，『経済研究』2006 年第 1 号，82 页。

② 吉原直毅：「『福祉国家』政策論への規範経済学の基礎付け」，『経済研究』2006 年第 1 号，83 页。

对各选项所对应的可实现的分配项目，"当两种分配方式之间的帕累托优势关系或者帕累托无差别关系成立时，要求马上对该关系进行整合，并根据各选项对应的扩张的社会福利函数给予评价"①。由于这一原则也是在已实现的资源分配的评价基础上对扩张的选项进行评价，故吉原同样将其归结为"结果主义立场"。

综上，吉原直毅提出了代替传统福利经济学社会评价机制的扩张的社会福利函数框架，并在这一框架下，探讨了体现个人人生自律性价值的劳动主权的公理、基于非福利主义的福利概念的分配正义的公理，以及要求实现有效资源分配的福利主义的公理。他通过对这三个公理的进一步论证发现，并不存在同时满足三个公理的扩张的社会福利函数，而只存在作为次优（second best）选择的、保证扩张社会福利函数成立的各公理之间的调整方法。这一调整方法是基于辞典式优先方式的，是对公理的优先适用方式的一般化。在这一方面最具代表性的，是冯·帕里基斯的"真正的自由至上主义"社会福利函数。

第四节　简　要　评　价

日本马克思主义经济伦理思想的研究具有如下特点。

第一，日本马克思主义对公平正义的关注起步较晚。初期，马克思主义只是作为一种外国思想在大学里传播②，此时日本对马克思主义经济思想的认知还处于引进和消化时期，以翻译、介绍性的研究成果为主。明治初期的日本马克思主义学者已经注意到日本社会经济发展中的剥削与非正义现象，但是，这一时期日本经济、军事、政治实力的迅速壮大掩盖了这一问题的严重性。同时，日本迅速的海外扩张进程中有更多的问题亟待解决，转移了人们对剥削问题的研究兴趣。

日本马克思主义学者在马克思主义的文本分析和数理分析方面见长，但对欧美马克思主义思潮的关注明显不足，如日本马克思主义学者对人本主义思潮

---

① 吉原直毅：「『福祉国家』政策論への規範経済学の基礎付け」，『経済研究』2006 年第 1 号，83 页。

② ［英］泰萨·莫里斯-铃木：《日本经济思想史》，厉江译，商务印书馆 2000 年版，第 85 页。

很少涉及。笔者查阅的资料中只有伊藤诚于 2020 年出版的《马克思的思想与理论》（青木社）一书中提到了人本主义，该书第一章"马克思思想与理论的形成与发展：其人本主义的深度"从人本主义深化的角度追溯了马克思思想与理论的发展过程。作者指出，尽管阿尔都塞（Louis P. Althusser，1918—1990）和广松涉将马克思在《德意志意识形态》中的认知转变解释为从抽象的人的异化及其克服转向科学立场，但这种解释忽视了人本主义深化的一面。并且，后期马克思超越了早期马克思抽象人本主义的局限，开始强调人的意识是由社会关系决定的，同时仍然谨慎地保留了强调人的内在主观能动性的人本主义思想。在这种阐释思路下，复杂劳动还原为简单劳动的问题被视作一个理论问题。换言之，与强调市场价值化的鲁宾（Isaak I. Rubin，1886—1937）式阐释和规定"教育及培训所需的劳动量储存在复杂劳动能力的价值实体中"的传统阐释不同，伊藤认为复杂劳动对抽象的人类劳动做出了社会贡献，而抽象的人类劳动是同质的，等同于简单劳动。

同时，苏联解体对日本马克思主义研究造成了巨大影响，植村邦彦曾在文章中提到，"除深陷漩涡中的苏联和东欧之外，体制转换带来的思想的变动或动摇，没有比日本更严重的"[①]。在此后的很长一段时间里，日本马克思主义者不仅对经济体制，甚至对社会主义理念本身产生了怀疑，他们围绕"苏联型社会主义"的概念争论不休，对规范理论的研究也无迹可寻，直到 20 世纪末，他们才对分析马克思主义学者关于剥削与正义的争论予以关注。

第二，日本马克思主义研究的成长发展速度较快。自 20 世纪 90 年代日本经济发展停滞以来，新自由主义改革的负面效应、国际金融危机的爆发，使得日本社会贫富差距扩大、不平等现象日益严重，自此，日本马克思主义者才开始关注社会公平正义问题。虽然起步较晚，但借助文本分析的优势，他们在马克思主义经济伦理思想的探讨方面进展较为迅速，于最近二三十年内产生了一批优秀的成果。

第三，日本马克思主义在观点主张上有所创新。松井晓从正义与资本主义、社会主义以及共产主义之间关系的角度对马克思主义进行了探讨。他的独创性

---

① 植村邦彦：「社会主義体制の崩壊とマルクス思想」，『経済学史学会年報』1996 年第 34 号，105 页。

在于其如下主张：与资本主义存在自由主义规范（正义）类似，社会主义社会同样存在其独特的规范原则，而在最终的共产主义社会阶段则不存在任何正义和规范。对此，日本著名经济理论、社会哲学研究者青木孝平给予了很高的评价，认为这是"非常具有创新性的有意义的尝试"①。

第四，日本马克思主义对自由至上主义的批判倾向不明显。在欧美国家，对自由至上主义展开批判的主要是以柯亨为代表的马克思主义学者，而在日本，批判自由至上主义的主力军是平等主义、发展自由主义等自由主义内部学派。研究马克思主义公平与正义的论文更多侧重于对马克思的原著展开文本分析，马克思主义者较少以此作为批判自由至上主义的论据。松井晓对自由至上主义的"自我所有"原则没有表现出很明显的批判态度，虽然他抓住了自由主义者在论证"自我所有"时的明显缺陷——将"自我所有"的论证庸俗化，但他认为马克思在资本主义社会阶段承认"自我所有"的合理性，所以他的批判也是不够深刻的。

与多数欧美马克思主义者一样，日本马克思主义者也在批判自由主义的同时放弃了马克思的剩余价值论，因此，他们的批判同样围绕产品或者收入的分配展开，这就不可能触及资本主义生产资料私有制的本质，因此他们的批判便只能在分配领域中进行，而无法触及资本主义制度的根基，反而陷入了自由主义语言逻辑的怪圈之中。

第五，日本学者在对马克思主义基本概念的理解上尚有不足。松井晓混淆了"劳动"和"劳动力"的概念，将工人视为"劳动的占有者"。马克思指出："一切劳动，一方面是人类劳动力在生理学意义上的耗费；就相同的或抽象的人类劳动这个属性来说，它形成商品价值。一切劳动，另一方面是人类劳动力在特殊的有一定目的的形式上的耗费；就具体的有用的劳动这个属性来说，它生产使用价值。"② 而劳动力就是人们从事生产劳动的能力，它由以下几项决定："工人的平均熟练程度，科学的发展水平和它在工艺上应用的程度，生产过程的

① 青木孝平：「書評　自由主義と社会主義の規範理論」，『季刊経済理論』2013 年第 3 号，84 頁。

② 中共中央马克思恩格斯列宁斯大林著作编译局：《马克思恩格斯文集（第五卷）》，人民出版社 2009 年版，第 60 页。

社会结合，生产资料的规模和效能，以及自然条件。"① 可见，劳动是劳动力的使用过程，工人所拥有的只能是劳动力而非劳动。在商品经济中，劳动产品的一般表现形式为商品，工人的劳动力在创造商品使用价值的同时也创造了商品的价值，故而工人是价值和剩余价值的创造者，但不能说工人是财富的创造者，因为"一切财富的源泉"是"土地和工人"②，这一点马克思在《哥达纲领批判》③ 中说的很清楚。因此，吉原直毅混淆了财富与价值的概念。

① 中共中央马克思恩格斯列宁斯大林著作编译局：《马克思恩格斯文集（第五卷）》，人民出版社 2009 年版，第 53 页。

② 中共中央马克思恩格斯列宁斯大林著作编译局：《马克思恩格斯文集（第五卷）》，人民出版社 2009 年版，第 580 页。

③ 中共中央马克思恩格斯列宁斯大林著作编译局：《马克思恩格斯文集（第三卷）》，人民出版社 2009 年版，第 428 页。

第五章

结　论

　　"我们的方针是，一切民族、一切国家的长处都要学，政治、经济、科学、技术、文学、艺术的一切真正好的东西都要学。但是，必须有分析有批判地学，不能盲目地学，不能一切照抄，机械搬用。"① 因此，本章将从多维度视角对近30年日本经济伦理思想进行批判性的考察分析，明确其关注的焦点问题，并探究其与欧美经济伦理思想的异同，并通过与欧美经济伦理思想体系的对比，挖掘日本经济伦理的独特之处及其蕴含的积极价值。同时，本章还将分析其局限性，从而更全面地把握日本经济伦理思想的内涵。

第一节　近30年日本经济伦理思想关注的焦点问题

　　泡沫经济破灭后，"以个人的责任与自助努力为基础构筑健全的具有创造力的竞争社会"成为日本社会高度宣扬的理念。日本政府在 1999 年 2 月 26 日召开的经济战略会议上的答辩报告《日本经济再生的战略》中，将日本财政赤字的暴涨归因于完备的社会保障体系和日本型雇佣工资体系缺乏可持续发展性，将公共部门的冗员、低效率性和资源分配不公归因于日本社会体系过度注重平等和公平。由此，日本政府宣告与之前的平等社会模式诀别，并开启了新自由主义社会改革的序幕。

　　随后，在 2001 年 6 月 21 日发表的"经济财政运营与结构改革的基本方针"（简称"骨太方针"）中，日本政府提出要将"基于明确规则的个人责任原则"

---

　　① 中共中央文献研究室：《毛泽东文集（第七卷）》，人民出版社 1999 年版，第 41 页。

贯彻到底。在此之后的经济咨询会议上的答辩中，也涌现出大量反映这一基本理念的政策提案。可以说，日本政府试图将"结果的平等"尘封入历史，将"机会的平等"作为改变经济现状的救命稻草。然而，小泉内阁实施的放松规制与公共事业的削减政策，虽在一定程度上改善了财政赤字，但对经济发展效果甚微。围绕收入差距拉大、贫困人口增加、失业率上升的社会现实，日本学者们也展开了关于"自我所有"的正义、交换的正义、分配的正义等社会正义问题的大讨论。

一、"自我所有"的正义

"自我所有"是当代自由至上主义的核心概念之一，也是自由至上主义与平等主义、马克思主义争论的焦点问题之一。针对"自我所有"在道德上的正当性，日本学者展开了激烈的争论。

森村进作为日本自由至上主义者的代表，从道德直觉的角度论证了"自我所有"的正当性。他主张："人们普遍认为，即使病人会因为没有接受器官移植而死亡，也没有要求别人提供器官的权利。享有身体支配权的只有本人别无他人。"[①] 他还通过进一步的反问加强了自己的观点："如果你现在觉得对自己的身体享有排他的权能，那么从道德直觉上你不也会觉得别人对他自己的身体也享有同样的权能吗？"[②]

对此，有日本学者直接批判了道德直觉作为"自我所有"原则评判标准的有效性。法学者高桥文彦在《自我·所有·身体：我的身体是我的吗？》一文中指出，（身体）自我所有原则的"不证自明和说服力源自'自我''所有'和'身体'等概念的模糊性，一旦对其内容做了明确规定，其说服力就消失了"[③]，他认为森村进的身体自我所有论缺乏自我支配权能理论的支持，单凭道德的直觉不能证明其合理性。于是，高桥结合民法学中的所有权概念，主要从概念定义上对森村的身体自我所有论进行了分析批判。

根据日本民法规定，所有权包括对物的权能和对人的权能。对物的权能即

---

　　① 森村進：『自由はどこまで可能か』，講談社 2001 年，48 頁。
　　② 森村進：『自由はどこまで可能か』，講談社 2001 年，47 頁。
　　③ 高橋文彦：「自己·所有·身体：私の身体は私のものか?」，森田成満編，『法と身体』，国際書院 2005 年，71 頁。

所有人于法令限制的范围内，有自由使用、收益及处分所有权物的权利。所有权的客体——"物"，为"有体物"（日本民法第 85 条），即必须是占有一定空间的有形存在。单从定义来看，"身体"符合民法对"物"的要求，但是，高桥指出，在民法学上有形性是成为所有权客体的必要条件而非充分条件①，除有形性之外还必须满足可支配性和独立性两个条件①，而身体即便是自己的也不能任意处分，即人们对身体不具备完全支配权，所以从对物的权能来看，"身体自我所有"的表达并不准确②。

另一方面，"所有权"中涉及人的权能主要包括物权的三类请求权：返还请求权、物权的妨害排除请求权和物权的妨害预防请求权三种物权的请求权。同样，由于人们对自己身体的权利有排除请求权但没有处分权，高桥认为"人们不是自己天赋能力（或者身体）的所有者，而只是用益权者"，"如果'自我所有权'的提倡者执着于法律的概念，那么'身体用益权'要比'自我所有权'更合适"。③ 高桥进一步分析认为，考虑到身体所有权作为一种排他的权利，具有保护个人身体和能力免于他人恣意干涉的实践价值，使其不同于财产所有权，因此，"自我所有"原则本来的诉求应被理解为"自我防卫权"即抵抗外界介入或排除干涉的权利，可以说，"'自我所有权'本质上就是'自我防卫权'，是从'身体用益权'中独立出来的独立的自然权"④。

关于自我所有权中的"自我"概念，柯亨曾指出："根据自我所有原则，人们所拥有的并不是自我，这里'自我'一词是指人本身的某些特别私人的或基本的部分。……道德上的自我所有者拥有他的全部，而并不仅仅是他的自我。自我所有论意义上的'自我'是纯粹自反性的。它表明所拥有的与被拥有的是同一种东西，也就是整个的人。"⑤ 高桥认为，柯亨所表达的"身体的自我对身

① 高橋文彦：「自己・所有・身体：私の身体は私のものか?」，森田成満編，『法と身体』，国際書院 2005 年，74 頁。

② 高橋文彦：「自己・所有・身体：私の身体は私のものか?」，森田成満編，『法と身体』，国際書院 2005 年，81 頁。

③ 高橋文彦：「自己・所有・身体：私の身体は私のものか?」，森田成満編，『法と身体』，国際書院 2005 年，82-83 頁。

④ 高橋文彦：「自己・所有・身体：私の身体は私のものか?」，森田成満編，『法と身体』，国際書院 2005 年，83-84 頁。

⑤ ［英］G. A. 柯亨：《自我所有、自由和平等》，李朝晖译，东方出版社 2008 年，83 页。

体的自我的所有"这一自反性命题在理论上是可能的，但是并不能用这一命题来替换"身体的自我不被身体的自我之外的任何人所有"，因为在理论层面，基于他人对"我"（身体的自我）不具备所有权这一前提，不能直接推导出身体的自我（"我"）对身体的自我有完全的支配权这一结论，所以高桥再次强调"个人对身体的自我只享有用益权"①。

高桥在论文的最后还提到，如果他的结论正确，那么"所谓劳动就是身体的自我对身体的自我的自反性'使用'的一种形态，因此劳动本身并不能成为所有的对象。我的劳动不被我所有，我只是'使用'我的身体进行工作。如此一来，自由至上主义根据自我所有原则由身体自我所有推导出私有财产权的正当性的逻辑就存在破绽"②。

竹内章郎指出，如果道德直觉是由生产、交换、交流的状态决定的，那么仅凭道德直觉判定自我所有权的正当性，并将自我所有权视为整个社会和人类的绝对规范，是难以获得认同的。因为，"通过这一方法被确立的自我所有权的正义，最终只是某一特定社会的生产（包括人类的再生产＝生殖）、交换、交流的特定状态的正当化。只能证明生产、交换、交流等特定状态正当性的自我所有权，是不能证明整个人类和社会存在状态的正义的"③。可见，平等主义的落脚点在于道德直觉的不充分性，即仅凭道德直觉无法对"自我所有"原则的正当性做出充分性的判断。

除此之外，森村进还将"自我所有"分为"狭义的自我所有"和"广义的自我所有"两类。针对"狭义的自我所有"，森村认为，这是一种"对个人的身体和自由的权利"④ 享有排斥他人干涉的"消极自由"；针对"广义的自我所有"，森村则认为，这是在"狭义的自我所有"基础上增加了对由劳动所创造出的财产的自我所有权。即"在狭义的自我所有权基础上还包括了对无主物先占

---

① 高橋文彦：「自己・所有・身体：私の身体は私のものか?」，森田成満編，『法と身体』，国際書院 2005 年，89 頁。

② 高橋文彦：「自己・所有・身体：私の身体は私のものか?」，森田成満編，『法と身体』，国際書院 2005 年，93 頁。

③ 竹内章郎：「『反私的所有（権）論』序説」，竹内章郎、中西新太郎、後藤道夫など，『平等主義が福祉をすくう：脱「自己責任＝格差社会」の理論』，青木書店 2005 年，200-201 頁。

④ 森村進：『財産権の理論』，弘文堂 1995 年，19 頁。

以及通过市场交易获得的劳动产物和劳动价值的财产权"①。在森村看来，由于自己已经对"狭义的自我所有"进行了道德上的正当性的论证，那么，在这一正当性的前提下，既然"个人对自己身体生产的价值的承载物享有权利"，"广义的自我所有"就自然而然地成立。在这里，森村要做的就是证明"个人对自己身体生产的价值承载物享有权利"是正当的。他用权责一致的标准来论述自己的主张：因为人们一般认为自己制造的损失不能转嫁他人，必须由自己承担责任，这是公正的。而损失其实是负的价值，那么，为了保证意见的一致，就必须承认个人对自己创造的（正）价值也享有权利。这样一来，森村认为自己的论证逻辑便完整了，他后续的说明②，实际上只是对自己的观点提供一些论据支持。

日本的平等主义者和马克思主义者均对此展开了批判。一方面，他们从"狭义的自我所有"角度进行批判，双方的主张基本一致，都不约而同地借助了马克思的"异化"思想来展开对"自我所有"的批判：以立岩真也为代表的平等主义者认为个人的劳动能力不一定完全由自己控制，很多人都从事着自己不愿意从事的工作；松井晓则直接引用了马克思的原话，指出"由于私有财产体现在人本身中，人本身被认为是私有财产的本质，从而人本身被设定为私有财产的规定，……由此可见，以劳动为原则的国民经济学表面上承认人，其实是彻底实现对人的否定"③，这种异化本身就是不自由的，因而是不道德的。

另一方面，日本平等主义和马克思主义者还对"广义的自我所有"展开了批判。平等主义者从"自我所有"的社会性和历史性两方面切入，来论证"广义的自我所有"原则的非正当性。④ 他们得出的主要结论就是，无论从历史性还是社会性来看，都不能通过"道德直觉"来检验"自我所有"的正当性。

日本马克思主义者则认为，考察"自我所有"的正当性，无论是从"狭义的自我所有"推出"广义的自我所有"，还是从对自身的所有推及对自身劳动产物的所有，都不能脱离真实的生产关系。正如马克思所指出的："以交换价值为

---

① 森村進：「自己所有権論の擁護：批判者に答える」，『一橋法学』2006 年第 2 号，418 頁。
② 见本书第三章第二节第一部分。
③ 中共中央马克思恩格斯列宁斯大林著作编译局：《马克思恩格斯文集（第一卷）》，人民出版社 2009 年版，第 179 页。
④ 见本书第三章第二节第三部分。

基础的生产和以这种交换价值的交换为基础的共同体……会造成一种外观，仿佛财产仅仅是劳动的结果，对自己劳动产品的私有是［劳动的］条件——，以及作为财富的一般条件的劳动，都是以劳动与其客观条件相分离为前提的，并且产生出这种分离。"①

无论是日本的平等主义者还是马克思主义者，他们都对以森村进为代表的自由至上主义学派的"自我所有"原则进行了可圈可点的批判，对我们更深入地认识"自我所有"的道德正当性问题有着极大的帮助。但两者中的任何一派似乎都拒绝运用"道德直觉"的论证方式来对自由至上主义进行抨击。他们始终都在强调"道德直觉"不能作为正当性的评判标准，却没有真正从"道德直觉"的角度来展开对"自我所有"原则的批判。

现在，假设人们接受了"道德直觉"的验证模式，那么"自我所有"是否正当呢？这里的关键是论证"狭义的自我所有"是否正当。这同样可以用人体器官的例子来进行说明。

假设我们完全接受森村的说法，即病人无法向健康的人提出要求，让健康的人为医治自己的疾病而捐献器官。同时，健康的人也可以"自愿"为病人提供器官，帮助他们恢复正常人的生活。这也是"自我所有"权利所要求的：既然"我"对自己的身体拥有排他的自主权，"我"自然可以选择将其部分"赠予"给他人。但是这种做法却很难通过"道德直觉"的检验。假设一位合格的父亲 F 有一大一小两个儿子 S_1 和 S_2，大儿子 S_1 被查出患有严重的肾病，需要换肾才能活下来，经过匹配，F 可以为大儿子提供一个肾，保证其活下去，F 毫不犹豫地做出了这样的选择。若干年后，二儿子 S_2 也查出了同样的疾病，只有他的父亲 F 可以救他。F 毫不犹豫地做出了与若干年前同样的选择，他决定捐出自己肾来救助自己的儿子，但是这次医院拒绝了他。因为即便仅从"道德直觉"的角度来看，F 的自杀式做法也很难获得人们道德上的一致认同，而如果不能同意 F 的做法，实际上也就否认了自由至上主义所主张的"自我所有"原则。

康德认为，理性存在的人就是目的本身，理性的目标是发展其自身。放弃生命就是放弃理性本身，这与康德的道德律令是相违背的。

---

① 中共中央马克思恩格斯列宁斯大林著作编译局：《马克思恩格斯文集（第八卷）》，人民出版社 2009 年版，第 163 页。

二、交换的正义

日本自由至上主义者和平等主义者对"交换正义"的看法直接吸收了欧美新自由主义学者的相关思想，分别应用了诉诸直觉的论证方式和契约论证方式来主张自己的观点。自由至上主义者通过"球星张伯伦"的例子来说明，只要财产的初始获得正义，后续的财物转让也能保持正义，那么无论结果如何不平等，这个结果都是正义的。所谓的转让正义包括两种情况，一是自愿交换，二是赠送。"自愿交换"就是交换正义的体现。平等主义者采取契约主义的论证方式，认为正当的交换就是当事者双方在计算利益得失后达成一致意见的前提下进行的交换，因此，只要是当事人认可的交换，就是正当的交换。

可见，无论是自由至上主义论者还是自由主义的平等主义者，仅就交换而言，两派学者都认为只要双方在交易时法律上是自由的，交换的主张是自愿的，那么这个交换过程就是正当的。这样就可以推出，在劳动力市场上，工人有决定是否出卖劳动力的自由，资本家有决定是否购买劳动力的自由，双方在协商一致的基础上达成的交易是正当的，因此资本主义的雇佣劳动关系是基于等价交换原则而形成的正当的、符合道德的交易。

马克思主义者对此提出了不同看法。松井晓指出，劳动力商品的等价交换与普通商品的等价交换一样，由于剩余价值的存在而具有迷惑性，这种迷惑性掩盖了资本主义剥削的本质。他说："在此之前的阶级社会中不证自明的剥削关系，在资本主义社会被建立在资本家与劳动者自由协议的基础之上的劳动力买卖形式所掩盖了。"①

在后续的论证中，松井认为，马克思将资本家对剩余价值的占有称为"盗窃"，这一比喻表明了马克思对剥削问题的道德判断。他进一步指出，这句话本身是没错的，但却用错了地方。当我们指责资本家"盗窃"了剩余价值时，要明确剩余价值的产生是在生产过程之中，而非在"交换"过程中，我们不能用资本主义生产的不正义来攻击其交换的不正义。

因此，对于资本主义"交换"不正义的批判，必须立足于"交换"的被迫性或强制性。按照马克思主义的观点，资本主义制度的产生与确立需要两个条

① 松井晓：「マルクスと正義」，『専修経済学論集』2007 年第 2 号，47 頁。

件：一是大量自由劳动力的出现；二是除劳动力之外，劳动者一无所有。这就意味着工人要生存下去，就必须将自己的劳动力出卖给掌握生产资料的资产阶级，这种交易本身就是被迫的，因而是不正义的。

三、分配的正义

分配正义是日本学界热烈讨论的话题之一。无论是自由至上主义、平等主义还是马克思主义的学者，都针对分配正义提出了自己的观点与看法。

一方面，与诺齐克的"持有正义"观点不同，日本自由至上主义者更倾向于从"效率"观点入手来阐述他们的分配正义观。在日本自由至上主义者看来，分配的正义性在于它"作为效率的正义"的特征，如森村进所提出的"不患不均而患贫"的原则口号。在森村看来，由个人自由行为导致的不平等，不论衡量尺度是效用、资源、可得利益还是其他，都不被视为不正义。以经济平等为目的的分配，是为了受益者而对承担者进行剥削，是不公正的。森村进一步论证经济效率的提高可以让人们生活得更好，因为在"自由市场经济中，企业家通过给其他人创造更大利益而获得更多回报，社会中的相对低收入者也可以从高收入者的生产经济活动中直接获得利益"①。同时，由于森村认为直接获得自己劳动成果的人要比接受分配的人有更强烈的生产动机，因此，在自由至上主义的社会中，尽管人们的贫富差距较大，但人们生活水平的普遍提高足以弥补由此带来的心理上的落差与不满。可见，提高效率的不平等分配可以提高社会整体的生活水平，因而这种分配是正义的。

另一方面，自由至上主义者攻击了"分配正义"的存在意义。桥本祐子认为，若分配正义本身没有任何意义，或者政府的财产再分配行为本身是不正义的，那么平等主义就如空中楼阁，毫无根基可言。为此，她借用了哈耶克的思想，认为分配正义在市场经济领域中是不存在的，因为市场经济是一种自生秩序，有其自己的规律，而"正义"仅存在于人类有组织的行为活动之中，既然市场不是人类精心设计的，那么所谓的分配上的"正义"就不存在。因此，我们所要关注的是人类的"绝对贫困"问题，她指出，"绝对贫困水平才是我们需

---

① 森村進：「自己所有権論の擁護：批判者に答える」，『一橋法学』2006 年第 2 号，458 頁。

要重视的问题，收入差距的矫正本身在道德上并不重要"①。正是在这一点上，桥本的论证与森村的论证实现了汇合。

与多数平等主义者追求机会平等或资源平等不同，立岩真也更重视结果的平等。他认为，基于以下两条理由，我们应该更加重视"结果的平等"：其一，市场竞争的出发点、过程和结果均具有不确定性，我们无法确保出发点的平等，竞争双方或某一方的利己或利他的行为都会导致不同的结果②；其二，为防止人们之间产生嫉妒、羡慕、仇恨等负面情绪，有必要使人们的所得尽可能地接近平等③。

立岩的第一条论述带有"德沃金式"色彩，即进入市场之前，人们应该拥有平等的禀赋，如果没有，应该予以一定程度的补偿，这一点是可以理解的。但是立岩的第二条论证却显得含糊不清，因为我们搞不清楚他所说的负面情绪是如何破坏平等的。立岩似乎是想说明，如果存在分配上的不平等，将会产生嫉妒、羡慕、仇恨等负面的情绪，这些情绪对人类而言是不好或者说不道德的。这句话是有道理的，但反过来说，只要收入平等化，人们之间的这些负面情绪将会消失，这一引申论点却显得十分牵强。因为这些负面情绪究竟和人的收入有多大关系，或者说收入在多大程度上影响了人们情绪，立岩并未予以说明和解释。

作为一名马克思主义者，松井晓从剥削的角度入手，提出了自己对分配正义的看法："剥削理论的主旨是，如果忽略资本家与劳动者之间的能力等内在资产的分配问题，那么两者间资本、土地等外在资本分配的不同是使得劳动产品分配产生不平等的原因，……这里伴随内在资产的分配问题和按需分配原则不在讨论范围内。而对于外在资产平等分配的要求与弱者是一致的。……这样，无论是对于劳动者抑或是不参与生产的弱者而言，对外在资本的平等分配的要求是一致的，这一点必须注意。"④ 这里，松井的分配正义似乎有意避开了资本家与劳动者之间的"能力差异"，而这种"能力差异"实质上正是分配不公的结果与表现形式。同时，松井还指出，共产主义的"各尽所能，按需分配"不能

①　橋本祐子：『リバタリアニズムと最小福祉国家』，勁草書房 2008 年，163 頁。
②　立岩真也：『自由の平等』，岩波書店 2004 年，4 頁。
③　立岩真也：『自由の平等』，岩波書店 2004 年，92-93 頁。
④　松井暁：『自由主義と社会主義の規範理論』，大月書店 2012 年，131 頁。

作为自由主义眼中的分配正义，因为"在共产主义社会'劳动是人的第一需求'，不再是责任或义务，是一种自发性的自我实现。个人享有某种权利的前提是他人有责任或义务，为满足人们需求而进行的劳动并不是责任或义务，因此不产生权利关系，所以更没有必要判定这种自发的劳动是否正义"①。

第二节　日本经济伦理思想与欧美经济伦理思想之比较

日本著名经济学家竹内启曾如此评价日本的经济学："我们在谈论日本经济学时，当然不是指与世界其他地区的经济学不同的某种日本的经济学。这种经济学是不存在的，试图创立这样的经济学也是毫无意义的。"② 泰萨·莫里斯-铃木也在著作中明确指出，"日本明治（及其以后）的经济学研究许多也是西方学术成果的翻译和仿效"③。尽管如此，西方经济思想尤其是经济伦理思想在日本的发展过程中还是或多或少被打上了日本的烙印，因此有必要通过与欧美经济伦理思想的比较来发掘日本经济伦理思想的特征。

一、日本自由至上主义与欧美自由至上主义之比较

日本的自由至上主义源于欧美自由至上主义，二者在理论渊源、政治主张等多方面存在相同或相似之处，其最大的差异之处在于"最小国家"的论证方式。虽然日本自由至上主义和欧美自由至上主义都认为国家有存在的必要，且国家的规模与职能都应该保持在"最小"的范围内，但二者对"最小"的理解是不同的。

欧美自由至上主义者认为，国家之所以有存在的必要，是因为"自由"需要保护。虽然个人的生命权、财产权、自由权神圣不可侵犯，但是，在完全的"自然"状态下，个人在自身"权利"受到侵犯后的保护、反抗以及惩戒、赔偿

---

① 松井晓：『自由主義と社会主義の規範理論』，大月書店 2012 年，91-92 页。
② 竹内啓：「『日本の経済学』：有効性の威信の回復」，『世界』1987 年第 2 号，39 页。
③ ［英］泰萨·莫里斯-铃木：《日本经济思想史》，厉江译，商务印书馆 2000 年版，第49 页。

等方面都存在种种不便之处。例如，当我们的权利受到侵害时，我们无法对一个比我们更强大的对手进行惩戒。这就需要一个机构来保护我们的权利，这是国家诞生的根本原因，也是国家存在的正当性的基础。而日本自由至上主义者则从"最小福利"或"最低社会保障"入手，论证国家存在的正当性。在他们看来，国家保护"最小福利权"或"生存权"是正当的，并不违反自由至上主义的原则。森村进从道义的角度，论证了国家提供最低限度社会保障的正当性；桥本祐子则在森村的基础上，补充了对"功利主义"和"项目追求"的论述，指出最小福利权利的合理性论证应该在项目追求的行为主体属性的基础上，增加道义的关切和功利主义的多元化考量。

从详细的论证来看，诺齐克将"最低限度国家"存在的正当性论证分成三步进行：一是反驳"无政府主义"，从道德上论证"最低限度国家"的正当性；二是论证"最低限度国家"是道德上最正当的国家，其国家功能是最完整的，任何功能少于或多于这一"最低限度"的国家都是不道德的；第三，证明这种"最低限度国家"同时也是乌托邦，拥有美好的前景。① 日本自由至上主义者在第一步上遵循诺齐克的思路，但由于日本追求的是"最小福利国家"，因此在第二、三步与诺齐克的思路完全不同。我们主要来看一下二者在"无政府主义"批判方面的差异。

诺齐克的论证思路是：第一，国家的存在可以让人们的生活比在无政府状态下更好；第二，从自然的无政府状态到国家产生的过程并未侵犯人们的权利，因而国家的存在从道德上讲是正当的。桥本祐子的论证思路则是运用反证法，论述政府存在的必要性，至于道德上的正当性，则不在该论题的考虑范围之内，而在于第三步"最小福利"正当性的论证上。

除此之外，同欧美自由至上主义一样，日本自由至上主义也依据"自我所有"原则对马克思主义进行了批判。但是相较于诺齐克等人的批判，日本式"依葫芦画瓢"的批判迷惑性更甚，有些甚至不值得一提。

诺齐克运用"自我所有"观点对马克思主义进行批判的主要内容或者说思路是：马克思之所以主张劳动者是商品价值的创造者，应该占有商品，是因为马

---

① ［美］罗伯特·诺齐克：《无政府、国家与乌托邦》，何怀宏等译，中国社会科学出版社1991年版，前言第6页。

克思认为劳动者对自己的劳动能力拥有完全的主权，在此意义上对物质资料运用劳动能力所创造出的商品也应该归劳动者占有，因此，马克思主张"自我所有"，而"自我所有"是自由主义的权利论的核心概念，马克思主义与自由主义的立论基础是一致的，遵循"自我所有"原则必然产生不平等。这一观点当然是错误的，但具有很大的迷惑性，柯亨、罗默等人已对此进行了批判，主要结论是：诺齐克的"自我所有"抛开了对外界自然资源和生产资料的占有情况来论证不平等的正当性，是错误的。

日本自由至上主义者也模仿诺齐克的论证，肯定"自我所有"的正当性，但是他们的论证却画蛇添足，显得十分可笑。例如，森村进在论证"自我所有"的正当性时，引用了日本宪法和民法来支持"自我所有"，明显颠倒了因果关系。法律法条本身只能是伦理原则的体现，却不能用来判断伦理原则在规范意义上是否正当。因为法律规定了"自我所有"，所以"自我所有"在道德上就是正当的，那么如果法律没有规定"自我所有"，"自我所有"在道德上就一定是错的吗？

由以上论证我们可以看出，日本自由至上主义与欧美自由至上主义的根本差别在于：欧美自由至上主义走的是康德的路线，强调个人是目的而不是手段；日本自由至上主义者很想模仿欧美的自由至上主义，强调个人价值的重要性，但是他们在进行论证的时候，却免不了骨子里的效忠国家与崇尚权威的倾向，一方面，他们的"福利国家"更强调国家的干预；另一方面，他们又用"法律"作为判断道德的指标，其文化中固有的"权威崇拜"意味十分明显。

二、日本的平等主义与欧美新自由主义之比较

平等主义与自由至上主义是当代新自由主义思潮的两大派别，二者之间就平等与正义问题展开了激烈的争论。总体而言，日本学界的争论是欧美学界争论的延伸，其理论观点、论证路径也基本上在欧美争论的范畴之内。虽然如此，日本学界的争论依然有其值得探究的特点。

一方面，在语言范式上，日本的平等主义对自由至上主义的批判更多地借鉴了马克思主义的批判语言。从前文中立岩真也对"自由至上主义对自由的剥夺"部分的论述来看，他所理解的"自由"已经不再是自由主义基于"权利"所理解的自由，而是人类失去"自我"的一种状态："劳动产品的私有意味着个

人对该产品的生产和控制，同时也体现了生产者的价值，由此一来，个人的自由反而受到了生产物的限制。"① 我们知道，这种状态在马克思主义那里被称为"异化"。同样，竹内章郎在对"自我所有"原则进行批判时，也借鉴了马克思主义的思想。而在欧美马克思主义学者那里，我们可以看到，他们所运用的更多的是平等主义的语言范式，通过强调"权利"的受损来展开对自由至上主义的批判。两者共同反映了当代西方马克思主义与平等主义在理论主张上相融合的趋势。

另一方面，与欧美一样，日本平等主义对自由至上主义的批判也集中在对"自我所有"原则的批判上。二者相比，日本平等主义的批判既有不足之处，又有超越之处。不足之处在于，第一，没有指出平等主义与自由至上主义的相同之处。同属于新自由主义思潮的两大学派，其理论主张必然会有一致之处：他们都反对功利主义的正义，认为不能为了他人或社会总体利益，而对一部分人进行限制或加以利用。第二，他们对自由至上主义"自我所有"原则的批判缺乏系统性。例如立岩真也的批判似乎更多是感性上的分析，而不像欧美学者那样，直接总结出外部资源的初始获得、志向与天赋、自我决定等反驳与批判的路径。超越之处即日本的平等主义者提出了用马克思的唯物史观来发展地看待"自我所有"原则的历史相对性的主张，这是欧美学者未曾做到的。

三、日本马克思主义与当代欧美马克思主义之比较

与欧美马克思主义者一样，日本马克思主义者也关注马克思的正义理论，并且认为马克思的思想中包含着对资本主义不平等在规范价值意义上的判断，但是其论证方式与欧美马克思主义者存在较大的差异。

首先，虽然日本马克思主义者与当代欧美马克思主义者一样，都是从"分配"的角度入手，来阐述资本主义制度的非正义性，但是二者对"分配"的理解有着明显的不同。在日本马克思主义者眼中，"分配"是指对消费品的分配，如田上孝一就曾指出，在马克思那里，消费是生产的目的，因此"生产什么，如何分配，最终是以经济主体的个人如何消费财富为目的。不管社会整体的财

---

① 立岩真也：『自由の平等』,岩波書店 2004 年,64 頁。

富如何丰富，如果没分配到所有个人是没有任何意义的"①。而在欧美马克思主义者那里，"分配"所体现的不公，是作为生产资料分配的不公。如罗默指出，资本主义的不公体现在生产资料最初分配的不公，"资本主义剥削的首要罪犯是生产资料私有制，剥削实质上等于生产资料初始分配的不平等"②。可见，二者从一开始对"分配不公"的理解就有区别。相对而言，日本马克思主义者所关注的消费品分配更倾向于自由主义的财富分配，而欧美马克思主义者从生产资料的角度来理解分配的不公，更接近于马克思所批判的资本主义不公正性。

其次，在论述资本主义分配不公产生的原因时，二者的区别就更加明显了。日本马克思主义者指出，资本主义之所以是不公正的，是因为劳动是不公正的，这种不公正体现在"劳动的异化"上，即"自由劳动者们与生产手段的分离"③。而欧美马克思主义者则认为，资本主义剥削之所以是不公正的，是因为由初始生产资料分配不公所导致的"强制性无偿转移"④ 或者"强制"与"被迫"的劳动⑤。从"异化"角度来论述资本主义剥削制度的不正义性本身并无奇特之处，从卢卡奇到法兰克福学派的早期欧美马克思主义者都是这么做的，但是从日本马克思主义者的思路来看，他们似乎在借用"异化"这一导致资本主义制度下人们"不自由"的概念，来主张资本主义"剥削"的不平等，并借此对新自由主义基于平等理论的正义论进行批判，这在逻辑上是不连贯的。

最后，两者在批判新自由主义所产生的不平等方面也存在很大差异。例如，田上孝一在批判罗尔斯时，忽略了罗尔斯的正义第一原则（自由优先），直接开始引述其第二原则，并据此论证罗尔斯正义论的不成立，这种断章取义的做法本身就是错误的。再从论证方式上来讲，田上在没有任何理由的情况下，直接

① ［日］田上孝一：《马克思的分配正义论》，黄贺译，《国外理论动态》2008 年第 1 期，第 52 页。

② Roemer, J. E. (1985). Should Marxists be Interested in Exploitation?. A Philosophy and Public Affairs Reader, 14(1), 53.

③ ［日］田上孝一：《马克思的分配正义论》，黄贺译，《国外理论动态》2008 年第 1 期，第 52 页。

④ ［英］G. A. 柯亨：《自我所有、自由和平等》，李朝晖译，东方出版社 2008 年版，第 223 页。

⑤ ［美］乔恩·埃尔斯特：《理解马克思》，何怀远等译，中国人民大学出版社 2008 年版，第 179 页。

颠倒罗尔斯的两个正义原则的顺序，得出了不平等会危害自由的结论，然后说这是罗尔斯的正义原则所支持的①，这一结论很难让人信服。再来看欧美马克思主义者对罗尔斯的批判。柯亨认为，罗尔斯的差异原则虽然在较大范围内允许对收入进行再分配，但其允许不平等的存在是基于这样一个理由："设定在第二条原则之上加上地位开放条件，及自由原则条件，企业家可以拥有的较大期望就能鼓舞他们做促进劳动者阶级长远利益的事情。他们的较好前景将作为这样刺激起作用：使经济过程更有效率，发明革新加速进行等等。最后的结果则有利于整个社会，有利于最少得益者。"② 可见，"激励"才是不平等得以存在的理由。在《激励、不平等与共同体》一文中，柯亨指出，这一论证与穷人和富人共享一个道德共同体的假设相冲突。当我们考虑到儿童绑架案时，向绑匪支付赎金无疑是有益于"弱者"——儿童父母的选择，然而这种行为却是不正义的。当激励论证的解释依赖于优势者的动机时，该社会贫富悬殊的程度将是巨大的。很明显，欧美马克思主义者在罗尔斯的话语体系内展开的、对其所支持的不平等进行的批判，远比日本马克思主义者通过断章取义得出的结论更为全面、透彻。

第三节　近 30 年日本经济伦理思想的
积极价值和局限性

任何思想体系，作为人类智慧与经验的结晶，都拥有特定的历史、文化和社会渊源，因而在蕴含积极价值的同时，也不可避免地具有内在的局限性。日本经济伦理思想也不例外，其作为东西方文化与现代市场经济融合的独特产物，同样既有积极的贡献，也有潜在的局限。

一、近 30 年日本经济伦理思想的积极价值

近 30 年日本经济伦理思想的积极价值体现在理论与实践两个相辅相成的维

---

① ［日］田上孝一：《马克思的分配正义论》，黄贺译，《国外理论动态》2008 年第 1 期，第 53 页。

② ［美］约翰·罗尔斯：《正义论》，何怀宏译，中国社会出版社 1988 年版，第 78—79 页。

度上。在理论层面，它促使经济学者、哲学家及思想家们不断反思既有观念，挑战传统束缚，提出新的理论框架和解释模型，为后续的实践探索提供坚实的理论支撑和指导方向；在实践层面，它更为直接地体现在对社会生活和经济政策的实施及改革方面产生重要影响。

（一）近 30 年日本经济伦理思想的理论意义

近 30 年日本经济伦理思想的理论意义在于，其发展过程不仅是欧美先进经济伦理思想在日本的本土化过程，即通过融合日本独特的文化背景和社会环境，形成具有日本特色的经济伦理体系，还极大地促进了各派经济伦理思想的交流与碰撞。在此过程中，各种经济伦理观点相互借鉴、相互完善，推动了日本经济伦理思想的丰富与发展。

1. 将欧美经济伦理思想日本化

地域和经济环境对经济思想尤其是经济伦理思想形成的影响是不容小觑的，这是因为，经济思想家、哲学家和政治家们提出的疑问和做出的回答很明显依赖于他们所在社会的结构和种种问题。因此，产生于欧美的自由主义思想和马克思主义思想要想在日本的土地上生根发芽、开花结果，就必须经过选择与改变，以更适合日本的经济和社会环境。

其实，近 10 多年来，欧美新自由主义本身也变得多样化。尤其是在 2008 年美国次贷危机之后，受到影响的各国都只能通过借款的方式来向本国经济注资，并保障社会福利。与此同时，新自由主义与福利国家的思想产生了一定的融合，桥本努将这种模式称为"北欧型新自由主义"，并认为这是一种非常现实的选择①。众所周知，新自由主义追求的是"小政府"，而北欧型新自由主义承认国家对社会经济的适度干预，尤其赞同社会保障领域推行的高福利措施。相对于新自由主义右派的观点，他们则处在新自由主义的左派位置上，主张在金融自由化的同时，尽可能地为失业者提供能够再就业的劳动环境，同时，在高税率消费税的前提下，通过自由放任的竞争实现经济增长的目标。可以说，安倍内阁 2014 年 4 月和 2019 年 10 月实施的两次消费税增税政策或多或少受到了这种思想的影响。

2. 促进各派经济伦理思想的不断完善

每一种经济学观点和主张都不是无懈可击的，都是在与其他观点的相互批

---

① 橋本努：「乏しい『正当性』、説得力なし」，『朝日新聞』2013 年 10 月 2 日，13 版。

判与相互借鉴中得以完善的。马克思本人的思想也是在与普鲁东等人之间争论的过程中逐渐形成和完善的，通过比较其前期和后期的论著就能够发现这种变化。

另一方面，观点的创新也是使经济学理论完善的重要方法之一。这种创新有两种途径：其一，根据现状对旧有的经济思想做出调整，使其具有现实的可实现性；其二，从现实出发进行大胆的理论设想，对原有理论不合理的地方进行批判。桥本祐子在《自由至上主义与最小福利国家》一书的序章中写道："从现实的角度出发展开想象力，描绘出与以往不同的社会制度的设想，并对现实提出尖锐问题的理论不是更有魅力吗？"① 因此，桥本祐子大胆地提出了"最小福利国家"的构想。

（二）近 30 年日本经济伦理思想的现实价值

欧美经济伦理思想在日本的本土化进程，对当代日本的经济改革实践也有重要的现实价值，这一现实价值主要体现在对福利国家的批判上。

1. 自由至上主义对福利国家的批判

第一，批判了福利国家的非效率性。一方面，政府直接提供的服务已经导致官僚机构臃肿，但仍难以满足公众多样化的需求，而且政府机构的非效率性还可能导致资源浪费。另一方面，市场机制的最大化利用，强调在不干预市场的情况下，价格机制能够有效调节供需，实现资源的最优配置。而福利国家政府的过度干预可能会破坏这一机制，进而降低效率。此外，政府机构实施监督和评估的难度较大，在提供服务时难以达到预期的效率和效果。②

自由至上主义基于上述对福利国家非效率性的批判，要求缓和甚至废除规制，以实施"小政府"改革。针对这样的批判，有反对者提到，日本并不是一个提供全面福利的"大政府国家"，因此没有必要以"小政府"为目标③。

对"小政府"或"大政府"的判断通常基于以下两个方面：一是政府支出与

---

① 橋本祐子：『リバタリアニズムと最小福祉国家』，勁草書房 2008 年，xvi。

② 足立幸男：「福祉国家に対する二種の批判」，『社会保障研究』1994 年第 2 号，132-135 頁。

③ 正村公宏：『福祉国家から福祉社会へ：福祉の思想と保障の原理』，筑摩書房 2000 年，i-iii 頁。正村认为日本还没有到福利国家的程度，最多是"拟福利国家"，"小政府"是破坏性的、非现实的。

国内生产总值的比例，以及税收、社会保险占国民收入的比例（国民负担率）；二是政府对自由市场干预的程度。① 从国民负担率的国际比较来看，日本是相对的"小政府"国家；但从政府对市场的干预程度来看，日本是不折不扣的"大政府"国家。因此，自由至上主义的批判依然有效。②

第二，批判福利国家妨碍了人们的自助和相互扶助活动，导致人们更加依赖政府服务。福利国家建立的初衷原本是弥补家族和地域共同体在自助和相互扶助方面的不足。但是，自由至上主义者指出，福利国家政府对福利服务的垄断，正是导致这些自助与相互扶助活动停滞的原因。因为，当人们认为自身及邻居的福利均应由政府负责时，会忽视自己在社会中的责任和角色。此外，福利国家还可能会扭曲人们对集体责任的理解，使人们期望政府采取行动，而不是用自己的努力和贡献来改善社会。③ 尽管人们对这一观点的看法并不一致，但至少不可否认的是，在福利国家，作为福利服务受益者的个人，其参与自助和相互扶助活动的资金确实在不断减少。

自由至上主义的这一观点，与批判中央集权主张通过地方共同体来统治的共同体论在某种程度上是一致的。尽管两种观点的出发点不同，但在强调人们自发相互扶助并提供福利服务以建立福利社会的重要性上，二者是一致的。即自由至上主义和共同体论都认为福利责任应按照自助、家族、地域共同体、国家的顺序来承担责任的，这被称为"辅助原则"（principle of subsidiary）。同时，即便是倡导自发的相互扶助活动，也不能将其作为共同体成员的义务强制执行。无论是提供还是享受福利的主体，都有可能脱离相互扶助活动而独立存在。承认这种脱离共同体的自由，意味着相互扶助活动中"异乡人"的增加，这也是桥本祐子不主张全面废除政府福利供给，而支持最小福利国家的理由之一④。

2. 最小福利国家或者最低限度福利保障的构想

如上所述，从拥护福利国家的立场来看，政府提供的福利是对需要者必须

---

① 岩田規久男：『「小さな政府」を問いなおす』，筑摩書房 2006 年，14 頁。

② 八代尚宏：『規制改革：「法と経済学」からの提言』，有斐閣 2003 年。

③ Schmidtz, D. (1998). Taking Responsibiliy, Schmidtz, D. & Goodin, R. E. *Social Welfare and Individual Responsibility*. Cambridge：Cambridge University Press，64.

④ 橋本祐子：『リバタリアニズムと最小福祉国家』，勁草書房 2008 年，13 頁。

承担的"社会责任"。然而，如果不考虑受益与负担的一致性，仅一味提供非生产性奖励，可能会助长人们对福利的依赖性。

因此，有必要在充分认识自由与平等、自律与家长主义、效率与公正等价值观念紧张关系的基础上，摸索福利国家应有的模式。涉及福利国家规范的基础研究虽然多种多样，但大多数仅聚焦于福利国家存在的理由。但是，福利国家在本质上存在上述复杂的价值对立关系，因此在思考福利国家应有的形式时，必须对这些价值的对立关系保持敏感，不能盲目乐观地肯定福利国家结构。若要追溯福利国家的根源，首先要考虑的就是政府的供给程度及理由，这与自由至上主义的出发点是一致的。①

哈耶克、M·弗里德曼等古典自由主义论者多次批判福利国家，指出其在不知不觉间偏离了贫困救济的初衷，而将其与实现经济结果平等的再分配目标相混淆。因此，日本自由至上主义者和平等主义者都提出了构建"最小国家"的构想，旨在仅提供最低限度的社会福利保障。

二、近 30 年日本经济伦理思想的局限性

某一思想的局限性，犹如多面棱镜，光华之下暗藏复杂的阴影。日本经济伦理思想的局限性首先体现在其论证方法上的单一性，难以全面覆盖复杂的理论体系。其次，其内容缺乏足够的广泛性，导致理论框架显得狭隘。最后，观点上的不一致性，使得思想体系显得松散且缺乏说服力。

（一）方法的单一性

与诺齐克相同，森村进在证明"自我所有"的正当性时，没有阐明权利存在的基础，他所有的观点都通过直觉（生理直觉或道德直觉）来证明其正当性，因此批判者认为他的论证没有提出更加理性的理论性依据，反而因为直觉主义的多元性而导致了正义观的冲突。

亨利·西季威克（Henry Sidgwick，1838—1900）在《伦理学方法》一书中提出了三种处理伦理问题的方法：利己主义、直觉主义和功利主义。其中，直觉主义指的是这样一种方法，即不诉诸行为之外的其他标准来判断行为的正当性和善性，而是把道德与引发行为的动机与意图联系在一起，并且认为这种正当

---

① 橋本祐子：『リバタリアニズムと最小福祉国家』，勁草書房 2008 年版，第 14 頁。

性和善性是可以"直觉"地认识到的。在这里，必须对"直觉"的意思给予一种非常宽泛的理解，它指的是"对应做的事或应当追求的事物的直接判断"①。这种伦理学方法被元伦理学视为理解"善"最直接简单的方式，而不需要其他方法。

森村进表示自己的元伦理学立场属于"以麦基为代表的非认知主义"②，他认为规范道德的判断不能用客观的真伪进行说明，但这并不妨碍对它进行合理性的讨论。因此，森村认为自己的自我所有权论与其他学者对此的批判不是"只基于道德直觉的非合理主义的议论"与"合理的议论"的对立，而是"基于明确的直觉的议论"与"模糊了基础直觉内涵的议论"③的对立。森村还指出，"反对直觉主义的人们，往往不会直言是自己的直觉，而是煞有介事地说'我们深思熟虑后的判断'，或者对特定的结果以'很明显是''公平的'或'讨厌的'等直观判断。道德直觉绝不是能够知悉某种神秘真理的能力，程度的差别才是我们日常生活中能够意识到的感觉，影响着我们的行动和判断"④。

虽然如森村所言，"我们大部分人都认为自己的身体应该是自己的"是事实，从这一合意出发的推论不会不合理，但是，这并不能够说明得到大多数人合意的"身体自我所有"这一事实，与"身体应该自我所有"的规范有着必然的因果关系。这样的自我所有权的"正当化"对我们而言很有说服力，但是这种"有说服力"和"有理由"在本质上还是有区别的。正如罗尔斯所说："任何正义观无疑都要在某种程度上依赖直觉。然而，我们应尽可能地减少直接地诉诸我们所考虑的判断。因为如果人们都以不同的方式衡量最后原则（像他们可能经常做的那样），那他们的正义观也就会各不同。……我们可以说，一个直觉主义的正义观只是半个正义观。"⑤ 总而言之，森村直觉主义的自我所有权论依

① ［英］亨利·西季威克：《伦理学的方法》，廖申白译，中国社会科学出版社 1993 年版，第 119 页。

② 森村進：「自己所有権論の擁護：批判者に答える」，『一橋法学』2006 年第 2 号，426 頁。

③ 森村進：「自己所有権論の擁護：批判者に答える」，『一橋法学』2006 年第 2 号，427 頁。

④ 森村進：「自己所有権論の擁護：批判者に答える」，『一橋法学』2006 年第 2 号，428 頁。

⑤ ［美］约翰·罗尔斯：《正义论》，何怀宏译，中国社会出版社 1988 年版，第 38 页。

然需要通过其他形式来加强。

森村出于人道主义的关切而主张最低限度生活保障的福利，对此，同为自由至上主义者的桥本祐子并不完全赞同。桥本表示，她"并不否定人道主义关切的道德直觉，甚至认为这是证明（低限度生活保障的福利——笔者注）正当性最为关键有效的依据"①。但是，由于人们对于某种道德直觉所具备的说服力的感受不同，对各种道德直觉的接受程度也不同，因此，人道主义的关切不能成为断定最小福利权利的正当性的唯一决定性依据。也正是出于这一原因，桥本在论证福利国家时考虑了道义的关切、功利主义和项目追求三个方面，论证也更具有说服力。

（二）内容的局限性

正如桥本努指出的，森村进所考虑的财产主要是身体、土地等有形的财产，而没有提及在现代社会中不断增殖的无形财产。对桥本的这一指摘，森村并没有表示反驳。尽管他认为上述两种财产并不属于"普通的财产"，并且不确定这两种财产是否属于经济学中所谓的"财产"，他还是肯定了两者对于人们的价值。② 同时，他还引用了美国经济学家罗斯巴德对专利权的描述，即"与著作权可以通过契约义务得到正当化不同，专利权限制了最初发明之后独立做出相同发明的人对该发明的使用，因此国家对排他性垄断特权的认可侵害了市场中的财产权"③，指出自我所有权论者对于初始禀赋和契约中没有的无形财产权一般都具有批判倾向。而他本人则认为对"无形财产"和"公共财产"的问题应该更多地从结果主义的角度来考虑，他表示"桥本的这一构想有很多值得自由至上主义借鉴的地方"④。这说明森村对成长论的自由主义观点是部分认同的。

桥本祐子论证了"最小福利国家"存在的可能性、必要性以及基础，完成了"最小福利国家"构想的框架结构，但是，针对最小福利的内容，仅指出应

---

① 橋本祐子：『リバタリアニズムと最小福祉国家』，勁草書房 2008 年，213 页。
② 森村進：「自己所有権論の擁護：批判者に答える」，『一橋法学』2006 年第 2 号，459 页。
③ 森村進：「自己所有権論の擁護：批判者に答える」，『一橋法学』2006 年第 2 号，460 页。
④ 森村進：「自己所有権論の擁護：批判者に答える」，『一橋法学』2006 年第 2 号，460 页。

当按照日本宪法第 25 条的要求保障"最低限度的健康和有文化的生活"，却没有说明具体内容。

立岩真也批判自由至上主义在保障某个人的自由的同时妨碍了他人的自由，这是对自由至上主义的误解。诺齐克在"自我所有"的定义中明确说明"自我所有"的前提是不受他人（包括国家）的侵犯、干涉或强制，这就意味着个人在享受自由的同时，也承担着不侵犯、干涉或妨碍他人自由的义务。因此，自由至上主义所保障的个人自由是不可能妨碍他人自由的。立岩所说的"B 不能占有 A 的物品，所以是不自由的"命题本身就是不成立的，因为 B 没有占有 A 的物品的权利。

松井晓认为"各尽所能，按需分配"的原则不能视为一种分配的正义。这是对马克思正义观的机械化理解，也是其站在资产阶级立场上理解分配正义的体现。"各尽所能，按需分配"是一种追求人类全面解放和自由的分配正义观，是共产主义社会劳动和分配的指导思想。个人不论在体力、天赋等方面与他人存在多少差别，都平等地享有按自己的需要获得社会产品的权利，这才是真正的实质上的平等。

青木孝平还指出，松井提出的社会主义规范是"世界上任何一个国家和地区，经过自由主义和资本主义时代必将到达的普遍的规范"，是"自由主义正当的继承者"的观点，在现实中缺乏确凿的证据，这样的结论缺乏科学依据。这一观点"最终只是从规范理论的角度为旧讲座派的阶段战略论找理由"[1]。

（三）观点的不一致性

当代日本学者在讨论经济伦理问题时都体现出一种折中主义的特点，这种折中主义使得正义观前后不一致，并表现出多元化的特点。

例如，森村进试图寻找"自由"与"平等"的平衡。在其为自由至上主义提供的正义理论中，"自由"具有重要的价值，但不是根本价值。并且他所主张的"自由"是在自然权利语境之下的消极的自由，自然权利的基础是"自我所有"。森村再三强调，"自由至上主义并没有忽略平等，自由至上主义所重视的

---

① 青木孝平：「書評 自由主義と社会主義の規範理論」，『季刊経済理論』2013 年第 3 号,84 頁。

平等不是经济上的效用平等或资源平等，而是（消极）自由的平等或法的平等"①。"这种'平等'不是指分量的相等"，"不意味着应该给每个人分配相同程度相同分量的自由，而是意味着应该保障每个人'不受他人干涉'的相同内容的自由"。② 自我所有权就是在这样的"法的平等"之下，尊重每一个人的劳动所得，并保障每一个人对劳动的自己所有。森村认为，之所以在自由至上主义的言论中很少出现"平等"，主要是出于两点考虑。其一，"平等"一词在当今社会多被再分配主义者用来阐述他们的观点，与"中立""不偏（impartiality）"相比有更多积极干预的语感。其二，自由至上主义的正义中一开始就包含了"平等的自由"这一要素。不同于再分配正义观的结果公平③，这种"平等的自由"正是自由至上主义正义观的主要内容。而且，森村认为自由至上主义对作为个人权利的"自由"的内容没有明确的规定，而在对权利的具体内容进行划定时，需在一定程度上诉诸政府和法院的决定。这些考虑很可能依据遵守先例的原则，而这一原则蕴含了同样情况同样对待的平等观；也可能依据功利主义"效用最大化"原则、"财富最大化"的效率优先原则或者帕累托最优原则，这些原则在追求善的方法中也能保持相对中立。

尽管森村所说的"自由"与"平等"不同于平等自由主义所谓的"积极的自由"和"结果的平等"，但我们仍可以说他的正义观是"自由"与"平等"在一定程度上的相容。森村在诺齐克绝对自我所有权理论的基础上增加了更符合现实的考虑，这一点是值得肯定的。

诺齐克坚持个人权利的绝对性，认为正义的基础就是个人权利的绝对自由，反对任何形式的再分配，并借此批判罗尔斯的差别原则。可是，我们看到，森村在坚持"自我所有"的同时还认同最低限度生活保障的福利，而他提出这一观点也是出于人道主义的考虑，这同样是一种基于道德直觉的判断。他也因为这样前后矛盾的观点被立岩真也批评"不是纯粹的自由至上主义"④。但是，森村为自己辩解道："经过多次验证的道德直觉，正如科学中通过多次反证仍没有被证伪的假说，把它作为依据并没有什么不合理。我的身体所有和劳动所有原

---

① 森村進：「リバタリアンな正義の中立性」，『一橋論叢』2000 年第 1 号，2 頁。
② 森村進：「分配的平等主義の批判」，『一橋法学』2007 年第 2 号，611 頁。
③ 森村進：「リバタリアンな正義の中立性」，『一橋論叢』2000 年第 1 号，3 頁。
④ 立岩真也：「自由はリバタリアニズムを支持しない」，『法哲学年報』2005 年，51 頁。

则就是这样的直觉，最低限度的生存权也是如此，而分配正义的平等主义却经不起合理的反省。"①

罗尔斯批判直觉主义是一种"多元主义"，其特征是："首先，它们是由一批最初原则构成的，这些最初原则可能是冲突的，在某些特殊情况下给出相反的指示；其次，它们不包括任何可以衡量那些原则的明确方法和更优先的规则：我们只能依靠直觉，靠那种在我们看来是最正确的东西来决定衡量。"②

同样，桥本祐子一方面积极追求自由至上主义所主张的"法律与道德面前的人人平等"；另一方面又力图证明福利国家与平等主义自由主义的无关性，来为自己的"最小福利国家"与"最小福利权利"的存在寻找自由至上主义的合理性。她从"充分性观点"出发，认为平等主义的观点与现实中的福利国家没有必然联系，"绝对贫困水平才是我们需要重视的问题，收入差距的矫正本身在道德上并不重要"③。因此，平等主义不能够作为福利国家的规范理论，充分性观点才是保障最小社会福利的福利国家的基础理论。但是，仅凭充分性观点又不足以证明"最小福利国家"的合理性。最小福利权利的合理性论证应该在项目追求的行为主体属性基础上，增加道义的关切和功利主义的多元化的考量。

我们应该注意到，当桥本引入"充分性观点"和"功利主义的多元化的考量"时，她实际上已经背离了自由至上主义所追求的"权利上的人人平等"的目标，因为无论是充分性还是功利主义，都会损害人们的权利，这是自由至上主义所不允许的。无怪乎田中成明曾批评桥本从自由至上主义的立场对最小福利权利的肯定，是"自灭性质的让步"④。

从平等主义自由主义的观点来看，他们从"自由"本身含义和要求出发，得出了"自由主义所追求的自由反而剥夺了人们的自由"的结论。这一结论本身在马克思主义的话语中没有什么稀奇之处，然而在自由主义的话语体系中，这一结论却是振聋发聩的，因为无论是自由至上主义还是平等主义的自由主义，

---

① 森村進：「自己所有権論の擁護：批判者に答える」，『一橋法学』2006 年第 2 号，427 頁。
② ［美］约翰·罗尔斯：《正义论》，何怀宏译，中国社会出版社 1988 年版，第 31 页。
③ 橋本祐子：『リバタリアニズムと最小福祉国家』，勁草書房 2008 年，163 頁。
④ 田中成明：「リバタリアニズムの正義論の魅力と限界：ハイエク，ノージック，ブキャナン」，『法学論叢（京都大学）』1996 年第 4-6 合併号，115 頁。

似乎都不应得出"自由剥夺自由"的结论。然而，日本平等主义者借助马克思主义的"异化"思想得出了这一结论，这可以说是一种进步，也可以说是一种矛盾。因为即便从平等主义本身的观点出发，他们似乎也忽视了对罗尔斯"基本善"概念的把握，由此得出的结论也是很难令人信服的。

青木孝平批评松井晓"社会主义是自由主义发展的结果"的说法是一个暧昧模糊的结论。青木强调，如果同意"社会主义是对自由主义的否定"，就应该支持市场自由并拥护市场外部传统的历史共同体，这是社群主义的观点；如果支持"社会主义是自由主义的延伸"，那么就应当将市场经济的自由视为自生秩序，并且排除共同体对市场的干预，这是自由至上主义的观点；如果对上述两种观点都不赞同，那么就是自由主义与社群主义的折中，即平等自由主义，与现代自由主义主流中罗尔斯、德沃金、内格尔、阿马蒂亚·森所代表的平等主义并无区别。所以，对松井同时支持两种观点的主张，青木表示无法理解①。

三、近 30 年日本经济伦理思想缺陷成因分析

首先，从经济现状上来看，经济低迷的整体状态呼唤自由主义，收入差距的不断扩大又要求加强对底层人民的生活保障。日本在战后的经济复兴以及高速增长时期，采取的是政府主导型的市场经济模式，政府干预经济的范围和力度远远大于欧美。随着经济泡沫的破灭，政府干预型经济的弊端在日本日渐凸显，"许多产业的竞争力都在急剧下降。而丧失国际竞争力的产业的特征，无一例外均是由于政府的介入"②。政府养老金政策也问题频现，本来"少子老龄化"就使得养老金入不敷出，"日本政府又实施了托市政策，大约在 10 年前日本就允许 25% 的养老金进股市，于是厚生养老金就出现了平均 12.8% 的负增长"③。因此，有学者指出日本政府所推行的养老金政策是根本错误的，"应该废除公共养老金制度，连本带利返还给迄今为止支付了保险费用的人"④。因此，日本学者们提出的鼓励经济自由，只保障最低生活水平的"最小福利国家"的构想，在

① 青木孝平：「書評　自由主義と社会主義の規範理論」，『季刊経済理論』2013 年第 3 号，84 页。

② ［日］大前研一：《真实的日本》，陈鸿斌译，青岛出版社 2011 年版，第 20 页。

③ ［日］大前研一：《真实的日本》，陈鸿斌译，青岛出版社 2011 年版，第 57 页。

④ ［日］大前研一：《真实的日本》，陈鸿斌译，青岛出版社 2011 年版，第 56 页。

一定程度上是符合当前日本经济要求的。

其次，从传统习惯上来看，日本属于纵向集团社会，家族主义的意味浓厚。日本的家族主义中的"家"是指家父长制支配的家，而不是现代社会中建立在血缘关系之上的夫妻、孩子平等意义上的家。在"家"中，家长具有绝对权威，同时，由于日本的"家"不强调血缘关系，因此不存在中国家族伦理中的"孝"，而特别重视家族成员的"忠"。从小范围的对家长的忠，到对公司、社长的忠，再到对国家、天皇的忠，形成了日本社会独特的"忠"的观念。日本的这种家族伦理在近代以来一度成为天皇专制政权统治的工具，并催生了独特的"家族国家观"，即"运用日本传统家族制度的原理，把统治与被统治关系比拟为家族父子关系，依靠被神化了的天皇的权力，实现总家长（天皇）对臣民（全体国民）进行家长制统治的国家伦理观"①。明治政府在这一观念基础上颁布的"教育敕语"更一度成为日本国民道德教育的最高准则，直到日本战败，天皇走下神坛，"教育敕语"的影响力才有所削弱。随着战后财阀的解散，以及宪法和民法中对于家族和继承制度的改革，日本传统的家族制度被逐步取消，取而代之的是现代民主、平等的家庭关系。但是，尽管法律上的"家族制度"被取消了，传统的家族意识、集团意识依然存在于日本人的头脑之中。尤其是在对平等、自由、正义等伦理观念的认识上，以及对个人、企业和国家的社会责任等价值观念的界定上，还是保留有传统家族观的影子，家族伦理倡导的忠诚、团结、"爱社"、奉献的精神也依然是日本现代企业伦理中不可或缺的组成部分。正因如此，新自由主义在日本的推进途中，必然会遭受效忠国家与崇尚权威的传统文化的节节抵抗，使得日本的自由至上主义也不得不做出臣服于日本传统的修正。

最后，从文化根源上来看，日本民族本身就具有很强的文化包容性。日本历史上经历了四次大型的外来文化吸收期，分别是公元前 3 世纪对中国稻作文化的吸收、公元 7 至 9 世纪对中国隋唐文化的吸收、19 世纪六七十年代对欧洲文化的吸收、20 世纪四五十年代（二战后）对美国文化的吸收。日本近现代著名思想家加藤周一就曾将日本文化称为"杂种文化"，而对外来文化的"受容和变容"也成为日本文化的一大特色。美国学者赖肖尔曾说："像日本人那样自觉

---

① 李卓：《日本近现代社会史》，世界知识出版社 2010 年版，第 144 页。

的、大规模的文化引进，在欧美历史中是找不出同样的例子的。"① 本尼迪克特也说："在世界历史上，很难在什么地方找到另一个自主的民族如此成功地有计划地汲取外国文明。"②

但是，日本对外来文化不是全盘接受，而是有选择性地吸收；这种选择不是"非此即彼"的单一选择，而是并存型的多元选择。日本学者依田憙家曾说："日本人这个民族，如果有两种好东西，他们会两种都想要。比如说，社会主义和资本主义双方都有优点的话，日本人恐怕社会主义、资本主义都想试一试。这是日本人的真心话。"③ 这种对外来文化的选择性吸收在学术上就体现为学者们观点主张的明显的折中主义。如森村进的自由至上主义正义观同时支持自我所有权和最低生活保障这两种看似矛盾的主张，桥本祐子提出了最小福利国家的构想，而平等主义的立岩真也却主张最小国家只有分配的职能，松井晓提出的社会主义规范则是自由主义的扩张和发展。

可见，正是日本的经济现状、社会传统与文化意识决定了其经济伦理思想存在方法上的局限性、内容上的局限性以及观点不一致这三大缺陷。具体而言，当今日本的经济颓势使得日本学者倾向于更加关注减少福利待遇的"最小福利国家"构想以减轻财政负担，获得更大的经济自由。这就使得日本的经济伦理在"最小福利国家"方面研究较深，但视野又过于狭窄，对经济伦理的基础理论，如由运气与选择的不同造成的不平等应该如何认识、面对"志向"与"禀赋"差异带来的不平等应当如何分配资源等问题，日本学者都缺乏深入的阐述与分析。由于日本属于纵向集团社会，日本学者在论证方法的选择上会自然而然地排斥当代平等主义最重要的契约主义的论证方法，因为这种方法总是假定人们的"原初"状态或"自然"状态处于某种平等地位，这与日本的社会传统不相符。更为深层次的原因是，这种假设冲击了日本传统的、根深蒂固的等级观念，日本学者仍然会在潜意识中予以排斥。最后，日本的"杂种文化"的特

---

① ［美］埃德温·赖肖尔：《日本人》，孟胜德、刘文涛译，上海译文出版社 1980 年版，第 45 页。

② ［美］鲁思·本尼迪克特：《菊与刀》，吕万和、熊达云、王智新译，商务印书馆 1996 年版，第 41 页。

③ ［日］依田憙家：《日本的近代化：与中国的比较》，卞立强译，中国国际广播出版社 1991 年版，第 3 页。

点，使得日本学者的实用主义倾向明显，在没有完全吸收消化外来文化的基础上，嫁接文化产生的嫁接后果不仅表现为经济伦理理论基础与经济伦理要求之间的矛盾，也表现为日本学者自身观点上的矛盾与前后不一致，这就使得他们的理论缺陷十分明显。

总之，正如罗斯巴德所言，"任何学说、任何科学的先驱都会受前后不一致和不完善之限，而这些不一致和不完善都将得到后人的矫正和完善"①。这一观点深刻揭示了知识和思想发展的动态过程。近 30 年来，日本学者们在经济伦理思想领域取得了显著进展，他们在结合日本独特国情的基础上，积极吸收和借鉴欧美国家的相关理论与实践，形成了一套具有日本特色的经济伦理体系。这一过程不仅是对已有思想的继承，更是在此基础上进行创新和发展的重要体现。

然而，当前日本经济伦理思想中仍然存在一些"前后不一致和不完善之限"。这些局限性可能缘于理论与实践之间的脱节，也可能是因为对新兴问题的反映尚有不足。但我们有理由相信，随着学术研究的不断深入和社会实践的不断推进，这些不足之处将在未来得到修正和完善。

---

① ［美］穆瑞·罗斯巴德：《自由的伦理》，吕炳斌、周欣、韩永强等译，复旦大学出版社 2008 年版，第 66 页。

参 考 文 献

一、日文文献

［ 1 ］B. E. ローソン：『現代資本主義の論理：対立抗争とインフレーション』,藤川昌弘訳,
新地書房 1983 年。

［ 2 ］八代尚宏：『規制改革：「法と経済学」からの提言』,有斐閣 2003 年。

［ 3 ］阪本昌成：『憲法理論Ⅲ』,成文堂 1995 年。

［ 4 ］柄谷行人：『マルクス：その可能性の中心』,講談社 1990 年。

［ 5 ］長幸男、住谷一彦：『近代日本経済思想史Ⅱ』,有斐閣 1971 年。

［ 6 ］村上泰亮：『産業社会の病理』,中央公論社 1975 年。

［ 7 ］大河内一男：『スミスとリスト』(全訂版),弘文堂 1954 年。

［ 8 ］大河内一男：『スミスとリスト』,日本評論社 1943 年。

［ 9 ］大前研一：『オウアーミドルの衝撃』,講談社 2006 年。

［10］大塚久雄：『大塚久雄著作集（第八巻）』,岩波書店 1969 年。

［11］大竹文雄：『日本の不平等：格差社会の幻想と未来』,日本経済新聞社 2005 年。

［12］東晋太郎：『近世日本経済倫理思想史』,慶応出版社 1944 年。

［13］都留重人：『公害の政治経済学』,岩波書店 1972 年。

［14］渡辺和博：『金魂巻』,主婦の友社 1984 年。

［15］芳賀健一：「欧米経済学・国家論」,馬渡尚憲編,『経済学の現在：マルクスの射程か
ら』,昭和堂 1989 年。

［16］福田徳三：『厚生経済研究』,刀江書院 1930 年。

［17］福田徳三：『経済学全集（第五集）』,同文館 1926 年。

［18］福田徳三：『社会政策と階級闘争』,改造社 1922 年。

［19］福田徳三：『現代の商業及商人』,大鐙閣 1920 年。

［20］福沢諭吉：『福沢諭吉全集（第一巻）』,岩波書店 1958 年。

［21］福沢諭吉：『福沢諭吉全集（第九巻）』,岩波書店 1960 年。

［22］福沢諭吉：『福沢諭吉選集（第八巻）』,岩波書店 1981 年。

［23］高橋亀吉：『左翼運動の理論的崩壊：右翼運動の理論的根拠』,白揚社 1927 年。

［24］海保青陵：『稽古談.日本思想大系（第四十四巻）』,岩波書店 1970 年。

［25］河上肇：『貧乏物語』,岩波文庫 1965 年。

［26］河野哲也：『〈心〉は体の外にある：「エコロジカルな私」の哲学』,日本放送出版協会 2006 年。

［27］後藤道夫：『ワーキングプア原論： 大転換と若者』,花伝社 2011 年。

［28］降旗節雄：『生きているマルクス』,文真堂 1993 年。

［29］金子勝、神野直彦：『失われた 30 年： 逆転への最後の提言』,NHK 出版 2012 年。

［30］堀勝洋：『社会保障法総論』(第 2 版),東京大学出版会 2004 年。

［31］立岩真也：『私的所有論』,勁草書房 1997 年。

［32］立岩真也：『自由の平等： 簡単で別な姿の世界』,岩波書店 2004 年。

［33］鈴木信雄：『日本の経済思想 2』,日本経済評論社 2006 年。

［34］馬渡尚憲：『経済学の現在： マルクスの射程から』,昭和堂 1989 年。

［35］N. P. バリー：『自由の正当性： 古典的自由主義とリバタリアニズム』,足立幸男監訳,木鐸社 1990 年。

［36］難波田春夫：『国家と経済 (第五巻)』,日本評論社 1943 年。

［37］難波田春夫：『日本的勤労観』,大日本産業報国会 1942 年。

［38］片山潜：『都市社会主義・我社会主義』,実業之日本社 1949 年。

［39］平山洋：『福沢諭吉の真実』,文藝春秋 2004 年。

［40］橋本祐子：『リバタリアニズムと最小福祉国家』,勁草書房 2008 年。

［41］青木保：『「日本文化論」の変容：戦後日本の文化とアイデンティティー』,中央公論社 1990 年。

［42］青木昌彦、奥野正寛：『経済システムの比較制度分析』,東京大学出版会 1996 年。

［43］青木孝平：『コミュニタリアニズムへ： 家族・私的所有・国家の社会哲学』,社会評論社 2002 年。

［44］R. N. ベラー：『日本近代化と宗教倫理』,堀一郎、池田昭訳,未来社 1966 年。

［45］日本経済新聞社：『ゼミナール日本経済入門』(1999 年度版),日本経済新聞社 1999 年。

［46］日高普：『マルクスの夢の行方』,青土社 1994 年。

［47］日高普：『日本のマルクス経済学： その歴史と論理 (上)』,大月書店 1967 年。

［48］森村進：『リバタリアニズム読本』,勁草書房 2005 年。

［49］森村進：『ロック所有論の再生』,有斐閣 1997 年。

［50］森村進：『財産権の理論』,弘文堂 1995 年。

［51］森村進：『権利と人格： 超個人主義の規範理論』,創文社 1989 年。

［52］森村進：『自由はどこまで可能か』,講談社 2001 年。

［53］森嶋通夫：『マルクスの経済学： 価値と成長の二重の理論』，高須賀義博訳，東洋経済新報社 1974 年。

［54］森近運平：『労力の掠奪.資料日本社会運動思想史（第五集）』，青木書店 1968 年。

［55］森田成満：『法と身体』，国際書院 2005 年。

［56］山崎益吉：『横井小楠と道徳哲学： 総合大観の行方 』，高文堂出版社 2003 年。

［57］山崎益吉：『経済倫理学叙説』，日本経済評論社 1997 年。

［58］山田昌弘：『希望格差社会：「負け組」の絶望感が日本を引き裂く』，筑摩書房 2004 年。

［59］山脇直司：『経済の倫理学』，丸善株式会社 2002 年。

［60］深尾京司：『「失われた20年」と日本経済： 構造的原因と再生への原動力の解明』，日本経済新聞出版社 2012 年。

［61］石河幹明：『福沢諭吉』，岩波書店 1949 年。

［62］石上秀昭：「分析的マルクス主義の経済学：搾取と均衡の一般理論」，山本広太郎、大西広、揚武雄など編，『経済学史』，青木書店 1995 年。

［63］松井暁：『自由主義と社会主義の規範理論： 価値理念のマルクス的分析』，大月書店 2012 年。

［64］太宰春台：『経済録.日本思想大系（第三十七巻）』，岩波書店 1972 年。

［65］湯浅誠：『反貧困：「すべり台社会」からの脱出』，岩波書店 2008 年。

［66］藤原保信：『自由主義の再検討』，岩波書店 1993 年。

［67］土場学、盛山和夫：『正義の論理： 公共的価値の規範的社会理論』，勁草書房 2006 年。

［68］西周：『西周全集（第二巻）』，宗高書房 1961 年。

［69］幸徳秋水：『松の内の国民.幸徳秋水全集（第二巻）』，日本図書センター 1994 年。

［70］幸徳秋水：『予は直言す.幸徳秋水全集（第五巻）』，日本図書センター 1994 年。

［71］熊沢蕃山：「集義外書」，伊東多三郎編，『日本の名著 11』，中央公論社 1976 年。

［72］岩田規久男：『「小さな政府」を問いなおす』，筑摩書房 2006 年。

［73］塩野谷祐一、鈴村興太郎、後藤玲子など：『福祉の公共哲学』，東京大学出版会 2004 年。

［74］塩野谷祐一：『経済と倫理： 福祉国家の哲学』，東京大学出版会 2002 年。

［75］塩野谷祐一：『価値理念の構造： 効用対権利』，東洋経済新報社 1984 年。

［76］野口悠紀雄：『平成はなぜ失敗したのか：「失われた30年」の分析』，幻冬舎 2019 年。

［77］伊藤周平：『福祉国家と市民権： 法社会学的アプローチ』，法政大学出版局 1996 年。

［78］有江大介：『労働と正義： その経済学史的検討』，創風社 1990 年。

［79］宇野弘蔵：『経済原論』，岩波書店 1964 年。

［80］宇沢弘文：『近代経済学の転換』，岩波書店 1986 年。

［81］宇沢弘文：『経済学の考え方』,岩波書店 1989 年。

［82］宇沢弘文：『自動車の社会的費用』,岩波書店 1974 年。

［83］玉野井芳郎：『日本の経済学』,中央公論社 1971 年。

［84］蔵研也：『リバタリアン宣言』,朝日新聞社 2007 年。

［85］蔵研也：『国家は、いらない』,洋泉社 2007 年。

［86］蔵研也：『無政府社会と法の進化： アナルコキャピタリズムの是非』,木鐸社 2008 年。

［87］正村公宏：『福祉国家から福祉社会へ： 福祉の思想と保障の原理』,筑摩書房 2000 年。

［88］中西新太郎：『シャカイ系の想像力』,岩波書店 2011 年。

［89］塚谷晃弘：『近代日本経済思想研究』,雄山閣 1980 年。

［90］竹内靖雄：『経済倫理学のすすめ：「感情」から「勘定」へ』,中央公論社 1989 年。

［91］竹内靖雄：『正義と嫉妬の経済学』,講談社 1992 年。

［92］竹内章郎、中西新太郎、後藤道夫など：『平等主義が福祉をすくう： 脱「自己責任=格差
　　　社会」の理論』,青木書店 2005 年。

［93］竹内章郎：「日常的抑圧を把握するための一視角： 個人還元主義・個体能力観の根深
　　　さについて」,尾関周二、後藤道夫、佐藤和夫編,『ラディカルに哲学する4 日常世界を
　　　支配するもの』,大月書店 1995 年。

［94］竹内章郎：『平等の哲学： 新しい福祉思想の扉を開く』,大月書店 2010 年。

［95］竹内章郎：『現代平等論ガイド』,青木書店 1999 年。

［96］竹内章郎：『新自由主義の嘘』,岩波書店 2007 年。

［97］庄司光、宮本憲一：『恐るべき公害』,岩波書店 1964 年。

［98］庄司光、宮本憲一：『日本の公害』,岩波書店 1975 年。

［99］佐伯尚美、柴垣和夫：『日本経済研究入門』,東京大学出版会 1972 年。

［100］佐和隆光：『成熟化社会の経済倫理』,岩波書店 1993 年。

［101］佐和隆光：『経済学における保守とリベラル』,岩波書店 1988 年。

［102］佐藤信淵：『経済要略.日本思想大系（第四十五巻）』,岩波書店 1977 年。

［103］A. David：「ハイエクの自由擁護論の限界：リバタリアンの言説を手がかりに」,『現代
　　　思想』1991 年第 12 号。

［104］A. David：「リバタリアニズム研究序説（一）： 最小国家論と無政府資本主義の論争をめ
　　　ぐって」,『京都大学法学論叢』1994 年第 6 号。

［105］柄谷行人、高澤秀次、鎌田哲哉：「文学と運動：2001 年と1960 年の間で」,『文学界』2001
　　　年 1 月号。

［106］長谷川晃：「平等・人格・リベラリズム：R・ドゥオーキンの平等論をめぐって」,『思

想』1989 年第 1 号。

[107] 赤松要：「一橋の伝統における経済政策思想：一橋大学創立八十三周年記念講演」，『一橋論叢』1960 年第 1 号。

[108] 大塚久雄：「最高度『自発性』の発揚」，『大学新聞』1944 年 7 月 11 日。

[109] 大竹文雄：「90 年代の所得格差」，『日本労働研究雑誌』2000 年第 7 号。

[110] 島崎隆夫：「書評　塚谷晃弘著『近代日本經濟思想史研究』」，『社会経済史学』1961 年第 1 号。

[111] 渡部武：「石田梅岩の経済倫理思想の妥当性について」，『跡見学園女子大学紀要』1988 年第 21 号。

[112] 飯田鼎：「明治の社会主義(1)：明治初期における社会主義思想の影響とくに東洋社会党をめぐって」，『三田学会雑誌』1973 年第 12 号。

[113] 飯田鼎：「明治の社会主義(2)：明治初期における社会主義思想の影響」，「三田学会雑誌』1974 年第 2・3 合併号。

[114] 飯田鼎：「明治の社会主義(3)」，『三田学会雑誌』1977 年第 1 号。

[115] 福原明雄：「リバタリアニズムにおける『古典的自由主義』カテゴリー」，『法学会雑誌』2013 年第 1 号。

[116] 岡本行夫：「日本盛衰の岐路：速やかにTPP 交渉参加の決断を」，『中央公論』2012 年第 8 号。

[117] 高橋一行：「交換的正義論」，『政経論叢』2013 年第 5・6 合併号。

[118] 高増明：「アナリティカル・マルキシズム」，『アソシエ』2001 年第 6 号。

[119] 谷口典子：「経済倫理学に向けて：アダム・スミスと二宮尊徳の経済倫理観をもとにして」，『研究論集儒学文化』2006 年第 7 号。

[120] 後藤道夫：「国際環境への対応と6、70 年代型社会・政治構造の改編：新自由主義、『帝国主義』、新たなヘゲモニーブロック 上、下」，『労働法律旬報』1994 年 5 月第 1335、1336 号。

[121] 後藤道夫：「記念講演 現代日本と新たな福祉国家の構想」，『東京』2012 年 8 月号。

[122] 後藤道夫：「講演 日本型生活保障システムの崩壊と新たな運動の方向性」，『民主主義教育 21』2013 年第 7 巻。

[123] 後藤道夫：「青年雇用の状態悪化の背景と高失業社会」，『全労連』2012 年 9 月号。

[124] 後藤道夫：「座談会 非正規労働の増大と労働契約改正法などをどうみるか」，『いのちとくらし研究所報』2012 年 39 号。

[125] 後藤玲子、吉原直毅：「『基本所得』政策の規範的経済理論」，『経済研究』2004 年第

3 号。

［126］吉崎祥司：「J・ロールズの平等論について：平等論の再生について」，『北海道教育大学紀要（第一部）社会科学編』，1986 年第 1 号。

［127］吉原直毅：「『福祉国家』政策論への規範経済学的基礎付け」，『経済研究』2006 年第1 号。

［128］吉原直毅：「アナリティカル・マルクシズムにおける労働搾取理論」，『経済学研究（北海道大学）』2006 年第 2 号。

［129］吉原直毅：「マルクス的経済理論における置塩(1963)以降の進展：搾取理論の場合」，『季刊経済理論』2014 年第 4 号。

［130］吉原直毅：「マルクス派搾取理論再検証：70 年代転化論争の帰結」，『経済研究』2001 年第 3 号。

［131］吉原直毅：「資本主義分析の基礎理論研究の現状及び『新しい福祉社会』モデルの探求」，『比較経済研究』2013 年第 2 号。

［132］甲賀光秀：「J．Roemer の搾取論」，『立命館経済学』1991 年第 6 号。

［133］井上達夫：「共同体の要求と法の限界」，『千葉大学法学論集』1989 年第 1 号。

［134］井上達夫：「共同体論：その諸相と射程」，『法哲学年報』1989 年。

［135］立岩真也：「分配する最小国家の可能性について」，『社会学評論』1998 年第 3 号。

［136］立岩真也：「自由はリバタリアニズムを支持しない」，『法哲学年報』2005 年。

［137］内田弘：「マルクス研究の現状と 21 世紀的課題」，『経済学史学会年報』2001 年。

［138］橋本努：「乏しい『正当性』、説得力なし」，『朝日新聞』2013 年 10 月 2 日。

［139］橋本努：「日本発リバタリアニズム」，『経済セミナー』2008 年第 7 号。

［140］橋本努：「自己所有権型リバタリアニズムの批判的検討」，『法哲学年報』2005 年。

［141］橋本祐子：「福祉国家と平等主義：批判的考察」，『同志社法学』2003 年第 1 号。

［142］青木孝平：「書評　自由主義と社会主義の規範理論：価値理念のマルクス的分析」，『季刊経済理論』2014 年第 2 号。

［143］三階徹：「マルクスと正義について」，『中京女子大学紀要』1984 年第 18 号。

［144］森村進：「リバタリアンな相続税」，『一橋法学』2007 年第 3 号。

［145］森村進：「リバタリアンな正義の中立性」，『一橋論叢』2000 年第 1 号。

［146］森村進：「分配的平等主義の批判」，『一橋法学』2007 年第 2 号。

［147］森村進：「自己所有権論の擁護：批判者に答える」，『一橋法学』2006 年第 2 号。

［148］山本勝市：「国民経済の伝統的性格」，『新文化』1938 年第 6 号。

［149］山崎正和：「正義から儀礼へ」，『中央公論』1985 年第 1 巻。

[150] 山田鋭夫：「マルクス研究の新動向：経済学」、『経済学史学会年報』1978年。

[151] 杉浦克己：「マルクスにおける公正と効率」、『東京経大学会誌』1998年第207巻。

[152] 杉山忠平：「福沢諭吉における経済的自由：とくにその初期について」、『思想』1979年第8号。

[153] 社会政策学会：「社会政策学会趣意書」、『国家学会雑誌』1899年第150号。

[154] 盛山和夫：「中意識の意味」、『理論と方法』1990年第2号。

[155] 石塚良次：「マルクス経済学のマイクロ・ファウンデイション：アナリティカル・マルクス主義の方法論を巡って」、『専修大学社会科学研究所月報』1989年第313号。

[156] 松井賢太郎：「贈与と倫理：今村仁司晩年の仕事を振り返る」、『情況.第三期：変革のための総合誌』2007年第6号。

[157] 松井暁：「マルクスと正義」、『専修経済学論集』2007年第2号。

[158] 松井暁：「分析的マルクス主義への招待」、『富山大学紀要.富大経済論集』1995年第1号。

[159] 松山武司：「経済学と倫理学との乖離と接近」、『同志社大學経済学論叢』1964年第6号。

[160] 田中成明：「リバタリアニズムの正義論の魅力と限界：ハイエク,ノージック,ブキャナン」、『法学論叢（京都大学）』1996年第4-6合併号。

[161] 西口正文：「立岩真也による〈自由の平等〉構案の孕む触発力」、『椙山女学園大学研究論集.社会科学篇』2008年第39巻。

[162] 西沢保：「福田徳三の経済思想：厚生経済・社会政策を中心に」、『一橋論叢』2004年第4号。

[163] 有賀祐二：「レェーマーの『階級・搾取対応原理』について」、『商学論纂』1986年第1号。

[164] 遠山弘徳：「搾取理論と労働：レェーマーによる搾取理論の一般化によせて」、『大阪市大論集』1988年第56巻。

[165] 植村邦彦：「マルクス研究の現在」、『経済学史学会年報』2004年。

[166] 植村邦彦：「社会主義体制の崩壊とマルクス思想」、『経済学史学会年報』1996年。

[167] 竹内啓：「『日本の経済学』：有効性の威信の回復」、『世界』1987年第2号。

[168] 竹内章郎：「能力に基づく差別の廃棄」、『哲学』1998年第49号。

[169] 竹内章郎：「平等の構想に向けて第二部（上）（下）」、『岐阜大学地域科学部研究報告』1998年第2、3号。

[170] 竹内章郎：「平等の構想に向けて第一部」、『岐阜大学教養部研究報告』1996年。

［171］竹内章郎：「平等主義にたる平等論を！」，『司法書士』2011 年 5 月号。

［172］竹内章郎：「優生思想を含む能力主義を廃棄しうる新たな平等思想の契機」，『中部哲学会年報』2019 年。

［173］足立幸男：「福祉国家に対する二種の批判」，『社会保障研究』1994 年第 2 号。

［174］北見英城：「改憲『必要』56%、9 条『変えない』59%　朝日新聞世論調査」，https://www. asahi. com/articles/ASQ52549ZQ52UZPS008. html（2024 年 10 月 16 日訪問）。

［175］北 一 輝：『日 本 改 造 法 案 大 綱』，http://www. aozora. gr. jp/cards/000089/files/52931_49104. html（2022 年 1 月 19 日訪問）。

［176］池田信夫：「エコノ MIX 異論正論『失われた 30 年』に向かう日本」，Newsweek 日本版 2010 年 12 月 23 日，http://www. newsweekjapan. jp/column/ikeda/2010/12/20-3. php（2022 年 3 月 6 日訪問）。

［177］福沢諭吉：「脱亜論（全文）」，https://www. jca. apc. org/kyoukasyo_saiban/datua2. html（2024 年 10 月 16 日訪問）。

［178］国税庁：「1997—2023 年民間給与実態統計調査」，https://www. nta. go. jp/publication/statistics/kokuzeicho/minkan/toukei. htm# kekka（2024 年 9 月 27 日訪問）。

［179］吉原直毅ホームページ：「論争のページ」，http://www. ier. hit-u. ac. jp/~ yosihara/rousou/ronsou. htm（2024 年 10 月 10 日訪問）。

［180］榎原均公式サイト：「おおいに論争を―論争のページ」，http://www. office-ebara. org/modules/xfsection03/index. php（2024 年 10 月 10 日訪問）。

［181］農林水産省：「2023 年の農林水産物・食品の輸出実績」，https://www. maff. jp/j/press/yusyutu_kokusai/kikaku/240130. html（2024 年 9 月 28 日訪問）。

［182］日本国税庁長官官房企画課：「令和 5 年分 民間給与実態統計調査調査結果報告」，https://www. nta. go. jp/publication/statistics/kokuzeicho/minkan2023/pdf/R05_000. pdf（2024 年 11 月 22 日訪問）。

［183］日本貿易振興機構：「2024 年 7 月日本の農林水産物・食品輸出の動向」，https://www. jetro. go. jp/ext_images/industry/foods/export_data/pdf/country_202407. pdf（2024 年 9 月 28 日訪問）。

［184］日本外務省：「1996 年（平成 8 年）版　外交青書」，http://www. mofa. go. jp/mofaj/gaiko/bluebook/96/index. html（2022 年 3 月 6 日訪問）。

［185］日本総務省統計局：「労働力調査 最新の主な結果」，http://www. stat. go. jp/data/roudou/2. htm# 01（2022 年 3 月 15 日訪問）。

［186］政策統括官付政策評価官室：「2001—2021 年度法人企業統計調査の結果（年次別調査一覧）」，https://www. mof. go. jp/pri/reference/ssc/results/nenpou. htm（2022 年 3 月 6 日訪問）。

［187］政策統括官付政策評価官室：「平成 22 年版厚生労働白書」，http://www. mhlw. go. jp/wp/ hakusyo/kousei/10/（2022 年 3 月 6 日訪問）。

二、英文文献

［ 1 ］Albritton, R. (1986). *A Japanese Reconstruction of Marxist Theory*. London：Macmillan.

［ 2 ］Bowen, R. W. (1980). *Rebellion and Democracy in Meiji Japan: a Study of Commoners in the Popular Rights Movement*. Berkeley：University of California Press.

［ 3 ］Carling, A. H. (1991). *Social Division*. London；New York：Verso.

［ 4 ］Chalmers, A. J. (1982). *MITI and the Japanese Miracle: The Growth of Industrial Policy*. Standford：Stanford University Press.

［ 5 ］Cohen, G. A. (2000). *Karl Marx's Theory of History: a Defense*. Princeton：Princeton University Press.

［ 6 ］Cohen, G. A. (1988). *History, Labour, and Freedom: Themes from Marx*. New York：Oxford University Press.

［ 7 ］Elster, J. (1985). *Making Sense of Marx*. Cambridge：Cambridge University Press.

［ 8 ］Hayek, F. A. (1976). *Law, Legislation and Liberty: A New Statement of the Liberal Principles of Justice and Political Economy, Volume 2. The Mirage of Social Justice*. Chicago：University of Chicago Press.

［ 9 ］Howard, M. C. & King, J. E. (1992). *A History of Marxian Economics, Volume II: 1929—1990*. London：Macmillan.

［10］Lomasky, L. E. (1987). *Persons, Rights, and the Moral Community*. New York：Oxford University Press.

［11］Morishima, M. (1973). *Marx's Economics: a Dual Theory of Value and Growth*. Cambridge：Cambridge University Press.

［12］Parfit, D. (1991). Equality or Priority?. Clayton, M. & Williams, A. (eds.), *The Ideal of Eauality*. London：Macmillan.

［13］Philippe, V. P. (1995). *Real Freedom for All: What (if Anything) Can Justify Capitalism*. New York：Oxford University Press.

［14］Price, W. (1971). *The Japanese Miracle and Peril*. New York：John Day Company.

［15］Przeworski, A. (1985). *Capitalism and Social Democracy*. Cambridge：Cambridge University Press.

［16］Rand, A. (1964). Man's Rights. *The Virtue of Selfishness*, New York：Signet.

［17］Rand, A. (1964). The Ethics of Emergencies. *The Virtue of Selfishness*, New York：Signet.

［18］Reischauer, E. O.(1947). *Japan：Past and Present (3rd edn.)*. London：Duckworth.

［19］Roemer, J. E. (1994). *Foundations of Analytical Marxism*. Cheltenham：Edward Elgar Publishing.

［20］Roemer, J. E. (2009). *Free to Lose：an Introduction to Marxist Economic Philosophy*. Cambridge：Harvard University Press.

［21］Roemer, J. E. ed. (1986). *Analytical Marxism*. Cambridge：Cambridge University Press.

［22］Schmidtz, D. & Goodin, R. E. (1998). *Social Welfare and Individual Responsibility*. Cambridge：Cambridge University Press.

［23］Schmidtz, D. (1991). *The Limits of Government: An Essay on the Public Goods Argument*. Boulder：Westview Press.

［24］Taylor, M. (1982). *Community, Anarchy and Liberty*. Cambridge：Cambridge University Press.

［25］Taylor, M. (1987). *The Possibility of Cooperation*. Cambridge：Cambridge University Press.

［26］Ware, R. & Nielsen, K. eds. (1989). *Analyzing Marxism: New Essays on Analytical Marxism*. Calgary：University of Calgary Press.

［27］Wright, E. O. (1985). *Classes*. London; New York：Verso.

［28］Wright, E. O. , Levine, A. & Sober, E. (1992). *Reconstructuring Marxism: Essays on Explanation and the Theory of History*. London; New York：Verso.

［29］Anderson, W. H. L. & Thompson, F. W. (1988). Neoclassical Marxism. *Science and Society, 52* (2).

［30］Carling, A. H. (1986). Rational Choice Marxism. *New Left Review, I* (160).

［31］Cohen, G. A. (1997). Commitment Without Reverence：Reflections on Analytical Marxism. *Imprints, 1* (3).

［32］Frankfurt, H. (1987). Equality as a Moral Ideal. *Ethics, 98* (1).

［33］Frankfurt, H. (2000). The Moral Irrelevance of Equality. *Public Affairs Quarterly, 14* (2).

［34］Geras, N. (1985). The Controversy about Marx and Justice. *New Left Review, I* (150).

［35］Lash, S. & Urry, J. (1984). The New Marxism of Collective Action：A Critical Analysis. *Sociology, 18* (1).

［36］Lie, J. (1987). Reactionary Marxism：The End of Ideology in Japan?. *Monthly Review, 38* (11).

［37］Okishio, N. (1955). Monopoly and the Rates of Profit. *Kobe University Economic Review, 1*.

［38］Roemer, J. E. (1985). Should Marxists be Interested in Exploitation?. *A Philosophy and Public Affairs Reader, 14* (1).

［39］Wood, E. M. (1989). Rational Choice Marxism：Is the Game Worth the Candle?. *New Left Review, I*(177).

［40］OECD. (2006, August 21). *Economic Survey of Japan 2006 (Report)*. https：//www.oecd.org/en/

publications/oecd-economic-surveys-japan-2006_eco_surveys-jpn-2006-en.html.

［41］OECD. (2019, April 15). *Economic Surveys: Japan 2019* (Report). 11. https://www.oecd-ilibrary. org/economics/oecd-economic-surveys-japan-2019_fd63f374-en.

三、中文文献

［1］［德］李博：《汉语中的马克思主义术语的起源与作用：从词汇-概念角度看日本和中国对马克思主义的接受》，赵倩、王草、葛平竹译，中国社会科学出版社 2003 年版。

［2］［德］马克斯·韦伯：《新教伦理与资本主义精神》，康乐、简惠美译，广西师范大学出版社 2010 年版。

［3］［古希腊］色诺芬：《经济论·雅典的收入》，张伯健、陆大年译，商务印书馆 1981 年版。

［4］［美］埃德温·赖肖尔：《当代日本人：传统与变革》，陈文寿译，商务印书馆 1992 年版。

［5］［美］埃德温·赖肖尔：《日本人》，孟胜德、刘文涛译，上海译文出版社 1980 年版。

［6］［美］鲁思·本尼迪克特：《菊与刀》，吕万和、熊达云、王智新等译，商务印书馆 1990 年版。

［7］［美］罗伯特·诺齐克：《无政府、国家与乌托邦》，何怀宏等译，中国社会科学出版社 1991 年版。

［8］［美］米尔顿·弗里德曼：《资本主义与自由》，张瑞玉译，商务印书馆 2004 年版。

［9］［美］穆瑞·罗斯巴德：《自由的伦理》，吕炳斌、周欣、韩永强等译，复旦大学出版社 2008 年版。

［10］［美］乔恩·埃尔斯特：《理解马克思著》，何怀远等译，中国人民大学出版社 2008 年版。

［11］［美］托马斯·内格尔：《人的问题》，万以译，上海译文出版社 2000 年版。

［12］［美］文森特·奥斯特罗姆：《多中心》，载迈克尔·麦金尼斯主编，《多中心体制与地方公共经济》，毛寿龙译，上海三联书店 2000 年版。

［13］［美］约翰·罗尔斯：《正义论》，何怀宏、何包钢、廖申白译，中国社会出版社 1988 年版。

［14］［美］约翰·罗尔斯：《作为公平的正义：正义新论》，姚大志译，上海三联书店 2002 年版。

［15］［美］詹姆斯·罗西瑙：《没有政府的治理：世界政治中的秩序与变革》，张胜军、刘小林等译，江西人民出版社 2001 年版。

［16］［日］池田信夫：《失去的二十年：日本经济长期停滞的真正原因》，胡文静译，机械工业出版社 2012 年版。

［17］［日］大前研一：《真实的日本》，陈鸿斌译，青岛出版社 2011 年版。

［18］［日］福泽谕吉：《文明论概略》，北京编译社译，商务印书馆 1959 年版。

［19］［日］加藤周一：《日本文化的杂种性》，杨铁婴译，吉林人民出版社1991年版。

［20］［日］近代日本思想史研究会：《近代日本思想史（第二卷）》，李民、贾纯、华夏等译，商务印书馆1991年版。

［21］［日］近代日本思想史研究会：《近代日本思想史（第一卷）》，马采译，商务印书馆，1983年版。

［22］［日］橘木俊诏：《日本的贫富差距：从收入与资产进行分析》，丁红卫译，商务印书馆2003年版。

［23］［日］三浦展：《下流社会：一个新社会阶层的出现》，陆求实、戴铮译，文汇出版社2007年版。

［24］［日］涩泽荣一：《论语和算盘》，李政译，江西美术出版社2010年版。

［25］［日］森岛通夫：《日本为什么"成功"：西方的技术和日本的民族精神》，胡国成译，四川人民出版社1986年版。

［26］［日］神野直彦：《财政学：财政现象的实体化分析》，彭曦、顾长江、韩秋燕等译，南京大学出版社2012年版。

［27］［日］幸德秋水：《社会主义神髓》，马采译，商务印书馆1985年版。

［28］［日］依田憙家：《日本的近代化：与中国的比较》，卞立强译，中国国际广播出版社1991年版。

［29］［日］中根千枝：《纵向社会的人际关系》，陈成译，商务印书馆1994年版。

［30］［日］竹内宏：《日本现代经济发展史》，吴京英译，中信出版社1993年版。

［31］［日］佐藤俊树：《不平等的日本：告别"全民中产"社会》，王奕红译，南京大学出版社2008年版。

［32］［英］G．A．柯亨：《自我所有、自由和平等》，李朝晖译，东方出版社2008年版。

［33］［英］亨利·西季威克：《伦理学的方法》，廖申白译，中国社会科学出版社1993年版。

［34］［英］泰萨·莫里斯-铃木，《日本经济思想史》，厉江译，商务印书馆2000年版。

［35］［英］约翰·洛克：《政府论（上篇）》，瞿菊农、叶启芳译，商务印书馆，1982年版。

［36］陈共：《财政学》（第九版），中国人民大学出版社2017年版。

［37］戴季陶：《日本论》，光明日报出版社2011年版。

［38］葛四友：《运气均等主义》，江苏人民出版社2006年版。

［39］乔洪武：《正谊谋利：近代西方经济伦理思想研究》，商务印书馆2000年版。

［40］秋风：《儒家式现代秩序》，广西师范大学出版社2013年版。

［41］韩立红：《日本文化概论》，南开大学出版社2003年版。

［42］厉以宁：《经济学的伦理问题》，生活·读书·新知三联书店1995年版。

［43］李卓：《日本近现代社会史》，世界知识出版社 2010 年版。

［44］陆晓禾：《经济伦理学研究》，上海社会科学院出版社 2008 年版。

［45］孙柏瑛：《当代地方治理：面向 21 世纪的挑战》，中国人民大学出版社 2004 年版。

［46］孙执中：《荣衰论：战后日本经济史 1945—2004》，人民出版社 2006 年版。

［47］王思慧、牛淑珍：《日本劳动、金融和社会保障领域的经济政策研究》，上海交通大学
　　　2018 年版。

［48］严清华：《中日现代经济发展思想比较研究》，湖北人民出版社 1996 年版。

［49］张鸿翼：《儒家经济伦理及其时代命运》，北京大学出版社 2010 年版。

［50］张忠任：《马克思主义经济思想史（日本卷）》，东方出版中心 2006 年版。

［51］中共中央马克思恩格斯列宁斯大林著作编译局：《马克思恩格斯文集（第一、五、八
　　　卷）》，人民出版社 2009 年版。

［52］中共中央马克思恩格斯列宁斯大林著作编译局：《马克思恩格斯选集（第二卷）》，人民
　　　出版社 1995 年版。

［53］中共中央马克思恩格斯列宁斯大林著作编译局：《马克思恩格斯全集（第三卷）》，人民
　　　出版社 2002 年版。

［54］中共中央马克思恩格斯列宁斯大林著作编译局：《马克思恩格斯全集（第四十六卷）》，
　　　人民出版社 2003 年版。

［55］朱宝华、陈雪玫、彭文兵：《他山之石：日本经济思想初探》，当代中国出版社
　　　2002 年版。

［56］［日］马渡尚宪：《河上肇与宇野弘藏》，金德泉译，《国外社会科学》1984 年第 2 期。

［57］［日］上田孝一：《马克思的分配正义论》，黄贺译，《国外理论动态》2008 年第 1 期。

［58］白德全、黄云明：《试论铃木正三的宗教经济伦理思想》，《日本问题研究》2001 年第
　　　1 期。

［59］陈龙：《财政伦理道德基础和价值取向》，《经济研究参考》2010 年第 53 期。

［60］程恩富：《日本马克思主义经济学研究的特点与近况》，《毛泽东邓小平理论研究》2005 年第
　　　1 期。

［61］段忠桥：《对"分析的马克思主义"的反思》，《马克思主义与现实》2001 年第 2 期。

［62］郝清杰：《日本市场经济的伦理支撑与反思》，《伦理学研究》2003 年第 3 期。

［63］黄云明：《试论涩泽荣一的经济伦理思想》，《河北学刊》2001 年第 5 期。

［64］黄云明、白德全：《试论石田梅岩的宗教经济伦理思想》，《日本问题研究》2002 年第
　　　3 期。

［65］刘毅、李逊：《浅谈武士道及对日本企业文化的影响》，《理论界》2010 年第 12 期。

［66］潘昌龙：《福泽谕吉经济思想述评》，《内蒙古财经学院学报》1994 年第 2 期。

［67］王洛林、余永定、李薇：《20 世纪 90 年代日本经济》，《世界经济》2001 年第 10 期。

［68］俞可平：《全球治理引论》，《马克思主义与现实》2002 年第 1 期。

［69］张利军：《2007 年度日本马克思主义研究的关注焦点》，《理论视野》2008 年第 10 期。

［70］张忠任：《日本马克思主义经济学研究的轨迹》，《红旗文稿》2005 年第 13 期。

后　记

在书稿付梓之际，心中涌动的情感难以言表。对于我来说，这不仅仅是一部业已完成的书稿，更是多年研究与思考的结晶，是无数个日夜与学术世界对话的记录。在本书撰写过程中，我有过彷徨，有过迷茫，深刻体会到了学术研究的艰辛与价值：每一个观点的提出，都需要反复推敲与验证；每一个结论的得出，都建立在无数前辈与同仁的研究成果之上。这份对知识的敬畏与追求，让我更加坚定了继续探索的决心。借此机会，对在这一过程中给予我支持、鼓励与帮助的所有人表达我最深的感激。

感谢我的博士生导师乔洪武教授与博士后合作导师龙静云教授的指导。研究的每一个阶段，从博士论文的雏形到书稿的修改，都离不开二位恩师的悉心指导和宝贵建议，他们让我在学术探索中少走了许多弯路。在我迷茫与困惑时，他们总是耐心指导，为我指明方向；在我取得进步时，他们又不失时机地给予我肯定与鼓励。这份师恩，我将铭记于心。

感谢日本学界给予我帮助的各位教授。桥本努教授在研究对象的选取方面为我提出了宝贵意见和建议，并尽其所能为我在北海道大学的学习提供了便利，在我回国后还介绍学生帮我查找外文文献。感谢一桥大学的森村进教授、北海道大学的西部忠教授以及明治学院大学的高桥文彦教授，他们在资料收集方面给予我极大的帮助。

感谢刘守刚教授把我的书稿纳入"财政政治学视界论丛"，使我有幸获得国家出版基金资助，没有刘教授的督促，书稿或许仍停留在博士论文阶段。同时，也感谢刘志广教授对书稿提出的宝贵建议，它们使书稿得以更加完善。

感谢我的同窗师远志博士。他始终保持着极大的耐心与热情，不厌其烦地回答我在学习和研究中提出的各种疑难问题，每一次讨论都让我受益匪浅。无论是琐碎的基础知识，还是深奥的专业理论，他总能以清晰明了的方式给予解答，让我在困惑中找到方向。

感谢在北海道大学帮助过我的中国留学生们。特别是南开校友刘丽娜，陪伴我度过了在异国的时光，并在我回国后不厌其烦地远程协助我查找和整理日文资料。感谢尚未谋面的北海道大学博士研究生张媛婷，在繁忙的学业与研究之余，不辞辛劳地帮我搜寻和提供日文资料，解决了我的燃眉之急。

此外，感谢我的家人与朋友。是你们的理解与包容，让我能够全身心投入研究之中；是你们的鼓励与支持，成为我不断前行的动力源泉。在我因研究陷入困境而情绪低落时，是你们给予了我最温暖的怀抱与最坚定的信念。

最后，感谢出版社的编辑团队，他们专业的编辑工作和耐心的指导使得本书的出版成为可能。在编辑过程中，他们对书稿的每一个细节都进行了仔细的审查，以确保本书的质量。与编辑的每一次交流都让我感受到他们对学术出版的敬业精神和对知识传播的热忱。他们不仅在技术层面为我提供了帮助，更在精神层面给予了我莫大的鼓励。

当然，我也深知这部专著仍存在诸多不足与局限，由于资料收集整理难度很大，许多最新的研究成果未能在本书中体现。学术之路无止境，本书的出版并不是终点，而是另一个开始。我将以此次研究为契机，不断反思改进，努力在未来的研究中取得更大的突破。也希望本书能为读者提供一个新的视角与思考的空间，激发更多关于经济伦理思想的深入讨论与研究。

再次感谢所有在这个过程中给予我帮助与支持的人们。愿我们都能在学术的海洋中乘风破浪，勇往直前。

曹　希

2024 年 11 月 8 日于山西财经大学博学楼

主 编 后 记

　　对于推进财政学基础理论创新和更好地发挥财政在国家治理中的基础和重要支柱作用来说，从政治视角研究财政问题或者说从财政路径研究政治学，可以起到有益的促进作用。我们主编的"财政政治学译丛""财政政治学文丛""中国近现代财政学名作新编丛书"正是想达到这样的目的。三套丛书的出版，得到了学界同仁与社会有缘之士的关注，借助于上述三个平台，我们也进一步地结识了许多正在进行或有志于进行相关研究的学者，并积累了一批具有较高质量的书稿。这就使得我们决定在"财政政治学文丛"结束出版任务后，继续主编出版"财政政治学视界论丛"。

　　非常有幸的是，本论丛入选了"十四五"国家重点出版物出版规划项目，我们先期完成的八部书稿还获得了国家出版基金的资助。感谢国家出版基金的支持，同时也感谢上海财经大学公共经济与管理学院、上海弘信股权投资基金管理有限公司、上海财经大学公共政策与治理研究院提供的出版资助。上海远东出版社提供大力支持，是本论丛能够出版的前提。

——

　　"财政政治学视界论丛"是"财政政治学文丛"的续编。之所以选用"视界"一词，起因是为了与我们前面主编出版的"文丛"相区别，但更重要的是因为"视界"一词所具有的双重含义与我们的意图、所从事的工作非常相合。通常来说，"视界"就是视野、视角的意思，代表提出问题、思考问题与解决问题的思维框架，"财政政治学视界"就是运用财政政治学的概念、理论来从事学术探究。但"视界"也是一个天体物理名词，意指一个事件刚好能被观察到的那个时空界面，比如，黑洞的界面被称为一个视界，因为发生在黑洞里的事件不会被处于黑洞之外的人观察到。我们通过概念和理论来理解社会事实，不同的概念与理论体系实际上也可以说代表了不同的"黑洞"，财政政治学就是希望揭示一个非常重要但基于主流财政理论往往难以把握和理解的视界，它并不代

表一种统一的理论、制度或政策主张。在此意义上，"视界"与"世界"相通，同一"视界"下所看到的仍是丰富多彩的社会事实以及关于社会事实的丰富多彩的看法，我们希望这也成为"财政政治学视界论丛"的魅力与活力所在。

尽管有了"财政政治学译丛"和"财政政治学文丛"的出版，但对国内学界来说，"财政政治学"并不算是一个已经成为大家足够熟悉并认同的概念。所以，虽然我们在"财政政治学译丛"的"译丛主编后记"和"财政政治学文丛"的"文丛后记"中已经阐述了自己对"财政政治学"（fiscal politics）这一概念的理解，但为了使新的读者能够更好地理解我们的主张，此处还是需要将已经表达过的内容再絮叨一遍。

二

财政政治学在思想上源于财政社会学（fiscal sociology，译自德文 Finanzsoziologie），甚至可以说它和最初的"财政社会学"就是同名词。奥康纳（James R. O'Connor，1930—2017）是 1970 年代推动财政社会学思想复兴的重要代表，但他非常明确地强调自己在 1973 年出版的《国家的财政危机》（The Fiscal Crisis of the State）一书是以"财政政治学"为基础的，而他所说的"财政政治学"可以说就是财政社会学，因为他在谈到财政政治学时提到的学者就是财政社会学的创立者葛德雪（Rudolf Goldscheid，1870—1931）和熊彼特（Joseph A. Schumpeter，1883—1950），而他引用的也主要是熊彼特在 1918 年所发表的《税收国家的危机》（"The Crisis of the Tax State"）这篇财政社会学的经典文献。无独有偶，在国际货币基金组织 2017 年出版的《财政政治学》（Fiscal Politics）论文集的导论中，主编也明确地将书名溯源到熊彼特 1942 年出版的《资本主义、社会主义与民主》（Capitalism, Socialism, and Democracy）和 1918 年发表的《税收国家的危机》，这实际上也是将财政政治学的思想上溯到财政社会学，因为《税收国家的危机》一文不仅是财政社会学的重要创始文献之一，也是《资本主义、社会主义与民主》一书的思想雏形。

说"财政政治学"和最初的"财政社会学"是同名词，实际上是想强调初创时期的财政社会学之"社会学"和当前的财政政治学之"政治学"之间并无实质性区别。虽然社会学和政治学在今天分属两个独立的学科，但我们不能根据今天学科分化的语境想当然地将财政社会学作为社会学的子学科，或将财政政治学作为政治学的子学科，尽管很多人往往顾名思义地这样认为，甚至一些研究者也如此主张。无论是从社会学思想史，还是从创立者的研究目的来说，财政社会学的"社会学"更应该被看作是社会理论（social theory）而非社会学理论（sociological theory），前者试图理解、解释或识别大规模社会变迁，关注的是起源、发展、危机、衰落或进步等主题，因而特别重视制度和长历史时段分析；后者主要旨在建立一个能系统地将实证研究结果组成对现代社会的综合理解的框架，因其集中关注的主要是那些经济学、政治学、管理学所遗漏的地方，以至于有人称其为"剩余科学"。在今天，西方学术界那些自称或被称为"财政社会学"的研究中，事实上既包含财政社会学初创时期所指的社会理论的内容，又包含当前社会学学科所指的社会学理论的内容，而我们所说的财政政治学跟初创时期的财政社会学基本一致。

"财政是国家治理的基础和重要支柱"，我们理解的财政学就是揭示财政与国家治理的关系和后果，以及利用财政工具优化国家治理并协调国家与社会关系的学问。因此，财政政治学探讨的主要就是财政收支与国家治理之间的理论关系，就像熊彼特评论财政社会学时所说的，"它可以让我们从财政角度来考察国家，探究它的性质、形式以及命运"①。根据我们对财政政治学的理解以及试图实现的研究目标，财政政治学的"政治学"所体现的主要不是现代政治学的英美传统而是欧洲大陆传统，前者以英美的科学传统为基础，强调政治研究中的行为主义视角和量化方法；后者以欧洲的人文主义传统为基础，强调政治研究中跨学科研究和质性研究的重要性。就欧洲社会科学研究传统而言，遵循欧洲大陆传统的政治学可作为今天的社会理论的组成部分，事实上，当政治学研究传统上溯至亚里士多德时，它本身就是我们今天所说的社会理论。

因此，尽管名称有差异，但财政政治学与财政社会学实际上并不是两类不同性质的研究，只不过财政政治学指的是财政社会学初创时期所指的社会理论范畴。考虑到国内"社会学"一词更多地指社会学理论而非社会理论，为避免将财政社会学研究局限于实证或"剩余科学"的范围内，同时也为了进一步突

---

① ［美］熊彼特：《税收国家的危机》，载于［美］格罗夫斯著：《税收哲人：英美税收思想史二百年》，刘守刚、刘雪梅译，上海财经大学出版社2018年版，第183页（附录）。

出"财政是国家治理的基础和重要支柱"这一重要理念，我们的"译丛""文丛"和"论丛"都特别地选择以"财政政治学"为名。也可以说，"财政政治学"这一名称选择，以英美用法为名，但以欧洲大陆传统为实。

三

在财政学研究传统的划分中，一种更为合理的标准是将其区分为交换范式财政学和选择范式财政学①，这种区分与曾经流行的欧洲大陆传统-英美传统、旧式财政学-新式财政学、德语财政学-英语财政学等划分标准能够基本形成对应关系，但表述更为准确，既能突出不同研究传统的内核，也能够有效避免以地域、时期、国别、语言等分类标准所带来的不便。在选择范式财政学中，财政现象是国家（或社会福利函数）最大化选择的产物，其理论是以社会控制为取向的，适用的社会系统的运行特征是共时的、静态的、封闭的、机械的、决定性的和逻辑化的。而在交换范式财政学中，财政现象是人们交换互动的产物，体现不同程度的契约性或掠夺性，其理论是以个体自由为取向的，适用的社会系统的运行特征为历时的、动态的、开放的、生态的、创造性的和辩证化的。财政政治学/财政社会学属于交换范式财政学的范畴。

财政政治学/财政社会学产生于"一战"后期关于欧洲各国战后怎样重建的辩论之中，是交换范式财政学研究传统的典型代表，它与曾流行于欧洲大陆的官房学（cameralism）在思想上有很深的渊源，后者兴盛于政治碎片化下民族国家形成的历史过程之中。无论对财政社会学来说，还是对官房学来说，国家都被置于分析的中心，甚至官房学后来在德国的发展进程中还被进一步称为国家学（Staatswissenschaft）。在欧洲大陆，财政学被认为起源于官房学，而财政政治学/财政社会学也曾被认为就是财政学本身。

但长期以来，对英美社会科学思想史来说，官房学都是被遗失的篇章。后

---

① 交换范式与选择范式的区分主要来自哈耶克和布坎南等学者的经济学研究传统的分类，选择范式经济学以资源配置理论为中心，以最优化和均衡分析为基础，忽略制度和历史；而交换范式经济学则以市场理论为中心，属于作为社会理论的经济学，注重制度和历史分析。由于经济学是财政学的主要学科基础，所以依据对经济学范式的分类来区别财政学的不同研究传统具有合理性，这也意味着财政政治学要以交换范式经济学作为自己的理论基础。关于交换范式经济学与选择范式经济学的区别可参见刘志广：《经济学："选择的理论"还是"交换的理论"——关于经济学性质的探究》，载《上海行政学院学报》2010年第4期。

来，当官房学被译介到英美时，按照其时的学科划分标准，经济学主要研究市场问题，政治学主要研究国家问题，而社会学主要研究社会问题，官房学者因为其研究的中心问题是国家而被看作是政治学家而非经济学家或社会学家。事实上，一些研究者也将选择范式财政学研究传统的思想追溯到官房学，但与今天选择范式下基于各种假设条件的虚幻选择不同，官房学中的选择是真实的选择，因为官房学者必须为其选择承担责任，有时甚至会付出生命的代价。从根本上说，官房学着眼于民族国家的实际创立、生存、竞争与发展，更能反映着眼于国家治理的财政科学的完整萌芽，它与我们所理解的主要探讨财政制度和形式等与国家治理间关系相关的财政政治学取向是一致的。

阳光之下无罕事，与社会和国家治理一样，社会科学也不是以线性方式不断前进的，它同样会存在停滞甚至是退化，库恩（Thomas S. Kuhn, 1922—1996）的范式分析为我们思考这种境况提供了不同于"辉格史观"的框架。"历史是由胜利者书写的"，这句话同样适用于社会科学思想史，它既意味着胜利的范式、新的范式或目前占主流地位的范式并不一定就是先进和正确的，也意味着被击败的、旧的或目前处于非主流地位的范式并不是就没有了价值。如果说财政政治学/财政社会学当年的创立是为了反对财政学的行政技术化，而财政政治学/财政社会学后来的复兴是为了反对财政学的工程技术化，那么我们今天倡导财政政治学视界主要是为了更好地展现一种不同于当今主流财政学的研究传统。事实上，我们并不需要假装财政政治学主张具有思想上的原创性来抬高自己的工作。所以，倡导财政政治学并不是要构建出一个全新的出发点，而要是对财政学思想史中的已有传统进行发掘和继承，并结合我们的时代要求和国家治理实践进行新的思考与拓展。周期性地追根溯源及重新阐述研究任务，似乎正是推进社会科学发展的常规做法。

特别值得提及的是，财政学自 19 世纪末被引入中国时，主要就是代表当时主流的、基于欧陆传统的交换范式财政学思想，特别是，在 1930 年代翻译出版的日本学者阿部贤一的《财政学史》和在 1940 年代翻译出版的日本学者永田清的《现代财政学理论体系》中，财政社会学就是其中重要的理论组成部分。正因如此，我们也主编了"中国近现代财政学名作新编丛书"，整理和介绍前辈学者在此领域的探索历程。现在，我们在中国倡导财政政治学研究，实际上也是要延续或回归这个在中国一度存在却中断多年的传统。

四

"财政政治学视界论丛"的选题范围与"财政政治学译丛""财政政治学文丛"没有太大区别,其覆盖面同样广泛,既涉及财政制度和形式等与国家治理间关系相关的基础理论研究,也涉及此领域的历史及其实证研究,还涉及相关的方法研究等。当然,探讨中国的财政形式与国家治理间关系、国家治理和国家—社会间关系协调过程中财政工具的运用等内容,是其中最为重要的组成部分。这些研究是依据研究主题和研究视界的相似性而不是研究方法的相同而聚合在一起的,在研究中各自采用的方法主要依据内容而定。它们所要传递和深入研究的基本思想,实际上正是葛德雪和熊彼特在其财政社会学的经典论著中所总结并奠定的。

虽然财政政治学还是一个比较边缘性的概念,但这恰恰是其意义与价值所在,因为对社会科学研究来说,正是边缘性概念及其发展为理论的创新提供了前提条件。更何况,从思想源头上说,财政政治学所代表的财政学思想传统,曾经是财政学本身或财政学的主流,那就是"以国家为中心"。遗憾的是,在中国目前的财政学研究中,恰恰丢掉了国家。正如葛德雪强调的:"财政学主要关心的是国家的经费问题,但它从未停止过询问,谁才是国家?"① 因此,与政治学界曾经呼吁"找回国家"相应,"财政政治学"的发展实际上就是在财政学领域"找回国家"的智识努力。这种智识的发展和深化,将使我们能够拨开各种迷雾,更好地洞见在有国家的社会中财政制度安排对塑造国家治理体系、治理能力以及背后的社会权利—权力结构的基础性作用。

需要指出的是,财政政治学在当前也还不是一个学科性概念。我们愿意遵循熊彼特当年对财政社会学的定位,将财政政治学看作是一个特殊的研究领域,它涉及一组特殊的事实、一组特殊的问题以及与这些事实和问题相适应的特殊的研究方法。对于这种特殊性,套用日本学者山下觉太郎关于"财政社会学既不是特殊社会学,也不是财政学的特殊补充,更不是固有财政学与社会学之间的边缘学科"的主张和对财政社会学之"社会学"为社会理论的理解,我们也

---

① [美]马斯格雷夫、皮考克主编:《财政理论史上的经典文献》,刘守刚、王晓丹译,上海财经大学出版社 2015 年版,第 263 页。

可以说财政政治学既不是特殊政治学，也不是财政学的特殊补充，更不是固有财政学与政治学之间的边缘学科，它是一种以财政研究为中心的社会理论。

奥康纳在 2000 年为其《国家的财政危机》再版所写的序言中反复强调了财政政治学研究是政治经济学和政治社会学的结合，而国际货币基金组织出版的《财政政治学》论文集的主编也强调财政政治学试图复兴一种在政治经济学中将经济、社会、政治过程看作是一种共同决定和共同演进过程的传统。正是基于这种研究取向，我们可以努力地实现马斯格雷夫（Richard A. Musgrave, 1910—2007）对财政学发展的反思性主张。他认为，主流财政学满足于帕累托最优而忽略了公平正义、个人权利以及有意义的自由概念等对一个国家的重要意义①。主流财政学的不足主要在于其研究所依赖的方法或技术人为地割裂了财政与国家治理间的历史性与制度性联系，从而使其研究偏离了财政学的真正研究主题，并进而将财政问题当作一个工程技术问题来处理。我们想要做的，就是努力使财政学重新回到对国家治理具有重要意义的议题的关注之上，并重塑其对社会的理解力和指导力，这一重塑是出于一种迫切且共同的需要，也就是在新的时代更恰当地理解并更好地发挥财政在国家治理中的基础和重要支柱作用，推动国家治理体系和治理能力的现代化。

当然，我们在此处并不否认财政政治学今后走向独立学科的可能性，事实上，这可能也是一个重要的努力方向。但这需要一个很长的努力过程，需要有更多人能够积极且静心地投入进来。当我们能够从更多的研究所确立的各项解释原则的相互关系中发现财政政治学的学科统一性时，建立财政政治学学科所要探讨的问题将像罗宾斯（Lionel Ropbbins, 1898—1984）在重新定义经济学时所说的一样，"由理论统一中的缺口和解释性原理中的不足来提示"②。但发展财政政治学最令人期待的结果，并不在于形成像现代主流财政学那样统一且标准化的理论以对世界进行技术性或工具性控制，而在于通过财政政治学这种多元、开放的思想体系吸收和转化不同学科的研究成果，并将这种独到的综合性思考成果不断地融入所要分析的主题去，实现对国家治理和社会经济发展的更深层次、更广范围的反思性对话，从而促进优良政治与美好社会建设。我们也并不

---

① ［美］布坎南、马斯格雷夫：《公共财政与公共选择：两种截然不同的国家观》，类承曜译，中国财经出版社 2001 年版。

② ［英］罗宾斯：《经济科学的性质和意义》，朱泱译，商务印书馆 2000 年版，第 9 页。

在意实现上述财政政治学研究目的的研究是否都被冠之以财政政治学之名，在"有名无实"和"有实无名"之间，我们会毫不犹豫地选择后者，因为这才是我们真正的追求。

人的思维沿着"视界"所设定的路径前行，对"财政政治学译丛""财政政治学文丛""财政政治学视界论丛"所涉及的主题和内容感兴趣的研究者和读者，不必在意"财政政治学"这一名称是否让人满意，也不必纠结于财政政治学是否有一个明确的定义，关键在于志同道合，即试图发展一个能让我们更好地理解历史与现实并指导未来的财政理论，在这种意义上，"财政政治学"就是我们的"集结号"！我们希望拥有更多的读者，也希望有更多研究者能够加入到这一研究队伍中来，合力使财政政治学研究不断地得以完善，积极推动财政学科的发展，共同致力于中国国家治理与政治制度的现代化。

期待本论丛能继续得到学界同仁和社会有缘之士的关注与指导。

上海财经大学公共经济与管理学院　刘守刚
中共上海市委党校经济学教研部　刘志广
2024 年 8 月